电子工艺基础

Fundamentals of Electronic Technology

主 编 樊 宏

副主编 杨 乐 弓 楠 王 利

西安交通大学出版社
XI'AN JIAOTONG UNIVERSITY PRESS

图书在版编目（ＣＩＰ）数据

电子工艺基础 / 樊宏主编；杨乐，弓楠，王利副主编. 一西安：西安交通大学出版社，2024.9. — ISBN 978 - 7 - 5693 - 3813 - 3

Ⅰ. TN

中国国家版本馆 CIP 数据核字第 2024P4U356 号

书　　　名	电子工艺基础
	DIANZI GONGYI JICHU
主　　　编	樊　宏
副 主 编	杨　乐　弓　楠　王　利
责 任 编 辑	王　欣
责 任 校 对	邓　瑞
装 帧 设 计	任加盟
出 版 发 行	西安交通大学出版社
	（西安市兴庆南路 1 号　邮政编码 710048）
网　　　址	http://www.xjtupress.com
电　　　话	（029）82668357　82667874（市场营销中心）
	（029）82668315（总编办）
传　　　真	（029）82668280
印　　　刷	西安五星印刷有限公司
开　　　本	787 mm×1092 mm　1/16　印张 18.25　字数 448 千字
版 次 印 次	2024 年 9 月第 1 版　2024 年 9 月第 1 次印刷
书　　　号	ISBN 978 - 7 - 5693 - 3813 - 3
定　　　价	45.00 元

如发现印装质量问题，请与本社市场营销中心联系。
订购热线：（029）82665248　（029）85667874
投稿热线：（029）82664954
读者信箱：1410965857@qq.com

前　言

电子工艺是工科院校电类专业的一门必修课,也是大多数工科非电类专业的重要实训类课程之一。电子工艺实习是以工艺性和实践性为主的专业技术基础课,是面向工科院校各电类专业的实习课程,着重讲解电子工业实际生产中的常用技术,属于实践性环节的教学范畴。电子工业的飞速发展,源于电子工业生产技术的迅速更新换代,电子工艺实习课程需紧跟电子工业发展的趋势,时刻保持教学内容的先进性。

所谓电子工艺,就是把电子元器件、原材料或半成品装配或加工成具有一定功能的电子产品或系统的方法。电子工艺实习可使学生在夯实现代电子工艺基础的同时加强工程实践能力的训练,培养学生理论联系实际、独立获得知识的能力,以及提出、分析、解决问题的能力;培养学生严肃认真的工作作风、实事求是的科学态度、勇于尝试的探索精神和精诚合作的优良品质。电子工艺实习的培养目标如下:

(1)了解安全用电知识,掌握安全操作规程;

(2)学会查阅电子元器件手册,能正确识别、选用常用电子元器件及材料的型号、规格,了解其主要性能和常用的检测方法;

(3)掌握常用仪器、仪表的使用方法;

(4)掌握电子产品的手工焊接技术,能独立完成一般电子产品的焊接、安装工艺,并达到基础工艺要求;

(5)能分析电路图主要工作原理,并根据电路图和技术参数合理地完成产品的组装、调试和故障排除工作,使之达到技术要求;

(6)熟悉使用 Altium Designer 软件进行印制电路板(printed circuit board,PCB)设计的基本流程和方法,能根据需求完成 PCB 的设计,了解 PCB 制板工艺及流程;

(7)能对组装电子产品进行数据测试与分析、产品性能评价,并独立完成具有一定工艺水平的实习报告。

学生通过电子工艺实习,可完成电子产品的设计、安装与调试,较为系统地掌握商品化电子产品的生产过程,在拓展知识面的同时提高综合素质。

本书是编者在总结多年教学实践经验的基础上,以基本电子工艺知识和电子产品的设计制作为主编写的实践指导教材,对电子产品制造过程及典型工艺作了全面的介绍。全书共五章,内容包括实验室安全与规范、焊接技术、电子产品的装配调试、PCB 的基础知识和生产工艺、使用 Altium Designer 20 进行 PCB 设计。本书内容实用性强、通俗易懂,主要用于电类专业电子工艺实习和工科非电类专业电工电子技术实训等实践课程教学,也可作为其他实践类课程(如生产实习、课程设计、毕业设计)或者各种科技创新活动的参考书,还可作为电子工程技术人员的参考用书。

本书由樊宏担任主编,杨乐、弓楠和王利担任副主编。第 1、2 章由杨乐编写,第 3 章由王利编写,第 4 章由樊宏编写,第 5 章由弓楠编写,由樊宏负责统稿。

由于时间仓促,加之作者水平有限,书中疏漏之处在所难免,请广大读者批评指正。

编　者

2024 年 4 月

目　录

第1章 实验室安全与规范

电能是一种方便的能源,它的广泛应用促进了人类近代史上第二次技术革命,有力地推动了人类社会的发展,创造了巨大的社会财富,改善了人类的生活水平。然而,电同时也是危害人类生命财产安全的因素之一,用电安全是现代人必须掌握的基本常识。为避免安全事故的发生,应汲取前人的经验教训,掌握必要的知识,防患于未然。安全用电内容广泛,本章就常见的安全用电问题进行介绍。

通过对本章的学习,读者应掌握触电的类型与危害、常见的防护措施与急救方法,熟悉实验室操作安全规范。

学习目标

(1)明确安全用电的重要性;

(2)了解触电危险程度的相关因素;

(3)了解常见触电类型与危害;

(4)了解触电的防护措施与急救方法。

能力目标

(1)能够依据触电危险程度相关因素规范用电操作,规避安全隐患;

(2)明确不同类型触电产生的原因及危害;

(3)掌握基本的触电防护措施与急救方法;

(4)熟悉实验室用电安全规范,做好安全防护。

思政目标

(1)培养遵纪守法意识,严格遵守国家用电标准和行业规范;

(2)形成良好的意志品质和敬业、诚信等良好的职业观;

(3)养成注重细节、一丝不苟、认真严谨的匠人精神;

(4)培养团队意识、合作精神和创新创造能力。

1.1　触电的危害

电是现代物质文明的基础。随着科技的日益进步,电子产品越来越多地出现在日常生活中,从家庭、学校、办公室到工矿企业、娱乐场所,现代社会几乎没有不用电的场所。然而,电同时也是危害人类生命财产安全的因素之一,安全用电常识是生产和生活必备的知识。提高安全意识、消除安全隐患才可以保证安全生产,避免触电事故和电气火灾的发生,做到防患于未然。

触电对人体的危害主要有电伤和电击两种。

1.电伤

电伤是指由于发生触电而导致的人体浅表创伤,通常有以下三种。

(1)灼伤。灼伤是指由于电流的热效应而对人体皮肤、皮下组织、肌肉甚至神经产生的伤害。灼伤会导致皮肤发红、起泡、烧焦、坏死等。

(2)电烙伤。电烙伤是指由电流的机械和化学效应造成的人体触电部位的外部伤痕,通常表现为皮肤表面的肿块。

(3)皮肤金属化。皮肤金属化是由带电体金属通过触电点蒸发沉积于人体表面或深部造成的,局部皮肤呈现出相应金属的特殊颜色。

2.电击

电击是指电流通过人体内部,造成肌肉痉挛(抽筋)、神经损伤,甚至导致呼吸停止、心室纤颤,严重危害生命。它对人体的伤害程度与通过人体的电流大小、通电时间、电流路径及电流性质有关。

1.2　触电危险程度的相关因素

触电的危险程度主要与以下因素密切相关。

1.电流大小

人体内是存在生物电流的,一定限度的电流不会对人体造成损伤。一些电疗仪器就是利用电流刺激穴位来达到治疗目的的。通常 0～0.5 mA 的电流连续通过人体时身体无感觉;0.5～5 mA 的电流连续通过人体时身体开始有痛感,但无痉挛,可以自行摆脱电源;5～30 mA 的电流通过人体数分钟后身体出现痉挛、麻痹、剧痛、呼吸困难、血压升高,不能自主摆脱电源,这是身体可承受的极限;30～50 mA 的电流通电数秒到数分钟后将出现心脏跳动不规则、昏迷、血压升高、强烈痉挛,时间过长还会引起心室纤颤;大于 50 mA 的电流即使在短时间内(1 s 以上)也会引起心脏停止跳动,导致电灼伤。

2．电流作用时间

电流对人体的伤害与电流作用于人体的时间长短有密切关系。由于触电会引起人体发热和出汗、导致人体电阻减小，故通电时间越长，人体电阻降低越多，流过人体的电流越大，对人体组织的破坏越大，后果越严重。通常用触电电流与电流作用时间的乘积（称为电击能量）反映触电的危害等级。通常电流作用时间越长，电击能量越大，越容易引起心室纤颤。电击能量超过 50 mA·s，人就有生命危险。

3．电流类型

电流的类型不同，对人体的损伤也不同。直流电一般引起电伤，而交流电则导致电伤与电击同时发生，特别是 40～100 Hz 的交流电对人体来说最危险，人们日常使用的工频市电（我国为 50 Hz）正是在这个危险的频段。当交流电频率达到 20000 Hz 时对人体危害很小，用于理疗的一些仪器采用的就是这个频段。

4．人体电阻

人体是一个阻值不确定的电阻。当皮肤干燥时，人体电阻可达到 100 kΩ 以上，而一旦潮湿，人体电阻可降到 1 kΩ 以下。随着电压升高，人体电阻减小，通过人体的电流随之增大。人体还是一个非线性电阻，表 1-1 为常温干燥环境中成年男性人体电阻、通过人体的电流随电压的变化情况。

表 1-1　人体电阻、通过人体的电流随电压的变化情况

电压/V	1.5	12	31	62	125	220	380	1000
人体电阻/kΩ	>100	16.5	11	6.24	3.5	2.2	1.47	0.64
电流/mA	忽略	0.7	2.8	10	35.5	100	258.5	1562.5

1.3　触电的类型

触电的类型可分为低压触电和高压触电两种。

1．低压触电

低压触电是生活和生产用电事故中常见的触电类型，可分为单相触电、双相触电两类。

（1）单相触电：一只手接触相线，身体的其他部位接触大地，电流从人体通过导致触电，如图 1-1 所示。

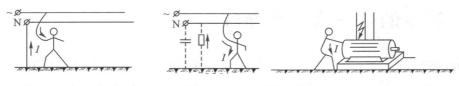

图 1-1　单相触电

（2）双相触电：一只手接触相线，另一只手接触中性线（或相线），电流从人体通过导致触电，如图 1-2 所示。

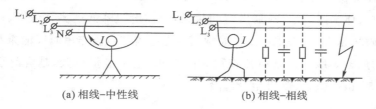

(a) 相线-中性线　　　　(b) 相线-相线

图 1-2　双相触电

其中双相触电的危险性更大，因为此时电流流过心脏的路径最短。若接触的是三相电路中的两条相线，则此时人体承受电压为 380 V，危害更为严重。

2. 高压触电

高压线路或高压设备电压高达几十甚至上百千伏，远超安全电压，接触或靠近均可引发触电事故，不仅会给触电者带来严重的身体伤害，甚至还会瞬间致人死亡。因此，要在工作和生活中避免高压触电伤害，就必须远离高压线路、远离高压带电体。高压触电可分为高压电弧触电和跨步电压触电两类。

（1）高压电弧触电：当人体靠近高压带电体（达到一定距离）时，高压带电体和人体间产生放电现象，电流通过人体导致高压电弧触电，如图 1-3 所示。

（2）跨步电压触电：当高压线路发生接地故障时，接地电流通过大地向四周流散，中心电位高、周边电位低，在 20 m 范围构成威胁地区。当人体在接地点周围 20 m 以内行走时，其两脚之间就产生跨步电压，导致触电，如图 1-4 所示。

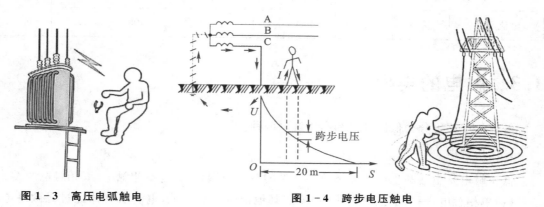

图 1-3　高压电弧触电　　　　　　　图 1-4　跨步电压触电

1.4　触电的防护措施与急救

触电防护措施是保障人身安全和设备正常运行的重要手段，必须充分认识到触电的危害性，采取有效的防护措施，定期进行检查和测试，及时发现和排除安全隐患，确保工作场所设备的安全稳定运行。

1. 触电防护措施

触电的防护措施很多,主要有以下几方面。

1) 保护接地

保护接地是为了防止电气设备绝缘损坏时人体遭受触电危险,而在电气设备的金属外壳或构架等与接地体之间所作的良好的连接。采用保护接地,能减轻触电的危险程度,但不能完全保证人身安全。

2) 保护接零

为防止人体因电气设备绝缘损坏而触电,将电气设备的金属外壳与电网的零线(变压器中性点)相连接,称为保护接零。保护接零适用于三相四线制中性点直接接地的低压电力系统。对于采用保护接零的系统要求如下:

(1) 零线上不能装熔断器和断路器,以防止零线回路断开时,零线出现相电压而引起触电事故;

(2) 在同一低压电网中,不允许将一部分电气设备采用保护接地,而另一部分电气设备采用保护接零;

(3) 在接三相插座时,不能将插座上接电源零线的孔同接地线的孔串接,正确的接法是接电源零线的孔同接地的孔分别用导线接到零线上;

(4) 除中性点必须良好接地外,还必须将零线重复接地。

3) 工作接地

将电力系统中某一点直接或经特殊设备与地作金属连接,称为工作接地。工作接地可降低人体的接触电压、迅速切断电源、降低电气设备和输电线路的绝缘水平,从而节省成本、满足电气设备运行中的特殊需要。

4) 装设漏电保护器

漏电保护器的作用就是防止电气设备和线路等漏电引起人身触电事故,也可用来防止由于设备漏电引起的火灾事故,以及用来监视或切除接地故障,并在设备漏电、外壳呈现危险的对地电压时自动切断电源。

2. 触电急救措施

人触电后,电流可能直接流过人体的内部器官,导致心脏、呼吸和中枢神经系统机能紊乱,形成电击;或者因电流的热效应、化学效应和机械效应对人体的表面造成电伤。无论是电击还是电伤,都会带来严重的伤害,甚至危及生命。因此,触电的现场急救方法是必须熟练掌握的急救技能。

触电事故往往是在一瞬间发生的,情况危急,不得有半点迟疑,从触电时算起,5 min 以内及时抢救,救生率为 90% 左右;10 min 以内抢救,救生率为 60%;超过 15 min,希望甚微。

当发生触电事故时,千万不要惊慌失措,必须以最快的速度使触电者脱离电源,这时最有效的措施是切断电源。在抢救中要记住,触电者未脱离电源前是带电体,会导致抢救者触电,要在保证抢救者不触电的前提下做到尽可能快速。在无法或来不及切断电源的情况下,可用绝缘物(竹竿、木棒或塑料制品等)移开带电体。

触电者脱离电源后若还有心跳和呼吸,则应尽快将触电者送到医院进行抢救;如果其心跳已停止,则应立即采用胸外心脏按压法使触电者维持血液循环;若其呼吸已停止,则应立即采用人工呼吸方法施救,并同时拨打急救电话;当其心跳、呼吸全停止时,应该同时采用上述两种方法(心肺复苏术)施救,并且边施救边将触电者送到医院做进一步的抢救。

1.5　实验室操作安全规范

实验室是高等学校、科研院所等开展实验教学、科学研究、大学生创新活动的重要场所,违章用电常常可能造成人身伤亡、火灾、仪器设备损坏等严重事故,必须采取一系列措施来确保实验室用电的安全,如定期检查和维护、电器设备合理布局与使用、加强实验室用电的安全教育、规范实验室安全操作。电子工艺实习涉及的用电安全知识和操作规程如下:

(1)在潮湿(工作地点相对湿度大于 75％时,属于危险、易触电环境)、高温或有导电灰尘的场所,应该用超低电压供电。

(2)手持电动工具尽量使用安全电压工作。我国规定常用安全电压为 36 V 或 24 V,在特别危险场所为 12 V。

(3)实验室内的明、暗插座距地面的高度一般不低于 0.3 m。

(4)按要求正确使用各种电工电子实习工具,在使用工具前,要仔细检查工具绝缘部分是否损坏,以免触电伤人。

(5)随时检查所用电器插头、电线,发现破损、老化及时更换;电源裸露部分应有绝缘装置(例如电线接头处应裹上绝缘胶布);所有电器的金属外壳都应保护接地。

(6)实习过程中,要严格执行安全操作技术规程,未经许可不能擅自合闸送电、动用无关的器件;保持双手干燥,不用潮湿的手接触电器、开关,插拔电源。

(7)工具箱摆在安全区域,工具使用后要及时放入工具箱;导线线头、螺钉或其他配件放在专门区域,不要随意丢弃。

(8)电烙铁应正确使用,烙铁头上带有多余焊锡时,按正确的方法妥善处理(切勿乱甩,容易发生安全事故);用斜口钳剪截导线时,导线段易飞出,切勿对人。

(9)检查和排除电路故障前,应先连接好电路,再接通电源;要用测量工具检查电路是否带电,严禁用手触摸;不能用试电笔去试高压电,使用高压电源应有专门的防护措施;在任何情况下检修电路和电器都要确保断开电源,遇到较大体积的电容器时要先行放电,再进行检修。

(10)不在疲倦、带病等状态下从事电工作业;在进行需要带电操作的低电压电路实验时,用单手比双手操作安全,养成单手操作电工作业的习惯。

(11)实习结束时,先切断电源再拆线路。

(12)如有人触电,应迅速切断电源,然后进行抢救。

(13)离开实验室前,应整理好仪器、工具、元器件、材料等,拔下电烙铁插头,切断电源,认真打扫实验室卫生。

思考题

(1)触电的危险性主要取决于哪些因素?

(2)触电的防护措施有哪些?

(3)触电的类型有哪些?

(4)发现有人触电应如何急救?

(5)实验室安全操作中应具备的安全常识有哪些?

第 2 章　焊接技术

焊接是一种先进的制造技术,已从单一的加工工艺发展成为现代科技、多学科互相交融的新技术,广泛应用于电子产品装配、调试、生产中。焊接质量直接影响着产品的质量。电子产品的故障除元器件的原因外,大多数是由焊接质量不佳造成的,因此熟练掌握焊接操作技能非常必要。

通过对本章的学习,读者应熟悉焊接基本工具及焊接材料,掌握元器件引线成形方法及导线处理技巧,了解焊接的概念、分类、锡焊的特点,以及焊接材料的应用与发展,掌握手工焊接的操作步骤和要领,了解波峰焊、再流焊和表面安装技术的基本工艺。

学习目标

(1)了解焊接技术的发展、应用及分类特点;

(2)了解焊接工具的分类与应用;

(3)了解焊接材料与焊机的分类、性能差异与应用范围;

(4)学习手工焊接技术与工艺要求;

(5)了解表面安装技术的发展、特点与工艺流程。

能力目标

(1)学习不同类型焊料与焊剂的特点,掌握对其进行合理选择的方法;

(2)熟练掌握手工焊接工具的使用方法、焊接技术,达到工艺要求;

(3)掌握常用拆焊工具的使用方法,依据不同场景选择合理的拆焊方式;

(4)了解表面安装技术的设备与工艺流程。

思政目标

(1)提升电子工艺实践与开发能力,有效塑造科学精神,培养一丝不苟、精益求精的工匠精神。

(2)通过激发课程学习动力及爱国情怀,形成正确的世界观、人生观和价值观,并勇于肩负起民族振兴的历史使命。

(3)在参与的各类专业竞赛中,运用所学知识勇于创新。

（4）通过树立正确的科学发展观，培养积极探索、终生学习的意识，提升学习能力，拓展科学知识的广度和深度。

2.1　焊接基本知识

焊接在现代工业生产中具有十分重要的作用，在制造大型结构或复杂的机器部件时，更显优越，因为它可以用化大为小、化复杂为简单的方法准备坯料，然后用逐次装配焊的方法拼小成大，这是其他工艺方法难以做到的。

2.1.1　焊接技术的发展与应用

焊接技术是一种利用物理或化学方法，通过加热、加压或二者结合的方式，将两种或两种以上的同种或异种材料，通过原子或分子之间的结合和扩散连接成一体的工艺过程。

焊接最初是作为一种修复或维修手段出现的，在现代电子焊接技术的发展过程中，经历了两次历史性的变革：第一次是从通孔焊接技术向表面安装焊接技术的转变；第二次便是正在经历的从有铅焊接技术向无铅焊接技术的转变。焊接技术的演变直接带来了两个结果：一是线路板上所需焊接的通孔元器件越来越少；二是通孔元器件（尤其是大容量或细间距元器件）的焊接难度越来越大，特别是对无铅和高可靠性要求的产品。目前表面安装技术（surface mount technology，SMT）因其生产的产品具有体积小、质量轻、信号处理速度快、可靠性高、成本低等优点，已成为电子产品组装技术的主流，但是由于以下原因，通孔焊接技术在电子组装行业仍占有一席之地：

（1）一些连接器、传感器、变压器和屏蔽罩等通孔元件的使用仍是难以避免的。

（2）由于成本原因，不少企业在元器件的选择上仍会考虑通孔器件。

（3）在某些可靠性要求非常高的行业，例如国防军工、汽车电子和高端通信传输中，为了追求焊点在极限条件下的可靠性，通孔器件仍是最佳选择。（表面安装元器件的焊接是在一个面上完成，而通孔器件的焊料则包裹了整个引脚，力学可靠性更佳。）

1. 焊接技术的发展

焊接技术的发展是人类科学技术进步和改造自然能力提高的体现，焊接贯穿了整个工业制造领域，是制造行业中非常重要的一项加工工艺。近些年，随着机械制造行业的发展、科技的进步和新材料的不断涌现，焊接质量的稳定性、应用的灵活性、操作的安全性及经济性等不断改进，现代智能控制技术、数字化信息处理技术、图像处理、传感技术及高性能芯片等现代高新技术的融入，促使焊接技术取得长足进步，目前焊接技术的主要发展趋势如下。

1）焊接生产自动化和智能化

焊接的智能化发展主要体现在焊接智能机器人的发展，焊接自动化水平在一定程度上可以理解为焊接智能机器人的发展水平。目前使用最为广泛的焊接机器人是示教再现型，由人工引导机器人末端执行器（安装于机器人关节结构末端的夹持器、工具、焊枪、喷枪等），或由人工操作导引机械模拟装置,或用示教盒(与控制系统相连接的一种手持装置,用以对机器人进行编程或使之运动)来使机器人完成预期的动作。由于对此类机器人的编程通过实时在线示教程序来实现,而机器人本身凭记忆操作,故能不断重复实现,这就形成了焊接智能机器人的自动化焊接过程。

2)焊接工艺高速高效化

为实现焊接行业的进一步发展,需要优化现今的焊接工艺,将传统的焊接工艺转化为高速、高效、高质量的焊接工艺。国内外也在焊接工艺的优化上投入了较多的精力,已经在活性化焊接工艺、多元气体保护焊接工艺的研究上取得了不错的成果,焊接速度的研究也有了长足的进步,焊接效率大大提升。随着对数字化焊接电源和高新信息处理技术的关注,中国市场也逐渐引入相关先进产品和技术。

3)焊接质量控制智能化

对于焊接产品来说,最为重要的就是焊接质量,焊接质量如果不过关,会使产品的使用寿命降低。在焊接的过程中,判断焊接是否符合质量要求的依据主要是焊缝,一般焊缝越小焊接的质量越高,但焊缝的大小不能通过人眼观察,因此发展焊缝跟踪技术是保证自动焊接质量的根本。

现代焊接技术已经能够实现内外无缺陷,目前已开发了旋转电弧传感器,采用了特制的空心电动机旋转扫描焊炬,该传感器小巧灵活,调节方便,机械振动小,焊炬可达性好,具有较强的适用性和较高的性价比,能够成功地检测焊缝、焊炬横向与高低方向的偏差及焊缝破口表面轮廓线。

4)电源控制数字化

现代焊接制造技术正经历着从手工焊到自动焊的过渡。焊接过程自动化、机器人化以及智能化已成为焊接行业的发展趋势。随着新型的功能强大的数字信息处理(digital signal processing,DSP)技术的发展,全数字化焊接电源已被推出。

5)以激光焊、电子束焊接技术为代表的先进焊接技术的新发展

激光束具有的微焦点与散焦加热、高能量密度、高速加热、深穿透、高速冷却、可精密控制、高速扫描、全方位加工等技术特点,目前在材料加工领域中得到了充分的利用。激光除了已应用于焊接、打孔、切割、表面改性、涂覆和精细加工外,在新材料的制备(如纳米材料、非晶态材料)与快速成形以及超精细加工技术方面也大有可为。

电子束焊接是把高能量密度电子束作为能量的载体来实现材料和构件焊接的工艺方法,在经过了七十多年的发展之后,电子束焊接技术不仅应用在高新技术领域,而且成为了工业领域当中一项重要的加工工艺。电子束焊接的优点是热面积小、焊接的速度快、输入的能量密度高、电子束的穿透深、控制方便,而且真空焊接不会受到污染。电子束焊接适用于高效、精密、穿透深度大或者是特殊的焊接,是一种很好的热加工手段,而且技术成熟,发展趋势良好,其应用涉及的材料包括有色金属、不锈钢、陶瓷、合金以及高熔点金属等,主要用于精密的中小型零件。

2. 焊接技术的应用

焊接技术不断发展,作为一种特种机械连接技术,其应用领域十分广泛,从基础的机械制造到航空航天,从建筑工程到微电子技术都离不开焊接技术的支撑,在电子设备制造中占有十分重要的地位。

1)焊接技术在电子制造业的应用

在电子制造中,焊接技术是连接电路中各种元器件的核心技术之一,常使用多种焊接技术将电子元器件连接在一起,最常见的焊接技术是烙铁焊接和表面安装技术。焊接技术的应用范围极广,覆盖了大部分电子制造领域,如汽车电子、电视机、手机、电脑等。焊接技术能够连接不同材质的电子元器件,包括金属、塑料等。

烙铁焊接技术是将金属元器件的引脚与印制电路板(printed circuit board,PCB)的电线连接起来,这种技术不要求太多的设备与工具,操作简单、价格低廉,在电子制造中扮演着关键的角色。表面安装技术是一种将电子元器件安装在电路板表面上的焊接技术,可以通过机器自动进行安装,因此可以快速高效地制造电子产品。

2)焊接技术在汽车制造行业的应用

焊接技术与汽车制造行业密切相关。如电子束焊接技术主要用于汽车变速箱中的齿轮、汽缸、发动机增压器涡轮、离合器等部件的生产。汽车的一些零部件及一些基础框架结构采用的是激光焊接技术。搅拌摩擦焊接技术主要应用于汽车的成形附件、车身支架、发动机引擎等方面。

3)焊接技术在航天、船舶制造业的应用

由于航空和航海领域对材料要求都具有一定的特殊性,相应的特种焊接技术逐渐应用于航空和船舶制造领域。目前高能束流焊接技术、电子束焊接技术及激光焊接技术在航天领域的应用较为广泛。而在船舶制造领域则主要使用高效焊接技术,可以更好地保证船舶制造的质量,缩短制造工期、降低成本、提高经济效益。

4)焊接技术在石油化工领域的应用

石油化工机械包括各种化工容器、反应塔、加热炉和换热器等。在化工机械生产中,需要根据不同的结构和材料特点采用相应的焊接方法。焊条电弧焊是化工机械生产中低碳钢结构的基本焊接方法,适应力强,适用于结构复杂的化工机械;埋弧自动焊适用于厚板制造的结构比较简单的化工机械;二氧化碳气体保护焊适合于焊接中薄板的化工机械,也可用于焊接厚板化工机械;钨极氩弧焊适用于化工机械生产中的打底焊;各类压力容器的焊接对焊接工艺要求更高,多使用手工电弧焊、氩弧焊、二氧化碳保护焊及电渣焊等特殊工艺。

5)焊接技术在建筑工程行业的应用

建筑钢结构箱型构件及中厚板的广泛使用,使得高效焊接技术中的埋弧双丝焊、三丝焊、电渣焊(箱型构件的隔板焊接)得到大量应用。同时,建筑钢结构中组合楼板的大量应用也使栓钉焊接技术得到了快速发展。建筑工程行业常用手工电弧焊、氩弧焊、电渣压力焊、闪光对焊、氧乙炔焰气焊及切割,二氧化碳保护焊多用于钢结构安装及有色金属焊接。

2.1.2 焊接技术的分类及特点

电子产品的电气连接是通过对元器件、零部件的装配与焊接来实现的。焊接是使金属连接的一种方法，作为电器设备制造中极为关键的一道工序，其质量的好坏直接影响电器设备的正常运转，是电子产品生产中必须掌握的一种基本操作技能。

随着电子技术的飞速发展，元器件的小型化和高密度印制电路板的广泛应用促进了焊接技术与设备的不断变化和进步，除手工焊接外，还出现了各种形式的自动焊接技术，如波峰焊接、浸焊、再流焊等。

1. 焊接的分类

焊接方法种类很多，按焊接时母材金属所处的状态对焊接进行分类，可分为熔化焊、压力焊和钎焊三大类，如图 2-1 所示。

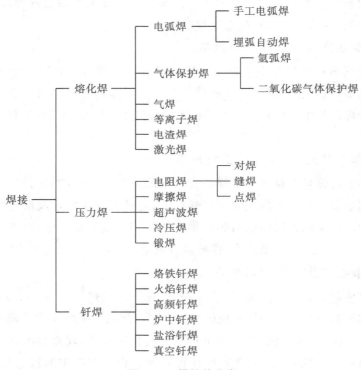

图 2-1 焊接的分类

(1)熔化焊简称熔焊，是在焊接过程中将工件接口加热至熔化状态，不加压力完成焊接的方法。熔焊时，热源将待焊工件接口处迅速加热熔化形成熔池，熔池随热源向前移动，冷却后形成连续焊缝而将两工件连接成为一体。熔焊在焊接时母材会熔化。常见的熔焊有电弧焊、气焊等。

(2)压力焊是在加压条件下，使两工件在固态下实现原子间结合，又称固态焊接。常用的压力焊工艺是电阻对焊，当电流通过两工件的连接端时，该处因电阻很大而温度上升，当加热至塑性状态时,在轴向压力作用下将两工件连接成为一体。

（3）钎焊是用比母材熔点低的金属材料作为钎料,用液态钎料润湿母材和填充工件接口间隙,并使其与母材相互扩散的焊接方法。钎焊变形小,接头光滑美观,适合于焊接精密、复杂和由不同材料组成的构件,如蜂窝结构板、透平叶片、硬质合金刀具和印制电路板等。电子产品的焊接属软钎焊的一种,俗称锡焊。

2. 焊接生产的优点

（1）节省材料,减轻质量,生产成本低。

（2）简化复杂零件和大型零件的加工工艺。焊接结构生产不需要制模和造型,也不需要熔炼和浇注,工序简单,生产周期短。用焊接方法制造零件毛坯或部件,后续机械加工量少,甚至不需机械加工就能使用,劳动量少,生产效率高。

（3）适应性好。可以很方便地实现多种不同形状和不同厚度的钢板（或其他金属材料）的连接,甚至可以将不同种类的金属材料连接成形。

（4）焊接结构的刚性大、重量轻、强度高,并具有良好的气密性、水密性。焊接是一种金属原子之间的永久连接方式,焊接结构中各部分是直接连接的,与其他的连接方式相比不需要附加连接件。现代的焊接技术已经能做到焊接接头的强度等于甚至高于母材的强度。

（5）焊接结构生产投资少、见效快。焊接车间一般不需要大型和贵重的机器设备,能适应不同批量的产品生产,结构变更与改型快。

（6）焊接准备工作简单。待焊件一般不必再机械加工就能投入装配和焊接。

3. 焊接生产的不足

（1）结构无可拆性。

（2）焊接时局部加热,焊接接头的组织和性能与母材相比发生变化,会产生一定的焊接残留应力和焊接变形,有可能影响零部件与焊接结构的形状、尺寸,增加结构工作时的应力,降低承载能力,甚至引起断裂破坏。

（3）焊接过程容易产生气孔、夹渣、裂纹等隐蔽性缺陷,降低承载能力,易导致焊接结构的意外破坏,缩短焊接结构使用寿命。

2.2　焊料与焊剂

自然界中除了纯金和铂以外,在室温下,几乎所有的金属暴露在空气中均会发生氧化,表面形成氧化层,妨碍焊接的进行。为使焊接质量得到保障,根据被焊物的不同,选用不同的焊料和焊剂是很重要的。

2.2.1　焊料的分类与选择

焊料是一种熔点低于被焊金属,在被焊金属不熔化的条件下,能润湿被焊金属表面,并在接触面处形成合金层的物质,是裸片（die）、包装（package）和电路板装配（board assembly）

的连接材料。

焊料根据熔点不同可分为硬焊料和软焊料;根据组成成分不同可分为锡铅焊料、银焊料、铜焊料等;按照使用的环境温度又可分为高温焊料(在高温环境下使用的焊料)和低温焊料(在低温环境下使用的焊料)。

在电子产品的焊接中,通常要求焊料合金必须满足下列要求。

(1)要求在相对较低的焊接温度下进行,以保证元器件不受热冲击而损坏。如果焊料的熔点在 $180\sim220$ ℃,通常焊接温度要比实际焊料熔化温度高 50 ℃左右,实际焊接温度在 $220\sim250$ ℃范围内。根据 IPC-SM-782 规定,通常片式元器件在 260 ℃环境中仅可保存 10 s,而一些热敏元器件耐热温度更低。此外,PCB 在高温后也会产生热应力,因此焊料的熔点不宜太高。

(2)熔融焊料必须在被焊金属表面有良好的流动性,以利于焊料均匀分布,并为润湿奠定基础。

(3)凝固时间要短,利于焊点成形,便于操作。

(4)焊接后,焊点外观要好,便于检查。

(5)导电性好,并有足够机械强度。

(6)抗蚀性好,电子产品应能在一定的高低温、盐雾等恶劣环境下进行工作,特别是军事、航天、通信以及大型计算机等。为此焊料必须具有很好的抗蚀性。

(7)焊料原料的来源应该广泛,即组成焊料的金属矿产应丰富,价格应低廉,才能保证稳定供货。

2.2.2 锡铅焊料

人类使用锡铅(Sn - Pb)焊料已有几千年的历史了,早在我国商周时期的锡铜器具上已用到锡铅焊,在古罗马时期,人们则使用锡铅合金连接铅制水管。

1. 锡铅系列焊料的优点

在电子产品装配中,锡铅系列焊料也称为焊锡。因为它有如下的优点,所以在早期的焊接技术中得到广泛的应用。

(1)熔点低。它在 180 ℃左右便可熔化,使用 25 W 外热式或 20 W 内热式电烙铁便可进行焊接。

(2)具有一定的机械强度。因锡铅合金的强度比纯锡、纯铅的强度要高,又因电子元器件本身质量较轻,对焊点强度要求不是很高,故能满足其焊点的强度要求。

(3)具有良好的导电性。因锡铅焊料属良导体,故其电阻很小。

(4)抗腐蚀性能好。焊接好的印制电路板不必涂抹任何保护层就能抵抗空气的腐蚀,从而简化了工艺流程,降低了成本。

(5)对元器件引线和其他导线的附着力强,不易脱落。锡具有良好的亲和性,很多金属都能与锡结合成金属化合物,并且这些金属化合物具有良好的机械强度和导电性能,这是锡铅合金能作为焊料的根本原因。近年来,尽管已逐渐停用锡铅焊料而改用无铅焊料,但锡铅焊料仍是无铅焊料的基础,无铅焊料是由锡铅焊料演变而来的,它们的主成分均是锡基材。熟悉锡铅焊料的性能,可以更好地理解无铅焊料的各种性能以及与锡铅焊料的差别。

2. 常用的锡铅合金焊料

锡铅合金焊料有多种形状和分类。其形状有粉末状、带状、球状、块状、管状和装在罐中的锡膏等几种。其中粉末状、带状、球状、块状的焊锡用于锡炉或波峰焊中;锡膏用于贴片元件的再流焊;手工焊接中最常见的是管状松香芯焊锡丝。管状松香芯焊锡丝是将焊锡制成管状,其轴向内芯是由优质松香添加一定的活化剂组成的。

管状松香芯焊锡丝的外径有 0.6 mm、0.8 mm、1.0 mm、1.2 mm、1.6 mm、2.3 mm、3.0 mm、4.0 mm、5.0 mm 等若干种尺寸。焊接时,应根据焊盘的大小选择松香芯焊锡丝的尺寸。通常,管状松香芯焊锡丝的外径应小于焊盘的尺寸。

3. 锡铅焊料的防氧化

锡铅焊料在常温下是相当稳定的,但在高温下则容易氧化,特别是在波峰焊的过程中受搅拌器的搅动时,其氧化速度相当快。一般一台波峰焊机每天需要去掉几千克的锡渣,锡铅焊料浪费是相当严重的。此外,还有些锡渣夹带在锡料中,会对焊接质量产生不利影响。为降低锡铅焊料在高温下氧化的程度,通常有以下几种做法。

(1)加入防氧化油。早期的防氧化油仅是一些高沸点的油脂,如矿物油、植物油、蜡等,其使用的原理是覆盖在焊料的表面,隔绝空气以达到防氧化的目的。但这种方法防氧化的效果较差,且防氧化油长期受热会变质和分解。

目前基础油类已做了改进,在防氧化油的基础上添加一些还原剂和防老剂、热稳定剂等,以增强防氧化油本身的耐老化性能和对氧化锡的还原性能。如有机硅类,能进一步增强防氧化油的效果。但防氧化油的使用易对 PCB 产生油污染,故目前使用量在逐步减少。

(2)使用活性碳类的固体防氧化剂。活性碳及还原剂的混合物也能在焊料液面上起到覆盖作用,对焊料也能起到很好的防氧化作用,而且对 PCB 板面不会造成污染。

(3)防氧化焊料。防氧化焊料是在锡铅焊料中添加少量其他金属来实现焊料防氧化性能提高的。早期,加入微量金属铝(0.09% 以下)可以覆盖在锡焊料表面形成覆盖层,达到防氧化、提高焊接质量的目的;但金属铝的加入会导致锡料的黏度增高,性能变坏,故不能加入太多。市场上出售的防氧化焊料大多是加入微量稀有金属来实现锡铅焊料的防氧化。这种类型焊料的防氧化性能非常好,焊接的工艺性(如润湿性)也不受影响。抗氧化焊锡广泛应用于工业生产的自动化生产线上,如波峰焊等。

(4)氮气保护。采用氮气保护不仅可以非常有效地防止焊料氧化,而且能提高焊料的可焊性,尤其在无铅焊接的过程中,因此这种方法越来越被人们所认可。

2.2.3 无铅焊料

锡铅合金焊料是常用的电子元器件焊接材料,但铅及其化合物对人体有害,含有损伤人类的神经系统、造血系统和消化系统的重金属毒物,会导致智力障碍、高血压、贫血等疾病,影响儿童的生长发育、神经行为和语言行为;铅浓度过大,可造成土壤、空气和水资源等的污染。近年来,由于电子工业的迅速发展,造成了许多环境污染问题,无铅焊锡的研究由此而起。

1.无铅焊料的发展

电子工业中大量使用的锡铅合金焊料给人类生活环境和人身安全带来较大的危害,是造成污染的重要来源之一,这一问题逐渐引起各国的重视。日本首先研制出无铅焊料应用到实际生产中,并在 2003 年禁止使用有铅焊料;美国和欧盟在 2006 年禁止销售含铅的电子产品。

2003 年 3 月,为了减少铅及其化合物对人类和环境造成的污染与伤害,国家信息产业部在《电子信息产品生产污染防治管理办法》中规定,自 2006 年 7 月 1 日起,投放市场的国家重点监管目录内的电子信息产品不能含有铅、镉、汞、六价铬、聚合溴化联苯或聚合溴化联乙醚等 6 种有毒有害材料。目前我国一些独资、合资企业的出口产品也已经应用了无铅焊料,无铅焊料已进入实用性阶段。

2.无铅焊料的构成

锡铅合金焊料由 63% 的锡和 37% 的铅组成,而无铅焊料通常是以锡为主体添加其他的金属构成的,即无铅焊料中锡的比例远远大于锡铅合金中锡的比例。所谓"无铅",并非绝对的百分之百禁止铅的存在,而是要求无铅焊锡中铅的含量必须低于 0.1%,"电子无铅化"指的是包括铅在内的 6 种有毒有害材料的含量必须控制在 0.1% 以内,同时电子制造必须符合无铅的组装工艺要求。

目前研制的可替代锡铅焊料的无毒合金是锡基合金,即以锡(Sn)为主,添加适量的银(Ag)、锌(Zn)、铜(Cu)、铋(Bi)、铟(In)、锑(Sb)等金属材料。通过焊料合金化来改善合金性能,提高可焊性;同时要求达到无毒性、无污染、性能好(包括导电、热传导、机械强度、润湿度等方面)、成本低、兼容性强等方面的要求。

常用的无铅焊料主要是以 $Sn-Ag$、$Sn-Zn$ 和 $Sn-Bi$ 为基体的三大系列,如表 2-1 所示,还可添加适量的其他金属元素组成三元合金和多元合金,如使用较多的 $Sn-Ag-Cu$ 合金。

表 2-1　无铅焊料三大系列的比较

无铅焊料系列	适用温度/℃	适合的焊接工艺	特点
$Sn-Ag$ 系 $Sn-Ag3.5-Cu0.7$	高温系列 230~260	再流焊,波峰焊	热疲劳性能优良,结合强度高,熔融温度范围小,蠕变特性好;但熔点高,润湿性差,成本高

无铅焊料系列	适用温度/℃	适合的焊接工艺	特点
Sn-Zn 系 Sn-Zn8.8	中温系列 215～225	再流焊	熔点较低,热疲劳性好,机械强度高,拉伸性能好,熔融温度范围小,价格低;但润湿性差,抗氧化性差,具有抗腐蚀性
Sn-Bi 系 Sn-Bi57-Ag1	低温系列 150～160	再流焊	熔点低,与 Sn-Pb 共晶焊料的熔点相近,结合强度高;但热疲劳性能差,熔融温度范围大,延伸性差

（1）Sn-Ag 系焊料：Sn-Ag 系焊料具有优良的机械性能、拉伸强度和蠕变特性,其耐热及抗老化性能比 Sn-Pb 合金焊料优越;延展性比 Sn-Pb 合金焊料稍差,但不存在延展性随时间加长而劣化的问题。Sn-Ag 系焊料的主要缺点是熔点偏高,比 Sn-Pb 合金焊料高 30～40 ℃,润湿性差,成本高。

（2）Sn-Zn 系焊料：Sn-Zn 系焊料机械性能好,拉伸强度比 Sn-Pb 合金焊料好,可拉制成丝材使用,具有良好的蠕变特性,变形速度慢,至断裂时间长;缺点是 Zn 极易氧化,润湿性、抗腐蚀性和稳定性差。

（3）Sn-Bi 系焊料：Sn-Bi 系焊料是以 Sn-Ag(Cu)系合金为基体,添加适量的 Bi 组成的合金焊料,优点是降低了熔点,使其与 Sn-Pb 合金焊料相近,蠕变特性好,并增大了合金的拉伸强度;缺点是延展性变坏,变得硬而脆,加工性差,不能加工成线材使用。

3. 无铅焊接存在的问题

目前的无铅合金焊料与锡铅合金焊料相比,存在着以下主要问题。

（1）熔点高。无铅焊料的熔点高于锡铅合金焊料 34～44 ℃。如 Sn-Ag-Cu 合金焊料的熔点为 217～227 ℃,而传统的锡铅合金焊料 Sn63-Pb37 的熔点为 183 ℃。因而电烙铁设定的工作温度增高,使烙铁头更容易氧化,使用寿命缩短;同时,无铅焊料的熔化温度有可能接近或高于一些元器件和 PCB 板的耐受温度,导致元器件易损坏、PCB 板变形或铜箔脱落。因此,无铅焊接要求元件能耐高温且无铅化,元件的焊接端头和引出线要采用无铅镀层;要求 PCB 基材耐更高温度,焊后不变形,焊盘表面镀层无铅化,与组装焊接用的无铅焊料兼容且低成本。

（2）可焊性不高。锡铅合金焊料的焊点光滑、有光泽,无铅合金焊料的焊点条纹较明显、暗淡,焊点看起来显得粗糙、不平整。这是由于无铅焊料的表面张力较高,不像锡铅合金焊料那么容易流动造成的。无铅焊料在焊接时,润湿、扩展的面积只有锡铅合金焊料的 1/3 左右,这必将影响焊点的焊接强度,造成焊点的机械强度性能不足。

（3）焊点的氧化严重。无铅焊接导致发生焊接缺陷的概率增加,如易发生桥接、焊料结球等缺陷,造成导电不良、焊点脱落、焊点没有光泽等质量问题。焊接过程中需选择与待焊接金属相容的焊剂、合适的焊接温度,采用正确的存放和处理方法,确保线路板和元器件的可焊性。

(4)焊接设备面临调整。为适应较高的焊接温度要求,再流焊炉的预热区要加长或更换新的加热元件;波峰焊机的焊料槽、焊料波喷嘴及导轨传输爪的材料要耐高温腐蚀。必要时(如在高密度窄间距时)需采用新的抑制焊料氧化技术和惰性气体保护焊接技术。

(5)对焊剂要求高。焊剂的功能是去除被焊金属表面的氧化物,降低焊料的表面张力,提高焊料的流动性,以此帮助润湿焊点,提高焊接质量。目前使用的焊剂不能有效帮助无铅焊料提高润湿性,即不能起到良好的助焊效果。因此需要开发新型的润湿性更好的焊剂,要与预热温度和焊接温度相匹配,同时需满足环保要求。

(6)无铅焊料和无铅焊接设备的成本较高。无铅焊料的价格是锡铅合金焊料的 $2\sim3$ 倍,无铅焊接设备的价格是锡铅焊接设备的 2.5～4 倍,这将导致电子产品的制造成本上升,性价比下降。

(7)工艺有待提升。采用无铅焊料的印刷、贴片、焊接、清洗以及检测都是新的课题,焊接工艺需要适应无铅焊料的要求。

(8)从无铅焊料中回收 Bi、Cu 和 Ag 等废料是一个新课题。

2.2.4　焊剂

焊剂是自动焊接和手工焊接不可缺少的辅料,在波峰焊中,焊剂和合金焊料分开使用,而在再流焊中,焊剂则作为焊膏的重要组成部分。焊接效果的好坏,除了与焊接工艺、元器件和 PCB 的质量有关外,焊剂的选择是十分重要的。

1. 焊剂的作用

性能良好的焊剂应具有的功能有:除去被焊元件表面的氧化物;防止焊接时焊料和焊接表面的再氧化;降低焊料的表面张力,加速焊料与被焊物的共熔;有利于热传递到焊接区。

1)去氧化物

在进行焊接时,为能使被焊物与焊料焊接牢固,就必须使金属表面无氧化物和杂质,只有这样才能保证焊锡与被焊物的金属表面固体结晶组织之间发生合金化反应,即原子状态的相互扩散。因此,在焊接开始之前,必须采取各种有效措施将氧化物和杂质除去。

除去氧化物与杂质通常有两种方法,即机械方法和化学方法。机械方法是用砂纸和刀子将其除掉;化学方法则是用焊剂清除,该方法具有不损坏被焊物及效率高等特点,焊接时一般采用这种方法。

焊剂除了上述去氧化物的功能外,还具有加热时防止氧化的作用。焊接时必须把被焊金属加热到使焊料发生润湿并产生扩散的温度,但是随着温度的升高,金属表面的氧化就会加速,而此时焊剂就在整个金属表面形成一层薄膜,包住金属使其与空气隔绝,从而起到了防止加热过程中发生氧化的作用。

2）减小表面张力

焊剂还有帮助焊料流动、减小表面张力的作用。焊料熔化后将贴附于金属表面,但由于其本身表面张力的作用减小了焊料的附着力,需借焊剂减小表面张力,增加流动性,使焊料附着力增大、焊接质量得到提高。

3）热传递

焊剂能把热量从烙铁头传递到焊料和被焊物表面。在焊接中,烙铁头的表面及被焊物的表面之间存在许多间隙,在间隙中充有空气,空气为隔热体,这样必然使被焊物的预热速度减慢。而焊剂的熔点比焊料和被焊物的熔点都低,故先熔化并填满间隙和润湿焊点,使烙铁的热量快速地传递到被焊物上,使预热的速度加快。

2. 焊剂的分类

常用的焊剂有无机系列、有机系列和树脂活性系列。

1）无机焊剂

无机焊剂具有很好的助焊作用,但是有强烈的腐蚀性。该种焊剂大多用在可清洗的金属制品的焊接中,市场中销售的焊油、焊膏均属于这一类。由于电子元器件的体积小,外形及引线精细,若使用无机焊剂,会造成日后的腐蚀断路故障,因此电子产品的焊接中通常不允许使用无机焊剂。无机焊剂在一些特定的场合下使用时,焊接后必须用清洗剂清洗干净。

2）有机焊剂

有机焊剂由有机酸、有机类卤化物等合成。其特点是具有较好的助焊作用,但由于酸值太高,因此具有一定的腐蚀性,残余的焊剂不容易清除,且挥发物对人体有害,因此在电子产品的焊接中一般不使用。

3）树脂活性焊剂

树脂活性焊剂的特点是有较好的助焊作用,且无腐蚀、绝缘性能好、稳定性高、耐湿性好、无污染、焊接后容易清洗、成本低。因此电子产品的焊接中,常使用此类焊剂。

树脂系列焊剂最常用的是松香类焊剂。使用时常常用无水乙醇溶解纯松香配制成25％～30％的乙醇溶液,这种焊剂为中性,焊接后清洗容易,并能形成膜层覆盖焊点,使焊点不被氧化腐蚀,起到良好的保护作用。焊接时使用的酒精松香焊剂,其酒精含量还可以高些,使焊剂稀释,避免在焊点边缘留下黑圈,影响美观。松香类焊剂使用时需要注意以下几点:

(1)松香类焊剂反复加热后会发黑(碳化),这时的松香不但没有助焊作用,反而会降低焊点的质量;

(2)在温度达到 60 ℃时,松香的绝缘性能会下降,松香易结晶,稳定性变差,且焊接后的残留物对发热元器件有较大的危害(影响散热);

(3)存放时间过长的松香不宜使用,因为松香的成分会发生变化,活性变差,助焊效果会变差,影响焊接质量。

3.焊剂的选择

焊剂的选用主要考虑两个方面：焊剂的效力(润湿能力、传热能力和表面清洁能力)和焊剂的腐蚀性。

理想的焊剂应该具有高效力、低腐蚀性。然而，焊剂的效力与腐蚀性是两个彼此对立的指标，焊剂的效力(活性)越高，腐蚀性就越大，反之亦然。因此，焊剂的活性只能在一定的范围内选择；同时还需要考虑与工艺的配合性，如与焊接温度的适应性、与焊接时间的匹配性及焊后是否要清洗等。

2.2.5 阻焊剂

阻焊剂是一种耐高温的涂料，其作用是保护印制电路板上不需要焊接的部位。在焊接中，特别是在浸焊和波峰焊中，为提高焊接质量，需用耐高温的阻焊涂料使焊接只发生在需要的焊点上，而把不需要焊接的部位保护起来，起到一种阻焊作用。

1.阻焊剂的作用

(1)在焊接中可防止桥接、拉尖、短路及虚焊等情况的发生，减少印制电路板的返修率，提高焊接质量。

(2)因印制电路板板面部分被阻焊剂覆盖，在焊接时受到的热冲击小，有效降低了印制电路板的温度，使板面不易起泡、分层，同时也起到保护元器件和集成电路的作用。

(3)在自动焊接中，使用阻焊剂可使除了焊盘外的其他部位均不上锡，能节约大量的焊料。

(4)使用带有色彩的阻焊剂，可使印制电路板的板面显得整洁、美观。

2.阻焊剂的分类

阻焊剂按成膜方法(即所用的成膜材料是加热固化还是光固化)分为热固化型和光固化型两大类。热固化型阻焊剂附着力强、能耐高温、价格便宜、粘接强度高，但其含有溶剂，毒性大，使用时要求加热温度高、时间长，印制电路板易翘曲变形，而且加热时间过长还会导致能源消耗大，不能实现连续化的生产，生产周期长。目前热固化型阻焊剂已被逐步淘汰。

光固化型阻焊剂使用的成膜材料主要是含有不饱和双键的乙烯基树脂、不饱和聚酯树脂、丙烯酸(甲基丙烯酸)、环氧树脂、丙烯酸聚氰酸、不饱和聚酯、聚氨酯和丙烯酸酯等。光固化型阻焊剂在高压汞灯下照射 2～3 min 即可固化，可节约大量能源，提高生产效率，便于自动化生产，因此被大量采用。

2.2.6 清洗剂

完成焊接操作后，焊点周围存在残余焊剂、油污、汗迹、多余的金属物等杂质，这些杂质对焊点有腐蚀、伤害作用，会造成绝缘电阻下降、电路短路或接触不良等危害，因此要对焊点进行清洗。常用的清洗剂有以下几种。

1. 无水乙醇

无水乙醇又称无水酒精,它是一种无色透明且易挥发的液体。其特点是易燃、吸潮性好,能与水及其他许多有机溶剂混合,可用于清洗焊点和印制电路板组装件上残留的焊剂和油污等。

2. 航空洗涤汽油

航空洗涤汽油是由天然原油中提取的轻汽油,可用于精密部件和焊点的洗涤等。

3. 三氯三氟乙烷(R113)

三氯三氟乙烷(R113)是一种稳定的化合物,在常温下为无色透明易挥发的液体,有微弱的醚的气味。它对铜、铝、锡等金属无腐蚀作用,对保护性的涂料(油漆、清漆)无破坏作用,常用作电子设备的气相清洗液。

有时也会采用三氯三氟乙烷和乙醇的混合物,或用汽油和乙醇的混合物作为电子设备的清洗液。

2.3　手工焊接技术

2.3.1　手工焊接工具

手工焊接历史悠久,具有成本低、灵活性高等优势,至今仍被广泛采用。手工焊接主要采用电烙铁作为焊接工具。各种不同的电子零件在焊接时采用的方法不同,所需要的时间和热量也不同,所以必须根据所要进行的实际焊接任务来挑选合适的焊接工具,尤其是电烙铁,只有正确选用焊接工具才能达到事半功倍的焊接效果。

1. 电烙铁的种类

电烙铁按加热方式分类有直热式和感应式等;按烙铁的发热能力(消耗功率)分类有20 W、30 W、……、500 W 等;按功能分类有单用式、两用式、调温式和恒温式等。根据用途和结构的不同,常用的电烙铁有以下几种。

1)直热式电烙铁

最常用的单一焊接一般采用直热式电烙铁,其结构如图 2-2 所示。直热式电烙铁主要由烙铁头、加热体、手柄及电源线四部分组成,可以分为内热式和外热式两种,目前又有新型的恒温式电烙铁出现。内热式电烙铁功率小,热量集中,适用于一般元器件的焊接,功率为20~40 W。外热式电烙铁适用于大面积焊接,它的功率大,一般为 20~100 W,在电子设备焊接中多用 20~60 W。

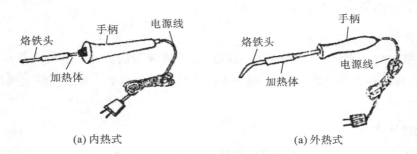

(a) 内热式   (a) 外热式

图 2-2   直热式电烙铁结构示意图

(1)内热式电烙铁。

①内热式电烙铁的组成结构。内热式电烙铁的发热元件(烙铁芯)安装在烙铁头内部,从内部向外传热,故称为内热式电烙铁,其外形与结构如图2-3所示。

内热式电烙铁的后端是空心的,用于套接在连接杆上,并且用固定座固定,当需要更换烙铁头时,必须先将固定座退出,同时用钳子夹住烙铁头的前端,慢慢地拔出,切记不能用力过猛,以免损坏连接杆。内热式电烙铁的烙铁芯是用比较细的镍铬电阻丝绕在瓷管上制成的,其电阻约为 2.5 kΩ(20 W)。

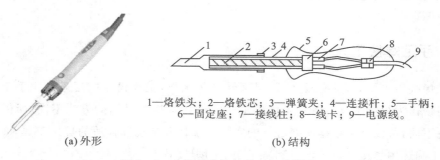

(a) 外形   (b) 结构

1—烙铁头;2—烙铁芯;3—弹簧夹;4—连接杆;5—手柄;
6—固定座;7—接线柱;8—线卡;9—电源线。

图 2-3   内热式电烙铁外形与结构图

②内热式电烙铁的特点。由于内热式电烙铁的烙铁芯安装在烙铁头的里面,故其热效率高(可达85%~90%),烙铁头升温快;相同功率下具有温度高、体积小、重量轻的特点。但由于结构的原因,内热式电烙铁芯在使用过程中温度集中,容易导致烙铁头被氧化、"烧死",长时间工作易损坏,因此内热式电烙铁寿命较短(与外热式的相比),不适合作大功率烙铁。

内热式电烙铁的规格多为小功率的,常用的有 20 W、25 W、35 W、50 W 等,功率越大烙铁头的温度就越高。一般电子产品电路板装配多选用 35 W 以下的电烙铁。该类型的电烙铁特别适合修理人员或业余电子爱好者使用,也适合偶尔需要临时焊接的工种,如调试、质检等。

(2)外热式电烙铁。

①外热式电烙铁的组成结构。外热式电烙铁的发热元件包在烙铁头外面,有直立型和T形等不同形式,其中最常用的是直立型,其外形和结构如图 2-4 所示。

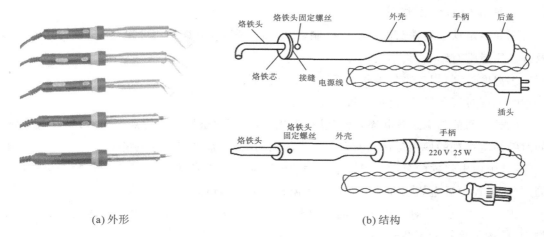

<table>
<tr><td>(a) 外形</td><td>(b) 结构</td></tr>
</table>

图 2 - 4　外热式电烙铁外形与结构图

外热式电烙铁与内热式电烙铁的区别主要在结构上,如图 2 - 5 所示。两者的烙铁头结构也有很大的区别,内热式电烙铁因为发热芯内置所以烙铁头是空心的,外热式电烙铁因发热芯是外置的所以烙铁头是实心的。

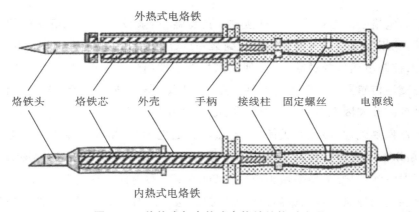

图 2 - 5　外热式与内热式电烙铁结构对比图

外热式电烙铁的烙铁头多用紫铜材料制成,有利于储存热量和传导热量,其温度比焊接件的温度高很多,正是由于温度较高,所以使用时容易氧化,其端部易被焊料浸蚀而失去原有形状,需要及时修整。

②外热式电烙铁的特点。外热式电烙铁的优点是经久耐用,使用寿命长,长时间工作时温度平稳,焊接时不易烫坏元器件。但由于其结构的原因,外热式电烙铁的体积相对较大,热效率低,35 W 的外热式电烙铁温度只相当于 20 W 的内热式电烙铁,升温为 350 ℃左右;45～50 W的外热式电烙铁温度只相当于 25 W 的内热式电烙铁,升温为 400 ℃左右。

外热式电烙铁广泛运用于电子装配领域,适合长时间通电工作,其规格按功率分有25 W、45 W、75 W、100 W、200 W 和 300 W 等,一般电子产品装配多选用 45 W 的外热式电烙铁。工作电压有 220 V、110 V 和 36 V 等,最常用的是 220 V 规格的。

2)恒温(调温)电烙铁

普通电烙铁的烙铁头温度不可控制,当温度过高时,对焊接用的电烙铁、被焊元器件以及焊点质量都有影响,具体表现在:

①温度过高,焊锡容易被氧化而造成焊点虚焊;

②温度过高不可控,易损坏被焊元器件;

③长时间的高温过热状态,使烙铁头氧化加速,氧化杂质变为焊点杂质,影响焊接质量,同时缩短电烙铁的使用寿命。所以在要求较高的场合,宜采用恒温电烙铁。

(1)恒温电烙铁的分类。恒温电烙铁的温度能自动调节、保持恒定。根据控制方式的不同,分为磁控恒温电烙铁和热电偶检测控温式自动调温恒温电烙铁两种。

①磁控恒温电烙铁。磁控恒温电烙铁是通过电烙铁内部的磁性开关达到恒温的目的,其结构示意图如图2-6所示。

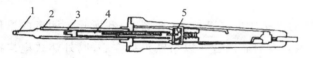

1—烙铁头;2—烙铁芯;
3—磁性传感器;4—永久磁铁;
5—磁性开关。

图2-6 磁控恒温电烙铁

磁控恒温电烙铁的烙铁头内装有强磁性传感器,用来吸附安装在烙铁内的磁性开关中的永久磁铁,利用强磁性传感器在温度达到某一点(居里点,由磁体的成分决定)时磁性会消失的特征,来控制电热丝的通断,而达到恒温目的。即当烙铁头的温度升高到某一点时,装在其内的强磁性传感器的温度也达到某一点(居里点),这时强磁性传感器的磁性消失,原本靠其磁性吸合的开关因无磁力作用而断开,电热丝断电而停止加热,温度缓慢下降;降温后,强磁性传感器恢复磁性,磁性开关闭合,电热丝又通电加热,烙铁温度上升。上述过程反复进行,使电烙铁的温度恒定在某一很小的范围内波动。装有不同强磁性传感器的烙铁头具有不同的恒温特性,只要更换烙铁头便可在260~450 ℃内任意选定温度。

②热电偶检测控温式自动调温恒温电烙铁。这种恒温烙铁又叫自动调温恒温电烙铁或叫自控焊台,常用的有防静电型和带气泵型自动调温恒温电烙铁,如图2-7和图2-8所示。

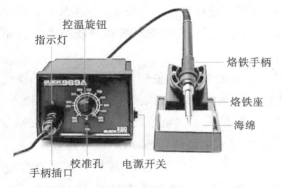

图2-7 防静电型自动调温恒温电烙铁

图2-8 带气泵型自动调温恒温电烙铁

这种烙铁依靠温度传感元件(热电偶)监测烙铁头温度,并通过放大器对传感器输出信号进行放大处理,去控制电烙铁的供电电路输出的电压高低,从而达到自动调节烙铁温度、使烙铁温度恒定的目的。采用这种温控方式恒温效果好,温度波动小,可手动人为随意设定恒定的温度,但这种方式会导致设备结构复杂、价格高。

(2)恒温电烙铁的特点。

① 省电。由于该类型的电烙铁是断续通电加热,因此它比普通电烙铁节电 50% 左右。

② 使用寿命长。由于恒温电烙铁的温度变化范围很小,不会产生过热现象,因此其使用寿命长。且恒温烙铁头采用镀铁镍新工艺,节约了铜材,节省了修整烙铁头的工时。

③ 焊接质量高。由于烙铁头始终保持在适于焊接的温度范围内,所以焊料不易氧化,可减少虚焊,同时也能防止被焊接的元器件因温度过高而损坏,提高焊接质量。

④ 烙铁头的温度不受电源电压、环境温度的影响。以 50 W 恒温电烙铁为例,它在电源电压为 180~240 V 的范围内均能保持恒温。通电 5 min 内,烙铁头即能达到恒温温度 $270(^{+20}_{-10})$℃。

⑤ 恒温电烙铁的体积小,重量轻。

⑥ 价格高。由于制作工艺和内部结构复杂、功能多,因而价格高。

3)感应式电烙铁

感应式电烙铁也称速烙铁,俗称焊枪。它的工作原理是通过一个次级只有 1~3 匝的变压器,将初级的高电压(交流 220 V)变换为低压大电流,并使次级感应出的大电流经过烙铁头,使烙铁头迅速达到焊接所需的温度,其结构如图 2-9 所示。

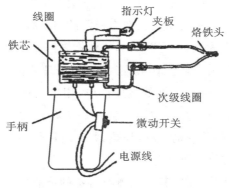

图 2-9 感应式电烙铁

这种电烙铁的特点是加热速度快,一般通电几秒即可达到焊接温度。它的手柄上装有电源开关,工作时只需按下开关几秒即可焊接,特别适合于断续工作时使用。由于它实际是一个变压器,并且烙铁头就是变压器的次级,所以烙铁头上带有感应信号,对一些电荷感应敏感的器件(如 CMOS 芯片等)不要使用这种电烙铁焊接。

2. 烙铁头形状的选择

烙铁头主要是由铜制成的,有电镀的还有无电镀的多种,电镀的作用是保护烙铁头。不论是何种类型的电烙铁,烙铁头的形状都要适应被焊元器件的形状、大小、性能以及电路板的要求,以大面积接触焊物焊盘、较高效传导热量、最少损坏或不触及周围元件为准则,所以不同的焊接场合要选择不同形状的烙铁头。常见的烙铁头有锥式、凿式、圆斜面式等,如图2-10所示。其中表面积较大的圆斜面式是烙铁头的通用形式,由于表面大,传热较快,适用于单面印制电路板上布线不太密集且焊接面积大的焊接点;凿式和半凿式烙铁头多用于电气维修工作;尖锥式和圆锥式烙铁头适用于焊接空间小、焊接密度高的焊点或用于焊接体积小而怕热的元器件。

普通的新烙铁第一次使用前要用锉刀去掉烙铁头表面的氧化层,并立即给烙铁头上锡,以增强其焊接性能,防止氧化。

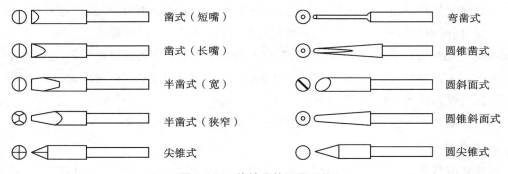

图2-10 烙铁头的不同形状

焊接过程中,烙铁头在高温环境下极易氧化附着污物,形成隔热层,严重阻碍热量从烙铁头传到被焊区的表面,这就是常说的烙铁头"不吃锡",需要经常清理。清理时可用湿海绵或湿布擦拭;氧化程度较重时,可将烙铁头在有松香的烙铁板上轻轻地磨擦,并随时镀锡,直到烙铁头上涂上一层薄焊锡为止,再将其头部的污物擦掉即可。

烙铁头在使用一段时间后会产生伤痕,必须加以修理才能使用,其修理办法是:将烙铁固定在台钳上,注意台钳只能夹在烙铁的金属部位,用中级锉刀将伤痕锉平,注意锉刀与烙铁尖的夹角要小,锉时不要用力过大;也可将锉刀固定在台钳上,取下烙铁头在锉刀上磨擦成形。修好的烙铁头,浸上松香焊剂,通电加热,并随时用焊锡丝检查其热度,直到焊锡丝被熔化使烙铁尖上裹上一层焊锡即可。

经过特殊处理的长寿命烙铁头,其表面镀有特殊的抗氧化合金层,具有卓越的抗高温氧化、耐磨及防腐性能。这种烙铁头一般不能用锉刀修理,一旦镀层被破坏,烙铁头就会很快被氧化而报废。

3. 电烙铁的选用

选择合适的电烙铁,才能保证焊接工作的顺利进行,如果有条件,选用恒温式电烙铁是比较理想的。对于一般科研、生产,可以根据不同焊接对象选择不同功率的普通电烙铁,选用电烙铁的一般原则和功率原则如下。

1)选用电烙铁的一般原则

(1)烙铁头的形状需适应被焊件物面要求及产品装配密度。

（2）烙铁头的顶端温度需要与焊料的熔点相适应，一般需要比焊料熔点高 30～80℃（不包括在电烙铁头接触焊接点时下降的温度）。

（3）电烙铁热容量要适当，烙铁头的温度恢复时间需要与被焊件物面的要求相适应。温度恢复时间是指在焊接周期内，烙铁头顶端温度因热量散失而降低后，再恢复到最高温度所需的时间。它与电烙铁功率、热容量以及烙铁头的形状、长短有关。

2）选用电烙铁的功率原则

（1）焊接集成电路、晶体管及其他受热易损元器件时，可考虑选用 20 W 内热式或 25 W 外热式电烙铁。

（2）焊接较粗导线及同轴电缆时，可考虑选用 50 W 内热式或 45～75 W 外热式电烙铁。

（3）焊接较大元器件，如金属底盘接地焊片时，应选 100 W 以上的电烙铁。

在焊接过程中，常用的烙铁选择依据见表 2-2。

表 2-2　烙铁选择依据

焊接对象及工作性质	烙铁头温度/℃ （室温，220 V）	选用烙铁
一般印制电路板，安装导线	300～400	20 W 内热式、30 W 外热式、恒温式
集成电路		20 W 内热式、恒温式、储能式
焊片、电位器、2～8 W 电阻、大电解电容、大功率管	350～450	35～50 W 内热式、恒温式 50～75 W 外热式
8 W 以上大电阻，ϕ2 mm 以上导线等较大元器件	400～550	100 W 内热式 150～200 W 外热式
汇流排、金属板等	500～630	300 W 外热式
维修、调试一般电子产品	300～400	20 W 内热式、恒温式、感应式、储能式、两用式

烙铁头温度的高低，可以用热电偶或表面温度计测量，也可以根据焊剂的冒烟状态粗略地估计出来。如图 2-11 所示，温度越低，冒烟越小，持续时间越长；温度高则与此相反。当然，对比的前提是在烙铁头上滴了等量的焊剂。

在选择烙铁形式的同时还要合理选择烙铁头的尺寸。一般来讲，烙铁头越大，热容量相对越大。进行连续焊接时，使用的烙铁头越大，温度跌幅越小。大烙铁头的热容量高，焊接时可

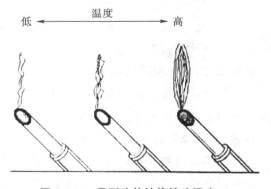

图 2-11　目测法估计烙铁头温度

以使用较低的温度,烙铁头不易氧化,可以延长烙铁头的使用寿命。烙铁头与焊点接触面积越大,则热传输效率越高。烙铁头尺寸的选择以不影响邻近元器件,不易产生虚焊、搭锡、挂锡,焊点无毛刺,不烫坏 PCB 和部件为标准。选择能够与焊点充分接触的几何尺寸,可以提高焊接效率。

4. 电烙铁的检测、维护与使用注意事项

1)电烙铁的检测

电烙铁好坏的检测可以采用目测检查和使用万用表的欧姆挡检测相结合的方法进行。目测检查主要是查看电源线有无松动、露芯线,烙铁头有无氧化或松动,固定螺丝有无松动脱落现象。当发现电烙铁通电后不发热或温度不高时,可用万用表测试烙铁芯内部的电阻丝是否断开,电阻丝与电源线是否连接好,电源插头是否接好。电烙铁正常时,测试的电阻值应该在几百欧姆,若测试电源两端的电阻无穷大,有可能是烙铁芯内部的电阻丝断开,或电阻丝与电源线没有连接好,也有可能是电源插头内部断线。

2)电烙铁维护与使用注意事项

由于烙铁长时间处于高温状态,烙铁头极易氧化和腐蚀,使其工作面变得凹凸不平,影响焊接;同时烙铁头产生黑色氧化物,使温度上升减慢、焊点易夹杂氧化物杂质,影响焊点质量。因此,正确使用烙铁,注意烙铁头的保养,不仅可以延长烙铁的使用寿命,还可以让烙铁头优良的传热性能得到充分的发挥。电烙铁维护与使用注意事项如下。

(1)焊接前:

①使用前,应认真检查电源插头、电源线有无损坏,并检查烙铁头是否松动。

②新的烙铁第一次使用之前,务必先将烙铁温度调至 250 ℃,让烙铁头的上锡部位充分"吃锡",最好是浸泡在锡堆里 5 min。

(2)焊接工作中:

①烙铁不能到处乱放。不需要使用电烙铁时,应小心地将其摆放在合适的烙铁架上,以免烙铁头受到碰撞而损坏,同时避免烫坏其他物品。注意电源线不可搭在烙铁头上,以防烫坏绝缘层而造成电源短路等事故。

②焊接时不能用力敲击、甩动。敲击容易使烙铁头变形、损伤,甩动飞出的焊料易危及人身安全。烙铁头上焊锡过多时,可用清洁海绵或湿布擦掉。

③烙铁柄根部的电源线与柄的磨擦和扭曲易造成断线开路,使用烙铁时应采用类似拿笔的动作,将电源线甩在手的外侧。

④烙铁使用中应避免反复磕碰,否则易造成烙铁内部的电热丝断开。较长时间不用时,要把烙铁的电源关掉。长时间高温会加速烙铁头的氧化,影响焊接性能,烙铁芯的电阻丝也容易烧坏,降低电烙铁的使用寿命。

⑤焊接时勿施压过大,否则会使烙铁头受损变形。只要烙铁头能充分地接触焊点,热量就可以传递。同时要选择合适的烙铁头,才能达到良好的传热效果。

⑥正确选择烙铁头的尺寸和形状是非常重要的,合适的烙铁头能使工作效率更高,并增

加烙铁头的耐用程度。不合适的烙铁头会影响烙铁的使用效率,焊接质量也会因此而降低。

⑦在使用过程中尽量保持烙铁头清洁。由于烙铁头加热体的部分是用螺丝钉固定,这部分会产生黑色氧化物,要及时清理,否则烙铁头就可能会不上锡。清理烙铁头的氧化物时请勿直接将烙铁头插入焊剂中清洗,焊剂加热后所产生的白色酸性气体会破坏发热管的绝缘体,影响使用寿命。正确操作方法是:先把烙铁头温度调到约 250 ℃,将清洁海绵浸湿并挤干多余的水分,再清洁烙铁头,然后上锡。不断重复以上动作,直到把氧化物清理干净为止。如果使用非湿润的清洁海绵,会使烙铁头受损而导致不上锡。对于使用时间较长的电烙铁(非长寿烙铁头),须用锉刀将烙铁头工作面锉平,并立即上锡。焊接过程中要保持烙铁头上随时都有锡层,这是保养烙铁头的关键。

⑧维修烙铁头时,必须断开电源,最好取下烙铁头再修理,防止振断电热丝。

⑨选用活性低的焊剂,活性高或腐蚀性强的焊剂在受热时会加速腐蚀烙铁头表面,缩短烙铁寿命,所以应选用低腐蚀性的焊剂。

⑩尽量使用低温烙铁焊接,烙铁头的使用温度不宜过高,温度越高,烙铁头的使用寿命越短,一般建议使用温度为 380 ℃左右。正常情况下,当烙铁使用温度为 380 ℃,每天工作 8 h,按正常保养程序进行保养时,烙铁头使用寿命一般为 3 万个焊点左右。如果烙铁头温度超过 470 ℃,它的氧化速度将是 380 ℃时的两倍。

(3)焊接工作后:

①把烙铁温度调到约 250 ℃,如果使用非控温烙铁,先把电源切断,让烙铁头自然冷却,不要用水浸冷,以免发热管断电或漏电。温度降低后清洁烙铁头,再镀上一层新锡作为保护,使烙铁头具有更佳的防氧化效果。

②烙铁使用结束后,应及时切断电源,并将电烙铁收回工具箱中。

2.3.2　手工焊接操作

手工焊接是焊接技术的基础,也是电子产品装配中的一项基本操作技能。手工焊接适合于产品研发试制、电子产品的小批量生产、电子产品的调试与维修以及某些不适合自动焊接的场合。

电子产品生产的焊接四要素(又称 4M):材料(material)、工具(machine)、方式方法(method)及操作者(man)。手工焊接的要点是保证正确的焊接姿势,熟练掌握焊接的基本操作方法。

1. 正确焊接姿势

手工焊接一般采用坐姿焊接,工作台和座椅的高度要合适。在焊接过程中,为减少焊料、焊剂挥发的化学物质对人体的伤害,同时保证操作者的焊接便利,一般烙铁离开操作者鼻子的距离以 20~30 cm 为佳。

(1)电烙铁握法一般有三种:

反握法如图 2-12(a)所示。反握法对被焊件的压力较大,适合于较大功率(>75 W)的电烙铁对大焊点的焊接操作。

　　正握法如图 2-12(b)所示。正握法适于中等功率的电烙铁及带弯头电烙铁的操作,或直烙铁头在大型机架上的焊接。

　　笔握法如图 2-12(c)所示。笔握法类似于写字时手拿笔的姿势,该方法适用于小功率的电烙铁焊接印制电路板上的元器件。

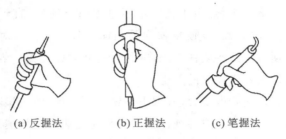

(a) 反握法　　　　　　(b) 正握法　　　　　　(c) 笔握法

图 2-12　电烙铁握法

(2)焊锡丝一般有两种拿法,如图 2-13 所示。

(a) 连续施焊时焊锡丝拿法　　　　　(b) 断续施焊时焊锡丝拿法

图 2-13　焊锡丝拿法示意图

2. 焊接操作基本步骤

五步操作法的正确焊接操作过程如图 2-14 所示,分为以下 5 个步骤。

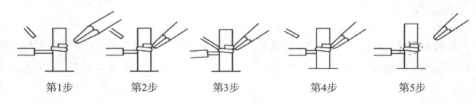

第1步　　　　　第2步　　　　　第3步　　　　　第4步　　　　　第5步

图 2-14　五步操作法

　　(1)准备施焊:焊接前应准备好焊接的工具和材料,清洁被焊件及工作台,进行元器件的插装及导线端头的处理工作。左手拿焊丝,右手握烙铁(烙铁头应保持干净,并吃上锡),进入待焊状态。

　　(2)加热焊件:应注意加热焊件整体,即焊点连接的所有被焊件,使温度上升至焊接所需要的温度。

　　(3)加焊料:加热焊件达到一定温度后,在烙铁头与焊接部位的结合处以及对称的一侧,加上适量的焊料,如图中第 3 步所示,注意焊丝在烙铁对面,接触的是焊件而不是烙铁。

　　(4)移开焊料:当适量的焊料熔化后,迅速从左上方移开焊料,然后用烙铁头将焊料沿着焊点拖动或转动一段距离(一般旋转 45°),确保焊料覆盖整个焊点。

(5)移开烙铁:当焊点上的焊料充分润湿焊接部位后,立即向右上方 45°的方向移开烙铁,结束焊接。

上述(2)～(5)的操作过程,一般要求在 2～3 s 的时间内完成。在实际操作中,具体的焊接时间还要根据环境温度的高低、电烙铁功率的大小以及焊点的热容量来确定。在焊点较小的情况下,也可采用三步操作法完成焊接,如图 2-15 所示。三步操作法将五步操作法中的(2)、(3)步合为一步,即加热被焊件和加焊料同时进行;将(4)、(5)步合为一步,即同时移开焊料和烙铁头。

第1步　　　第2步　　　第3步

图 2-15　三步操作法

2.3.3　手工焊接操作要领

为保证焊接质量,焊接过程中必须掌握以下要领。

1. 保持烙铁头的清洁

因为焊接时烙铁长期处于高温状态,接触焊剂等杂质,其表面很容易氧化并沾上一层黑色杂质,这些杂质会形成隔热层,使烙铁头失去加热作用。通常可以用湿海绵擦拭,除去杂质。

2. 正确加热

加热时,应使焊接部位均匀受热,保证焊料与焊接部位形成良好的合金层。要靠增加接触面积加快传热,而不要用烙铁对焊件施力;根据焊件形状选用不同的烙铁头,或自己修整烙铁头,让烙铁头与焊件形成面接触而不是点或线接触,从而提高效率;在加热时,使焊件需要焊料润湿的各个部分均匀受热,而不是仅加热焊件的一部分,如图 2-16 所示;对于热容量相差较多的两部分焊件,加热应偏向需热较多的部分。

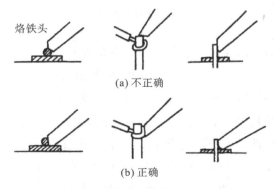

(a) 不正确

(b) 正确

图 2-16　加热方法

注意:在焊接过程中,不要使用烙铁头作为运载焊料的工具。因为处于焊接状态的烙铁头的温度很高,一般在 350 ℃以上,用烙铁头熔化焊料后运送到焊接面上焊接时,焊锡丝中的焊剂会在高温下分解失效,同时焊料会过热氧化,造成焊点质量低,或出现焊点缺陷。

3. 镀锡

在焊接电子产品时,预先在待焊面上镀锡是一道十分重要的工序。镀锡实际就是用液态焊锡对被焊金属表面进行润湿,形成一层既不同于被焊金属又不同于焊锡的结合层,这一结合层将焊锡同待焊金属这两种性能、成分都不相同的材料牢固结合起来,实际的焊接工作其实就是用焊锡润湿待焊零件的结合处,熔化焊锡并重新凝结的过程。镀锡要点如下。

(1)待镀面应清洁。焊接过程中焊剂的作用主要是加热时破坏金属表面氧化层,但对锈迹、油迹等杂质并不起作用。各种元器件、焊片、导线等都可能在加工、存贮的过程中带有不同的污物,因此需要进行清洁。清洁过程中,比较轻的污点可用酒精或丙酮擦洗,严重的腐蚀性污点需用机械方法去除,如刀刮或砂纸打磨,直到露出光亮金属表面。

(2)加热温度应足够高。要使焊锡浸润良好,被焊金属表面温度应接近熔化时的焊锡温度,才能形成良好的结合层,因此应根据焊件大小提供足够的热量。但考虑到元器件承受温度不能过高,所以必须掌握恰到好处的加热时间。

(3)使用有效的焊剂。松香是广泛应用的焊剂,但松香存放时间过久或经反复加热后活性会变差甚至失效,应及时更换。

(4)烙铁头撤离的时间和方法直接影响焊点的质量。焊接结束后,烙铁头应及时撤离,撤离时的角度和方向对焊点形成有一定影响,如图 2-17 所示。合理选取撤离方向,才能控制焊料的留存量及焊点形状,使得焊点符合要求。

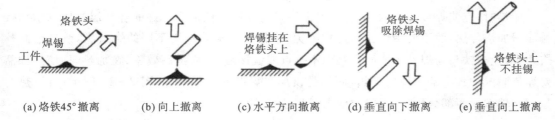

(a)烙铁45°撤离　　(b)向上撤离　　(c)水平方向撤离　　(d)垂直向下撤离　　(e)垂直向上撤离

图 2-17　烙铁撤离方向与焊料留存量

图 2-17(a)中,电烙铁以 45°方向撤离,带走少量焊料,焊点比较圆滑;

图 2-17(b)中,电烙铁以垂直向上的方向撤离,焊点容易出现拉尖的情况;

图 2-17(c)中,电烙铁以水平方向撤离,将带走大量焊料;

图 2-17(d)中,电烙铁沿着焊点向下撤离,同样会带走大量焊料;

图 2-17(e)中,电烙铁沿着焊点向上撤离,会带走少量焊料。

掌握上述撤离方向,就能控制焊料的留存量,使每个焊点符合要求。

(5)焊料、焊剂用量适当。焊料用量适中,则焊点美观、牢固。过量的焊料既增加了损耗、降低了工作速度,又容易造成焊点间的短路(特别是在高密度的电路中);但是焊料过少会使焊件之间结合不牢固,降低焊点强度,造成产品使用一段时间后焊点脱落(如焊锡不足时往往出现板上导线脱落,或引脚在多次热胀冷缩后脱焊)。焊料用量与焊点质量如图 2-18 所示。

 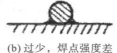 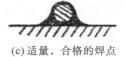

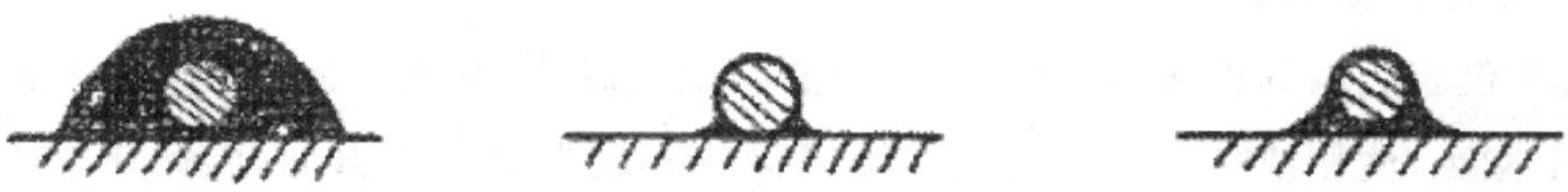

(a) 过多,浪费且易短路　　　　(b) 过少,焊点强度差　　　　(c) 适量,合格的焊点

图 2-18　焊料用量与焊点质量

适量的焊剂有助于焊接,焊剂过多易出现焊点的"夹渣"现象,造成虚焊故障。若采用松香芯类的焊锡丝,因其含有松香,故无需再使用其他的焊剂。

(6)焊点凝固前勿移动。在焊料凝固之前不要使焊件移动或振动,特别是用镊子等夹住焊件时一定要等凝固后再移去镊子;焊料和电烙铁撤离焊点后,被焊件应保持相对稳定,避免在凝固之前因相对移动或强制冷却而造成虚焊。

(7)焊接时间和温度要适宜。掌握合适的焊接时间和温度,可以保证形成良好的焊点。温度太低,焊锡的流动性差,在焊料和被焊金属的界面难以形成合金,不能起到良好的连接作用,并会造成虚焊;温度过高,易造成元器件损坏、电路板起翘、板上铜箔脱落,还会加速焊剂的挥发、被焊金属表面氧化,造成焊点夹渣而形成缺陷。

焊接的温度、与电烙铁的功率、焊接的时间、环境温度有关。合适的焊接温度可以通过选择电烙铁和控制焊接时间来调节。电烙铁的功率越大,产生的热量越多,温升越快;焊接时间越长,温度越高;环境温度越高,散热越慢。若要掌握焊接的最佳温度、获得最佳的焊接效果,还须进行严格的训练,要在实际操作中去体会。

(8)焊点的清洗。为确保焊接质量的持久性,待焊点完全冷却后,应对残留在焊点周围的焊剂、油污及灰尘等进行清洗,避免污物长时间侵蚀焊点造成后患。

2.3.4　焊点要求及缺陷分析

1. 焊点质量要求

焊接是电子产品制造中最主要的一个环节,对焊点的质量要求主要包括良好的电气接触、可靠的机械强度及光洁整齐的外观。

1)良好的电气接触

焊接是电子线路从物理上实现电气连接的主要手段。锡焊连接不是靠压力,而是靠焊接过程形成的牢固连接的合金层达到电气连接的目的。良好的焊点应具有可靠的电气连接性能,不允许出现虚焊、桥接等现象。

如果焊锡仅仅是堆在焊件的表面或只有少部分形成合金层,在最初的测试和工作中可能不会发现焊点存在问题,但随着条件的改变、时间的推移、接触层氧化会出现脱离,使电路产生时通时断或不工作现象,而这时如果观察焊点的外表,可能依然连接如初,这将是电子设备使用中最大的隐患,也是产品制造中必须十分重视的问题。

2)可靠的机械强度

焊接不仅起到电气连接的作用,同时也要固定元器件、保证机械连接。电子产品完成装配后,由于搬运、使用或自身信号传输等原因会或多或少地产生振动,因此要求焊点具有可靠的机械强度,以保证使用过程中不会因正常的振动而导致焊点脱落。通常情况下,焊料多则机械强度大,焊料少则机械强度小。但不能为增大机械强度而在焊点上堆积大量的焊料,这样容易造成虚焊、桥接短路的故障。

通常焊点的连接形式有插焊、弯焊、绕焊、搭焊等,如图 2-19 所示。弯焊和绕焊的机械强度高,连接可靠性好,但拆焊困难;插焊和搭焊连接最方便,但机械强度和连接可靠性稍差。在印制电路板上进行焊接时,由于所使用的元器件重量轻,使用过程中振动不大,所以常采用插焊形式。在调试或维修中,通常采用搭焊作为临时焊接的形式,使装拆方便,不易损坏元器件和印制电路板。

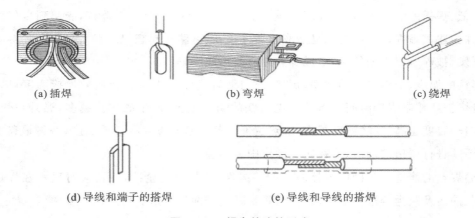

(a) 插焊　　　　　　　　　　　(b) 弯焊　　　　　　　　　　　(c) 绕焊

(d) 导线和端子的搭焊　　　　　　(e) 导线和导线的搭焊

图 2-19　焊点的连接形式

3)光洁整齐的外观

良好的焊点要求焊料用量适中并呈裙状拉开,外表光亮平滑有金属光泽,焊锡与被焊件之间没有明显分界,无拉尖、桥接等现象,并且不伤及导线绝缘层及相邻元器件。

两种典型焊点的外观如图 2-20 所示,要求如下:

(1)焊点形状为近似圆锥面,以焊接导线为中心,对称成裙状拉开,表面微凹呈缓坡状。虚焊点表面往往呈凸形,可以鉴别出来。

(2)焊料的连接面呈半弓形凹面。熔融焊料在被焊金属表面上应铺展,并形成完整、均匀、连续的焊料覆盖层,其接触角应不大于 90°。

（3）焊点表面有光泽且平滑,无裂纹、夹渣。

（4）焊点表面清洁,如焊点表面有污垢,特别是焊剂的残留物,应及时加以清除,以免造成焊点腐蚀。

（5）焊料应适量,元器件的引脚、焊盘应全部被焊料覆盖。

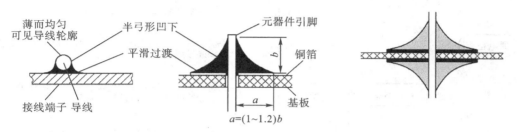

图 2 - 20　典型焊点外观图

2. 焊点检查方法

焊接是电子产品制造中的重要环节,为保证产品质量,需在焊接结束后对焊接质量进行检查。检查常用的方法有目测检查、通电检查。

1）目测检查

目测检查是指从外观上检查焊接质量是否合格、焊点是否有缺陷。目测检查可借助于放大镜、显微镜,检查时除目测外还要用手触、镊子拨动、拉线等方法检查有无导线断线、焊盘剥离等缺陷。目测检查的主要内容有:

（1）是否有漏焊;

（2）焊点的光泽是否良好,焊料是否充足;

（3）焊点是否有拉尖、桥接等现象;

（4）焊点是否有裂纹、夹渣;

（5）焊盘是否有翘起或脱落情况;

（6）焊点周围是否有残留的焊剂;

（7）导线是否有部分或全部断线、外皮烧焦、露出芯线的现象;

（8）布线是否整齐;

（9）是否存在焊料飞溅。

2）通电检查

通电检查必须在外观检查及连线检查无误后才可进行,是检验电路性能的关键步骤。如果不经过严格的外观检查,通电检查将存在安全隐患,有损坏设备仪器、造成安全事故的危险。例如电源连线虚焊,那么通电时就会出现设备加不上电无法正常运行的情况。

目测检查通常不易发现电路桥接,印制线路断裂、内部虚焊等隐患,这些微小的缺陷只有在通电的状态下才能检测出来,因此通电检查是必不可少的检测步骤。通电检查时可能发现的故障与焊接缺陷的原因分析如图 2 - 21 所示。

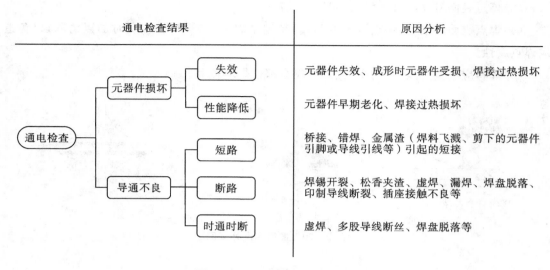

通电检查结果	原因分析

通电检查
- 元器件损坏
  - 失效 —— 元器件失效、成形时元器件受损、焊接过热损坏
  - 性能降低 —— 元器件早期老化、焊接过热损坏
- 导通不良
  - 短路 —— 桥接、错焊、金属渣（焊料飞溅、剪下的元器件引脚或导线引线等）引起的短接
  - 断路 —— 焊锡开裂、松香夹渣、虚焊、漏焊、焊盘脱落、印制导线断裂、插座接触不良等
  - 时通时断 —— 虚焊、多股导线断丝、焊盘脱落等

图 2 - 21　通电检查及故障分析

3. 常见焊点缺陷及分析

焊点的常见缺陷有虚焊、拉尖、桥接、球焊,印制电路板铜箔起翘、焊盘脱落,导线焊接不当等。造成焊接缺陷的原因很多,但不外乎从四要素中寻找。在材料(焊料与焊剂)与工具(烙铁)一定的情况下,采用的方式方法以及操作者的技巧都十分关键。常见的焊接缺陷如图 2 - 22 所示。

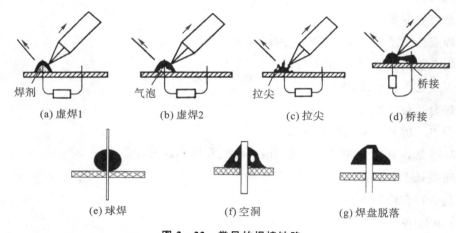

(a) 虚焊1　　(b) 虚焊2　　(c) 拉尖　　(d) 桥接

(e) 球焊　　　(f) 空洞　　　(g) 焊盘脱落

图 2 - 22　常见的焊接缺陷

1) 虚焊

虚焊又称假焊,是指焊接时焊点内部没有真正形成金属合金的现象,如图 2 - 22(a)、(b)所示。

造成虚焊的主要原因:元器件引线或焊接面氧化、有杂质、未做好清洁,焊锡质量差,焊剂性能不好或用量不当,焊接温度掌握不当(温度过低),焊接结束但焊锡尚未凝固时被焊接元件移动等。

　　虚焊造成的后果:信号时有时无,噪声增加,电路工作不正常,产品会出现一些难以判断的"软故障"。

　　虚焊是焊接中最常见的缺陷,也是最难发现的焊接质量问题。有些虚焊点的内部开始时有少量连接部分,在电路开始工作时没有暴露出危害。随着时间的推移,外界温度、湿度的变化,电子产品使用时的振动等,虚焊点内部的氧化逐渐加强,连接点越来越小,最后脱落成浮置状态,产品出现一些难以判断的"软故障",导致电路工作时好时坏,最终完全不能工作。据统计数据,在电子产品的故障中,有将近一半是由于虚焊造成的。所以,虚焊是电路可靠性的一大隐患,必须严格避免。

　　2)拉尖

　　拉尖是指焊点表面有尖角、毛刺的现象,如图 2-22(c)所示。

　　造成拉尖的主要原因:烙铁头离开焊点的方向不对、电烙铁离开焊点太慢、焊料质量差、焊料中杂质太多、焊接时的温度过低等。

　　拉尖造成的后果:外观不佳、易造成桥接现象;对于高压电路,有时会出现尖端放电的现象。

　　3)桥接

　　桥接是指焊锡将电路之间不应连接的地方误焊接起来的现象,如图 2-22(d)所示。

　　造成桥接的主要原因:焊锡用量过多、电烙铁使用不当、导线端头处理不好、自动焊接时焊料槽的温度过高或过低等。

　　桥接造成的后果:导致产品出现电气短路,有可能使相关电路的元器件损坏。

　　4)球焊

　　球焊是指焊点形状像球形、与印制电路板只有少量连接的现象,如图 2-22(e)所示。

　　造成球焊的主要原因:印制电路板面有氧化物或杂质、焊料过多等。

　　球焊造成的后果:由于被焊部件只有少量连接,故其机械强度差,略微振动就会使连接点脱落,造成虚焊或断路故障。

　　5)焊点发白

　　焊点发白是指焊点表面无金属光泽,甚至出现白色物质的情况。这些白色物质可能是松香等焊剂在溶剂挥发后形成的结晶粉末,或焊料中的金属氧化物与焊剂或焊膏中的含卤活性剂、印刷电路板焊盘中的卤离子、元器件表面镀层中的卤离子残留、FR-4 材料(玻璃纤维布,是印刷电路板的原材料和基材)中含卤材料在高温时释放的卤离子反应生成的物质。

　　造成焊点发白的主要原因:烙铁功率过大、焊接温度过高或时间过长。

　　焊点发白造成的后果:焊盘容易脱落、强度低。

　　6)空洞

　　空洞是由于焊料未全部填满印制电路板的插孔而产生的,如图 2-22(f)所示。

　　空洞产生的原因:印制电路板的开孔位置偏离了焊盘中心、焊盘不完整、焊盘清洁不当造成焊料润湿不完全或焊料不足。

　　空洞造成的后果:有空洞的焊点强度减弱,使用中容易脱落,导电性能减弱。

7）印制电路板铜箔起翘、焊盘脱落

印制电路板铜箔起翘、焊盘脱落如图 2-22（g）所示，是指印制电路板上的铜箔部分脱离绝缘基板，或铜箔脱离基板并完全断裂的情况。

造成印制电路板铜箔起翘、焊盘脱落的主要原因：焊接时间过长、温度过高、反复焊接，或在拆焊时焊料没有完全熔化就拔取元器件，这种缺陷多发生在手工焊接时。

印制电路板铜箔起翘、焊盘脱落的后果：电路出现断路，或元器件无法安装，甚至导致整个印制电路板损坏。

8）导线焊接不当

导线焊接不当，会引起电路的诸多故障，常见的故障现象有以下几种：

导线的芯线过长，如图 2-23（a）所示，容易使芯线碰到附近的元器件造成短路故障。

导线的芯线太短，如图 2-23（b）所示，焊接时焊料浸过导线外皮，容易造成焊点处出现空洞虚焊的现象。

导线的外皮烧焦、露出芯线的现象如图 2-23（c）所示，这是由于烙铁头碰到导线外皮造成的。这种情况下，露出的芯线易碰到附近的元器件造成短路故障，且外观不美观。

摔线现象如图 2-23（d）所示，芯线散开现象如图 2-23（e）所示，均是因为导线端头没有捻头、捻头散开或烙铁头压迫芯线造成的。这种情况容易使芯线碰到附近的元器件造成短路故障，或出现焊点处接触电阻增大、焊点发热的现象。

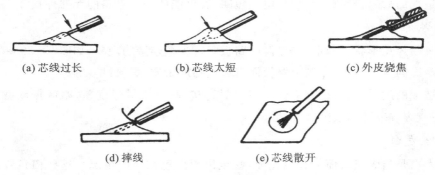

(a) 芯线过长   (b) 芯线太短   (c) 外皮烧焦

(d) 摔线   (e) 芯线散开

图 2-23　导线的焊接缺陷

2.3.5　拆焊

拆焊又称解焊，是指把元器件从原来已经焊接的安装位置上拆卸下来。当焊接出现错误、元器件损坏或调试维修电子产品时，就要进行拆焊。

1. 拆焊的常用工具和材料

（1）普通电烙铁：用于加热焊点。

（2）镊子：用于夹持元器件或借助于电烙铁恢复焊孔，以端头较尖、硬度较高的不锈钢镊子为佳。

（3）吸锡器：用于吸去熔化的焊锡，使元器件的引脚与焊盘分离，它必须借助于电烙铁才能发挥作用，其结构如图 2-24 所示。

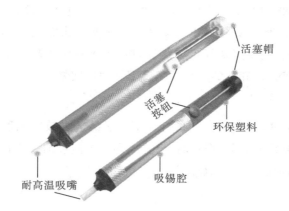

活塞帽

活塞
按钮

环保塑料

耐高温吸嘴

吸锡腔

图 2-24 吸锡器结构

用吸锡器清除焊点上的焊锡，可以将元器件完整无损地取下来。吸锡器柄上装有活塞，操作时将活塞柄拉向下方卡住，将吸锡器的吸嘴对准焊点加热，待焊锡熔化，按动活塞按钮，焊锡由吸嘴吸入吸锡腔内。被拆元器件上的焊锡被吸干净后就可取下元器件了。

（4）吸锡材料：采用镀锡细铜丝网、屏蔽线编织层等，如图 2-25 所示。使用时先将吸锡绳浸入液体焊剂以提高其吸焊锡的能力；然后放在待拆的焊点上，将烙铁尖放在吸锡绳上，向下压紧，使其贴住焊点，当热量从烙铁传至吸锡绳及焊点，焊锡被熔化流向热源的方向，即流向吸锡材料。如果焊点上的焊料一次没有被吸完，则可进行第二次、第三次，直至吸锡材料将焊锡完全吸附后，拆除吸锡材料，此时焊点即被拆开，取下的元器件也是完好无损的。当吸锡材料吸满焊料后就不可再重复使用，需要把已吸满焊料的部分剪去。

（5）吸锡电烙铁：具有加热和吸锡的功能，可独立完成熔化焊锡、吸去多余焊锡的任务，如图 2-26 所示。操作时，先用吸锡电烙铁加热焊点，等焊锡熔化后，按动吸锡按键，即可把熔化的焊锡吸掉。它是拆焊过程中使用最方便的工具，其拆焊效率高且不伤元器件。

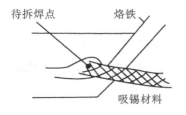

待拆焊点　　烙铁

吸锡材料

图 2-25 用吸锡材料拆焊

图 2-26 吸锡电烙铁

（6）自动恒温拆焊机（电泵）：随着电子工业的迅速发展，对元器件不断提出新要求，而元器件行业也在不断采用新材料新工艺，大规模、高集成化电路在电子产品中已广泛应用，拆焊工艺也随之迅猛发展。自动恒温拆焊机适合于集成电路芯片拆焊，目前已普遍使用。

用拆焊机拆焊集成电路芯片,可方便迅速地将芯片完整无损地取下来。使用时先将拆焊机各功能旋钮放置在适当挡位,掌握吹焊头的温度,可先在吹焊头上洒一滴水,如果水立刻蒸发,那么这时吹焊头的温度已达到使用的吹焊温度。在吹焊之前,一定要在芯片管脚与印制电路板之间做记号,便于拆焊后正确安装。试好吹焊头温度后,应对着管脚循环吹,保证受热均匀,从而避免印制线路及焊盘脱落、起包,防止双面印制线路板上芯片管脚对应的另一面上的元器件脱落。拆卸下的芯片还需要用烙铁仔细复原。

2. 拆焊方法

掌握正确的拆焊方法非常重要,如果拆焊不当极易造成被拆元器件、导线等的损坏,还容易造成焊盘及印制导线的脱落,严重时,会造成印制电路板的完全损坏。常用的拆焊方法有分点拆焊法、集中拆焊法、断线拆焊法等。

1)分点拆焊法

当需要拆焊的元器件引脚不多,且需拆焊的焊点距其他焊点较远时,可采用电烙铁进行分点拆焊。这种方法的操作步骤:将印制电路板立起或平放,用镊子或尖嘴钳夹住待拆焊元器件的引脚,用电烙铁加热被拆元器件的一个引脚焊点,当焊点的焊锡完全熔化、与印制电路板没有粘连时,用镊子或尖嘴钳夹住元器件引线,轻轻地把元器件拉出来。用同样的方法将元器件的其他引脚一个一个地拆卸,如图 2-27 所示。

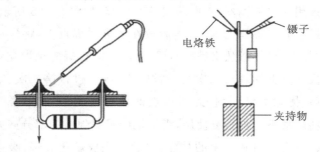

电烙铁　　镊子　　夹持物

图 2-27　分点拆焊法

将元器件拆除后,须将该元器件的焊盘清理干净,便于安装新元器件。即用电烙铁加热并熔化焊锡,用吸锡器将焊盘上的焊锡吸干净,用锥子、尖头镊子从铜箔面将焊孔扎通,即可插入元器件进行重焊。

使用分点拆焊法时应注意:分点拆焊法不宜在一个焊点多次使用,因为印制线路和焊盘经反复加热后很容易脱落,造成印制电路板损坏。当待拆卸的元器件与印制电路板还有粘连时,不能硬拽下元器件,以免损伤拆卸元器件和印制电路板。

2)集中拆焊法

当需要拆焊的焊点之间的距离很近时,可采用集中拆焊法,如图 2-28 所示。这种方法要求操作者对电烙铁熟练操作,加热焊点迅速、动作快,多用于以下两种情况。

(1)当需要拆焊的元器件引脚不多,且焊点之间的距离很近时,可直接使用电烙铁同时快速、交替地加热被拆的几个焊点,待这几个焊点同时熔化后,一次拔出拆焊元件。如拆焊立式安装的电阻、电容、二极管或小功率晶体管等。

（2）当需要拆焊的元器件引脚多，且焊点之间的距离很近时，应使用吸锡工具拆焊。即用电烙铁和吸锡工具（或直接使用吸锡电烙铁），逐个将被拆元器件焊点上的焊锡吸走，并将元器件的所有引脚与焊盘分离，即可拆下元器件。

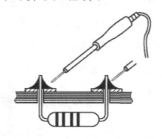

图 2 - 28　集中拆焊法

3）断线拆焊法

当被拆焊的元器件可能需要多次更换或已经拆焊过时，可采用断线拆焊法，如图 2 - 29 所示。这种方法不对待拆焊的元器件进行加热，而是用斜口钳剪下元器件，但须在原印制电路板上留出部分引脚，以便更换新元器件时连接。

图 2 - 29　断线拆焊法更换元器件

2.4　自动焊接技术

随着电子工业的发展，电子整机产品的功能越来越强大，电路越来越复杂，印制电路板上的元器件排列越来越密集，电子产品的需求越来越大，手工焊接已难以满足对焊接高密度、高效率和高可靠性的要求。目前电子产品的生产已离不开自动焊接技术，它大大地提高了焊接速度和生产效率，降低了成本，减少了人为因素的影响，满足焊接的质量要求。下面介绍几种目前常用的自动焊接技术。

2.4.1　波峰焊

波峰焊是采用波峰焊机一次完成印制电路板上全部焊点的焊接工艺。波峰焊机的主要结构是一个能自动控制温度的焊料缸，缸内装有机械泵和具有特殊结构的喷嘴。机械泵能根据焊接要求,连续不断地从喷嘴压出液态锡波,当印制电路板由传送带以一定速度送入时,焊锡以波峰的形式不断地溢出至印制电路板面进行焊接。

1. 波峰焊的工艺流程

波峰焊在波峰焊机中进行,焊机上方装置有水平运动的链条,装插好元器件的印制电路板加装在焊接机的链轮传送带上以特定的角度及一定的浸入深度穿过焊料波峰,在焊接面上形成润湿焊点,一次完成所有焊点的锡焊,如图 2-30 所示。其焊接过程主要包括焊前准备→喷涂焊剂→预热→波峰焊→冷却→清洗等步骤。

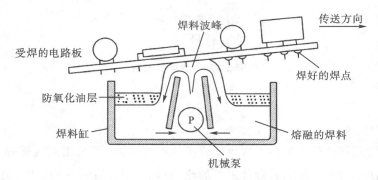

图 2-30 波峰焊工作原理图

1)焊前准备

焊前准备主要是完成元器件组装,对印制电路板进行去油污处理,去除氧化膜,以及涂阻焊剂等。

2)喷涂焊剂

将已插装好元器件的印制电路板,通过可控速的传送带传送至喷涂焊剂装置,利用波峰焊机上的焊剂涂覆装置,把焊剂均匀地涂覆到印制电路板及元器件引脚上,以清除其表面的氧化物、增加可焊性。涂覆的形式有发泡式、喷流式、浸渍式、喷雾式等,其中发泡式是最常用的形式。涂覆的焊剂应注意保持一定的浓度。焊剂浓度过高,印制电路板的可焊性好,但焊剂残渣多,难以清除;焊剂浓度过低,则印制电路板的可焊性变差,容易造成虚焊。

3)预热

预热是给已涂覆焊剂的印制电路板加热,其目的是去除印制电路板上多余的水分,使焊剂活化并减少印制电路板与锡波接触时遭受的热冲击,提高焊接质量,防止虚焊、漏焊。预热时应严格控制预热温度,预热温度高会使桥接、拉尖等焊接缺陷减少;预热温度低,对插装在印制电路板上的元器件有益。一般预热温度为 70~90 ℃,时间约 40 s。

4)波峰焊流程

印制电路板经涂覆焊剂和预热后,由传送带送入焊料缸,波峰焊接装置中的机械泵依据焊接要求,源源不断地进出熔融焊锡,形成一股平稳的焊料波峰与印制电路板的板面接触,完成焊接过程。为提高焊接质量,进行波峰焊接操作时应注意以下要点:

(1)按时清除锡渣。熔融的焊料长时间与空气接触会生成锡渣,从而影响焊接质量,使焊点无光泽,所以要定时(一般为 4 h)清除锡渣。也可在熔融的焊料中加入防氧化剂,这不但可防止焊料氧化,还可使锡渣还原成纯锡。

(2)波峰的高度。最好将焊料波峰的高度调节到印制电路板厚度的 1/2～2/3 处。波峰过低会造成漏焊;波峰过高会使焊点堆锡过多,甚至烫坏元器件。

(3)焊接速度和焊接角度。传送带传送印制电路板的速度应保证印制电路板上每个焊点在焊料波峰中的浸润达到要求的最短时间,以保证焊接质量;同时又不能使焊点浸在焊料波峰里的时间太长,否则会损伤元器件或使印制电路板变形。焊接速度可以调整,一般控制在 0.3～1.2 m/min 为宜。通常波峰焊接角度约为 6°。

(4)焊接温度。焊接温度一般指喷嘴出口处焊料波峰的温度,通常焊接温度控制在 230～260℃。夏天可偏低一些,冬天可偏高一些,并随印制电路板材质的不同而略有差异。

5)冷却

印制电路板焊接后,板面的温度仍然很高,焊点处于半凝固状态,这时轻微的振动都会影响焊点的质量;另外,长时间的高温会损坏元器件和印制电路板,因此焊接后必须进行冷却处理。

6)清洗

冷却后,应对印制电路板面残留的焊剂、废渣和污物进行清洗,否则既不美观,还会影响焊件的电性能。清洗材料选取时要求只对焊剂的残留物有较强的溶解和去除能力,而对焊点不应有腐蚀作用。目前常用的清洗法有液相清洗法和气相清洗法。

(1)液相清洗法。液相清洗法一般采用无水乙醇、汽油或去离子水等作为清洗剂。这些液体溶剂对焊剂残渣和污物有溶解、稀释和中和作用。清洗时可用手工工具蘸清洗剂去清洗印制电路板,或利用加压设备对清洗剂加压,使之形成冲击流去冲击印制电路板,达到自动清洗的目的。液相清洗法清洗速度快、质量好,有利于实现清洗工序自动化,但是设备比较复杂。

(2)气相清洗法。气相清洗法是在密封的设备里,采用毒性小、性能稳定、具有良好清洗能力、防燃防爆和绝缘性能较好的低沸点溶剂作清洗液,如三氯三氟乙烷或三氯三氟乙烷和乙醇的混合物。清洗时将清洗剂加热到沸腾,把清洗件置于清洗剂蒸气中,清洗剂蒸气在清洗件的表面冷凝并形成液流,冲洗掉清洗件表面的污物,达到清洗的目的。

气相清洗法中,由于清洗件始终接触的是干净的清洗剂蒸气,所以清洗质量高,对元器件无不良影响,废液的回收方便并可以循环使用,减少了溶剂的消耗和对环境的污染,但清洗液的价格相对较为昂贵。

2. 波峰焊接的特点

波峰焊是高效率、大批量生产的手段,在焊接过程中温度、时间、焊料及焊剂的用量等均能得到较完善的控制,且焊料熔液在锡料缸内始终处于流动状态,使波峰上的焊料(直接用于焊接的焊料)表面无氧化物,避免了因氧化物的存在而产生的"夹渣"虚焊现象;又由于印制电路板与波峰之间始终处在相对运动状态,所以焊剂蒸气易于挥发,焊接点上不会出现气泡,提高了焊点质量。

3. 波峰焊注意事项

波峰焊操作过程中应对设备的构造、性能、特点有全面的了解,并熟练掌握操作方法。在操作中应注意以下 3 个环节。

1)焊接前的检查

焊接前应对设备的运转情况、待焊接印制电路板的质量及插件情况进行检查。波峰焊工艺对元器件和印制电路板的基本要求如下:

(1)应选择三层端头构造的表面安装元器件,元器件和焊端能承受两次以上 260 ℃ 波峰焊的温度冲击,焊接后元器件不损坏、不变形,片式元器件端头无剥落现象。

(2)如采用短插一次焊工艺,焊接面元器件引脚露出印制电路板表面 0.8~3 mm。

(3)基板应具有良好耐热性(260 ℃,50 s),铜箔抗剥强度高,阻焊膜在高温下应有足够的黏附力,焊接后阻焊膜不起皱。

(4)印制电路板翘曲度小于 1.0%。

(5)在采用波峰焊工艺的印制电路板上安装元器件,必须按照元器件的特点进行设计。元器件布局应遵循较小的元件尽量在前,避免互相遮挡的原则。

2)焊接过程中的检查

在焊接过程中应经常关注设备运转情况,及时清理锡料缸表面的氧化物,添加聚苯醚或蓖麻油等防氧化剂,并及时补充焊料。

3)焊接后的检查

焊接后要逐块检查焊接质量,对少量漏焊、桥连的焊接点,应及时进行手工补焊修整。若出现大量焊接质量问题,则要及时找出原因。

2.4.2 再流焊

再流焊(再流焊)技术是将焊料加工成一定颗粒,并拌以适当的液态黏合剂,使之成为具有一定流动性的糊状焊膏,用它将贴片元器件粘在印制电路板上,然后通过加热使焊膏中的焊料熔化而再次流动,达到将元器件焊接到印制电路板上的目的。再流焊主要用于贴片元器件的焊接。

1. 再流焊技术的特点

(1)焊接时不需要把元器件直接浸渍在熔融的焊料中,而是采用局部加热的方式完成焊接任务,所以元器件受到的热冲击小,不会因为过热造成元器件的损坏;

(2)仅在需要部位施放焊料,能控制焊料施放量,避免桥接等缺陷的产生;

（3）当元器件贴放位置有一定偏离时,由于溶融焊料表面张力的作用,只要焊料施放位置正确,就能自动校正偏离,使元器件固定在正确位置;

（4）可以采用局部加热热源,从而可在同一基板上采用不同焊接工艺进行焊接;

（5）再流焊技术中焊料只是一次性使用,不存在再次利用的情况,焊料中一般不会混入杂质,保证了焊点的质量;

（6）工艺相对简单,返修的工作量小。

2. 再流焊技术的工艺流程

再流焊工艺流程如图 2-31 所示,其主要步骤如下。

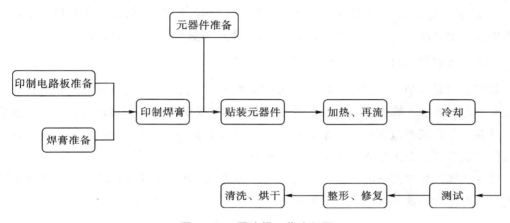

图 2-31　再流焊工艺流程图

1）焊前准备

焊接前,准备好需焊接的印制电路板、贴片元器件等材料以及焊接工具,并将粉末状焊料、焊剂、黏合剂制作成糊状焊膏。

2）印制焊膏并贴装元器件

使用手工、半自动或自动丝网印刷机,如同油印一样将焊膏印到印制电路板上。同样,也可以用手工或半自动化装置将安装元器件粘贴在印制电路板上,使它们的电极准确地定位于各自的焊盘,这是焊膏的第一次流动。

3）加热、再流

根据焊膏的熔化温度加热焊膏,使焊料（如焊膏）熔化,在被焊工件的焊接面再次流动,达到将元器件焊接到印制电路板上的目的。由于焊膏在安装元器件过程已流动过一次,焊接时的这次熔化流动是第二次流动,故此工艺称为再流焊。再流焊区的最高温度应控制在使焊膏熔化,且使焊膏中的焊剂和黏合剂气化并排掉的温度。

再流焊的加热方式通常有:红外线辐射加热、激光加热、热风循环加热及热板加热等方式。

4）冷却

焊接完毕应及时将焊接板冷却，避免长时间的高温损坏元器件和印制电路板，并保证焊点的稳定连接。一般用冷风进行冷却处理。

5）测试

进行电路检验测试，判断焊点连接的可靠性及有无焊接缺陷。

6）修复、整形

当焊接点出现缺陷时，应及时进行修复并对印制电路板进行整形。

7）清洗、烘干

修复、整形后，对印制电路板面残留的焊剂、废渣和污物进行清洗，以免日后残留物侵蚀焊点而影响焊点的质量。然后进行烘干处理，以去除板面水分并涂覆防潮剂。

3. 再流焊温度曲线

温度曲线是指当表面安装组件通过再流焊炉时，组件上某一点的温度随时间变化的曲线，其本质是组件在某一位置的热容状态。温度曲线提供了一种直观的方法，用来分析某个元件在整个再流焊过程中的温度变化情况。这对于获得最佳的可焊性，避免由于超温而对元件造成损坏以及保证焊接质量都非常重要。

温度曲线由加热区、保温区、再流区和冷却区组成，调试再流焊的温度曲线主要是调整温度和速度参数。典型的再流焊温度曲线如图 2－32 所示，其温度与速度关系如下。

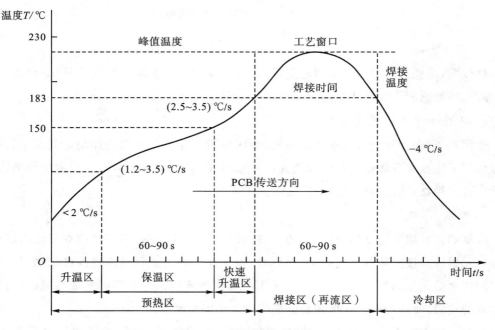

图 2－32　再流焊温度曲线

（1）把 PCB 板加热到 150 ℃ 左右，上升斜率为 1.3 ℃/s，称为预热（preheat）阶段；

（2）把整个板子慢慢加热到 183 ℃，称为均热（soak 或 equilibrium）阶段，时间一般为 60～90 s。

（3）把板子加热到焊接区温度（183 ℃ 以上）使锡膏融化，称为回流（reflow spike）阶段。在回流阶段板子达到最高温度，一般是（215±10）℃。回流时间以 60～90 s 为宜，最长不超过 90 s。

（4）曲线由最高温度点下降的过程称为冷却（cooling）阶段。一般要求冷却的速度为 —4 ℃/s。

4. 再流焊设备的分类

再流焊根据传热方式的不同，可分为用于印制电路板整体加热的热板再流焊、红外再流焊、气相再流焊，以及用于印制电路板局部加热的激光再流焊。

1）热板再流焊

热板再流焊也称热板传导再流焊，利用热板的传导热来加热，是应用最早的再流焊方法，其工作原理如图 2－33 所示。其发热器件为矩形板，加热时热量先传至电路板，再传至焊膏与表贴元器件，焊膏受热熔化完成焊接。热板再流焊一般都有预热、再流、冷却三个温区。

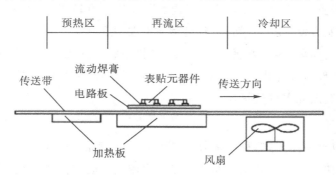

图 2－33　热板再流焊工作原理图

该方法的优点是设备结构简单、价格便宜、初始投资和操作费用低，可以采用惰性气体保护，系统内有预热区，能迅速改变温度和温度曲线，传到元器件上的热量相当小，焊接过程易于目测检查，产量适中。缺点是温度分布不均匀，热表面温度限制在低于 300 ℃，只适于单面组装，不适于双面组装，也不能用于底面不平、易翘曲的材料制成的电路板的组装。因此热板传导再流焊适用于高纯度氧化铝基板、陶瓷基板等导热性能良好的电路板的单面贴装。

2）红外再流焊

红外再流焊的加热炉采用远红外辐射作为热源，其工作原理如图 2－34 所示。根据热源和加热机理不同又可将其分为对流红外和近红外再流焊两种。

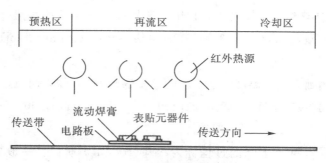

图 2-34 红外再流焊工作原理图

对流红外再流焊采用热空气自然对流的板式红外加热器,通过红外板上发生的中等波长(3～5 μm)的红外线直接进行辐射加热。被焊元器件吸收的全部热量中,辐射只占其中的40%,其余60%的热量从炉中热空气的对流中得到。

近红外再流焊采用石英辐射加热器,类似家用红外取暖器,加热器产生的红外线波长为0.72～1000 μm,被焊元件吸收的全部热量几乎都是从1～3 μm短波长范围的红外辐射中得到的,对流加热不到5%。

红外再流焊的优点是可采用不同成分或不同熔点的焊膏,加热温度和速度可调范围宽,元器件所受热冲击更小;在红外加热条件下电路板温度上升较快,大大减少了虚焊等现象的产生;温度曲线控制方便,变换时间短;红外线加热器热效率高、成本低;可采用惰性气体保护焊接;红外炉结构简单、操作方便、使用安全、价格便宜。红叶再流焊的缺点是不同的形状和表面颜色的元器件对红外线的吸收系数不同,荫蔽效应和散热效应的产生,会导致被焊件受热不均匀,甚至造成元器件过热损坏。

3)气相再流焊

气相再流焊也称冷凝焊,这种焊接方法是1973年由美国西部电气公司(Western Electic Company)开发成功的。它是利用饱和蒸气热作为传热介质的一种自动化钎焊方法,其工作原理如图2-35所示。焊接时把介质的饱和蒸气转变成为相同温度下的液体,释放出潜热,使膏状焊料熔融浸润,从而使电路板上的所有焊点同时完成焊接。这种焊接方法的液体介质要有较高的沸点(高于铅锡焊料的熔点),有良好的热稳定性,不自燃。

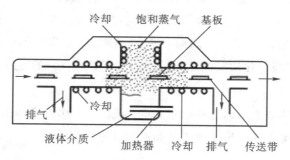

图 2-35 气相再流焊工作原理图

气相再流焊的优点是受热均匀、温度精度高、无氧化、工艺过程简单,适合焊接柔性电路、插头、接插件等异形组件。缺点是升温速度快(40 ℃/s),液体介质及设备价格较高,是典型的臭氧层损耗物质(ozone depleting substances,ODS),易造成环境污染。

4)激光再流焊

激光再流焊是一种先进的焊接技术,利用激光束良好的方向性及功率密度高的特点,将其直接照射在焊接部位,焊点吸收光能转变成热能,对焊接部位加热,导致焊料熔化;光照停止后焊接部位迅速冷却,焊料凝固,其工作原理如图 2-36 所示。

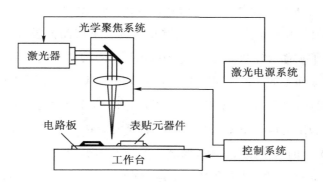

图 2-36 激光再流焊工作原理图

激光再流焊的优点是加热温度局部化,不产生热应力,热冲击小,热敏元器件不易损坏;一般限于特殊领域中的应用,如焊接易损热敏器件、细间距器件时优点突出,可靠性较高;焊接过程可与检验结合起来,焊接的同时可通过显示器检查焊接情况,保证焊点质量;也常用于高密度表贴印制电路板组件的维修,焊接过程中其他焊点不受热,保证维修质量。激光再流焊的缺点是焊接设备价格昂贵,是一种局部焊接技术,是对其他焊接方法的补充,不是代替,不能用于批量自动化生产。

2.5 表面安装技术

随着计算机技术的广泛应用,计算机辅助设计(computer aided design,CAD)、计算机辅助工艺过程设计(computer aided process planning,CAPP)与计算机辅助制造(computer aided manufacturing,CAM)集成系统逐步完善,电子技术与计算机应用日益紧密结合,电子工业已从单一的制造业过渡到电子信息产业。

在电子产品制造业与信息产业不断融合发展的过程中,电子组装行业也面临诸多挑战:生产厂商必须在更短时间里将产品推向市场,以满足客户不断变化的需求;全球竞争迫使生产厂商在提升品质的前提下降低运营成本;无铅生产已是大势所趋。上述挑战都自然地反映在生产方式和设备的选择上,表面安装技术(surface mounted technology,SMT)在这种环境下应运而生,并随着电子技术、信息技术与计算机应用技术的进步而不断发展,被誉为电子组装技术的一次革命。

2.5.1　表面安装技术的发展

表面安装技术是突破了传统的印制电路板通孔插入式组装工艺而发展起来的第四代电子装联技术,也是目前电子产品能有效地实现"轻、薄、短、小"和多功能、高可靠性、优质、低成本的主要手段之一。

美国是世界上表面安装元件(surface mount component,SMC)和表面安装器件(surface mount device,SMD)的起源国家,并且一直重视此类电子产品的投资开发。早在 1957 年,美国就成功研制出了被称为片状元件(chip components)的微型电子组件,这种电子组件是安装在印制电路板表面上的。20 世纪 60 年代中期,荷兰飞利浦公司开发表面安装技术获得成功,引起世界各发达国家的极大重视;美国很快就将 SMT 应用于 IBM System / 360 电子计算机。此后宇航和工业电子设备也开始采用表面安装技术。1977 年 6 月,日本松下公司推出厚度为 12.7 mm 的超薄型收音机,取名为"Paper",引起了轰动效应。当时,松下公司把其中所用的片状电路组件以"混合微电子电路(hybrid microcircuits)"命名。20 世纪 70 年代末,表面安装技术大量应用于民用消费类电子产品,并开始出现片状电路组件的商品供应市场。进入 20 世纪 80 年代以后,由于微电子产品的需要,表面安装技术作为一种新型装配技术在微电子组装中得到了广泛的应用,被称为电子工业的装配革命,标志着电子产品装配技术进入第四代,同时引发了电子装配设备的第三次自动化高潮。据国外资料报道,进入 20 世纪 90 年代以后,全球采用通孔组装技术的电子产品以每年 11% 的速率下降,而采用表面安装技术的电子产品正以每年 8% 的速率递增。到目前为止,日本、美国等发达国家已有 80% 以上的电子产品采用了表面安装技术。尤其在军事装备领域,表面安装技术充分发挥了高组装密度和高可靠性方面的优势。

20 世纪 90 年代,我国的大型电子企业有 80% 以上的电子产品采用了表面安装技术。据不完全统计,2010 年约有几千家企业引进了表面安装技术生产线,几十万种产品不同程度地采用了表面安装技术。随着我国改革开放的深入以及加入 WTO,欧洲各国、日本、新加坡、韩国和我国台湾地区的一些企业已经将表面安装加工厂搬到了中国内地,我国已成为表面安装产品的世界加工基地。根据 2024 年全球表面安装设备市场占有率及排名统计,中国是最大的设备消费市场,约占全球的 39%,排名第二和第三的是欧洲和北美地区,分别占 14% 和 11%。焊接设备的主要类型有贴片机、印刷机、再流焊机等,贴片机的市场占比约为 59%,主要应用于消费电子、网络通信、汽车行业、医疗设备等领域,其中消费电子领域的应用约占 33%。表面安装技术将是未来电子产品装配的主流,其发展前景十分广阔。

2.5.2 表面安装技术的特点

表面安装技术就是把无引线或短引线的表面安装元器件（SMC/SMD），直接贴装在印制电路板的表面上的装配焊接技术。与传统的通孔插装技术（through-hole technology，THT）相比，SMT 具有以下优点。

1. 结构紧凑、组装密度高、体积小、质量轻、微型化程度高

表面安装元器件比传统通孔插装元器件所占面积和质量都大为减小，尺寸只有传统元器件的 20%～30%，最小的仅为传统元器件的 10%，可以装在印制电路板的两面，而且在贴装时不受引线间距和通孔间距的限制，从而可大大提高电子产品的组装密度。如采用双面贴装时，元器件组装密度可达到 5～30 个/cm²，为通孔插装元器件组装密度的 5 倍以上，使印制电路板面积节约 70% 以上，质量减轻 90% 以上，从而实现了高密度组装，使产品在体积、重量上更趋于微型化。

2. 高频特性好

表面安装元器件无引线或短引线，结构紧凑，安装密度高，因而减小了印制电路板的分布参数，可大大降低引线间的寄生电容和寄生电感，减少了电磁干扰和射频干扰。同时，电磁耦合通道的缩短改善了高频性能，可提高信号的传输速度，使整个产品的性能提高。

3. 抗振动冲击性能好

表面安装元器件比通孔插装元器件质量大为减小，因而在受到振动冲击时，元器件对印制电路板上焊盘的动反力（dynamical reaction）较通孔插装元器件也大为减小，而且焊盘焊接面积相对较大，故而改善了抗振动和冲击性能。

4. 有利于提高可靠性

在表面安装元器件比通孔插装元器件质量大为减小的情况下，应力大大降低。焊点为面接触，焊点质量容易保证，且应力状态（state of stress）相对简单，多数焊点质量容易检查，减少了焊接点的不可靠因素。

5. 工序简单，焊接缺陷极少

由于表面安装技术的生产设备自动化程度较高，人为干预少，工艺相对较为简单，所以工序简单，焊接缺陷少，容易保证电子产品的质量。

6. 适合自动化生产，生产效率高、劳动强度低

由于片状元器件的外形尺寸标准化、系列化及焊接条件的一致性，所以可采用高度自动化的表面安装设备（如焊膏印刷机、贴装机、再流焊机和自动光学检验设备等），具有工作稳定、可靠，生产效率高的特点。

7.简化了生产工序,降低了生产成本

采用表面安装工艺的产品,双面贴装起到减少 PCB 层数的作用;印制电路板使用面积减小,其面积为采用插装元器件技术面积的 1/10,若采用芯片级封装(chip scale package,CSP)则其面积还可大幅度下降;印制电路板上钻孔数量减少,可节约加工费用;元件不需要成形,工序简单;节省了厂房、人力、材料及设备的投资;频率特性提高,减少了电路调试费用;片式元器件体积小、质量轻,减少了包装、运输和储存费用;而且目前表面安装元器件的价格已经与通孔插装元器件相当,甚至更便宜,所以一般电子产品采用表面安装技术后可降低生产成本 30% 左右。

当然,SMT 在生产中也存在一些问题,如元器件与印制电路板之间热膨胀系数(coefficient of thermal expansion,CTE)一致性差,受热后易引起焊接处开裂;采用 SMT 的印制电路板单位面积的功率密度大,散热问题复杂;塑封器件的吸潮问题;元器件上的标称数值看不清,维修工作困难;维修调换元器件困难,拆装有些器件需专用工具等。但随着专用拆装设备及新型的低膨胀系数印制电路板的出现,以上问题将不再成为表面安装技术深入发展的障碍。

2.5.3 表面安装技术的工艺

SMT 把 SMC/SMD、表面安装设备、印制电路板、相关耗材以及生产相关工艺流程、工艺可靠性设计、制程管理及工艺文件的管理等整合在一起,是一项复杂的、综合的系统工程技术。

SMT 是将 SMC/SMD 贴、焊到以印制电路板为组装基板的表面规定位置上的电子装联技术,所用的印制电路板无须钻插装孔,如图 2-37 所示。

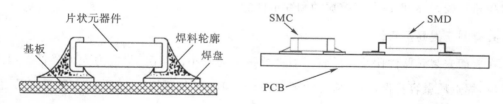

图 2-37 表面安装示意图

1.表面安装技术的组成

表面安装技术通常包括:表面安装片式元器件、表面安装电路板及图形设计、表面安装专用辅料——焊锡膏及贴片胶、表面安装设备、表面安装焊接技术(包括双波峰焊、再流焊、气相焊、激光焊)、表面安装检测技术、清洗技术以及表面安装生产管理等多方面内容,如图 2-38所示。这些内容可以归纳为三个方面:一是片式元器件,它既是 SMT 的基础,又是 SMT 发展的动力,它推动着 SMT 专用设备和装联工艺的不断更新和深化;二是装联工艺,也被称为 SMT 的软件;三是设备,即 SMT 的硬件。

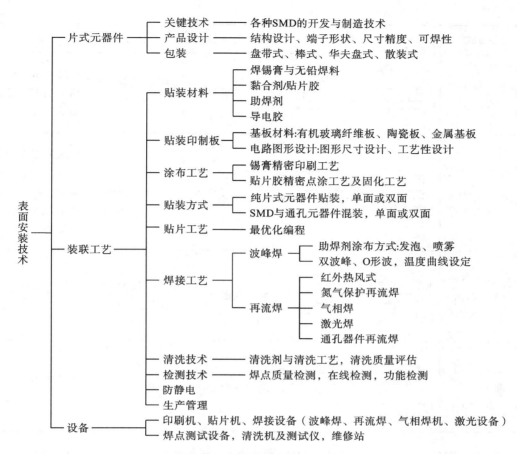

图 2-38 表面安装技术组成

2. 表面安装方式及工艺的分类

SMT 按组装方式可分为全表面安装、单面混装及双面混装,如表 2-3 所示。通常 A 面为主面,又称元件面,B 面为辅面,又称焊接面。

表 2-3 SMT 组装方式

组装方式		示意图	电路基板	焊接方式	特征
全表面安装	单面表面组装	A面	单面 PCB 陶瓷基板	单面再流焊	工艺简单,适用于小型、薄型简单电路
	双面表面组装	A面 B面	双面 PCB 陶瓷基板	双面再流焊	高密度组装、薄型化

组装方式		示意图	电路基板	焊接方式	特征
单面混装	SMD 和 THC 都在 A 面	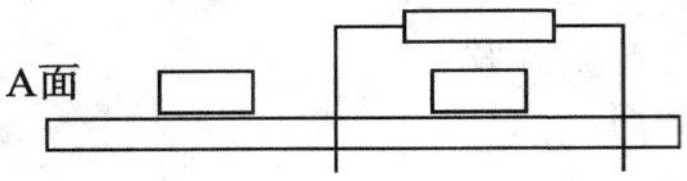 A面	双面 PCB	先 A 面再流焊后 B 面波峰焊	一般采用先贴后插的方式,工艺简单
	THC 在 A 面,SMD 在 B 面	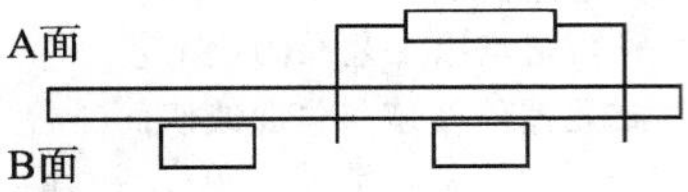 A面 B面	单面 PCB	B 面波峰焊	一般采用先贴后插的方式,工艺简单。若采用先插后贴方式,工艺复杂
双面混装	THC 在 A 面,A、B 两面都有 SMD	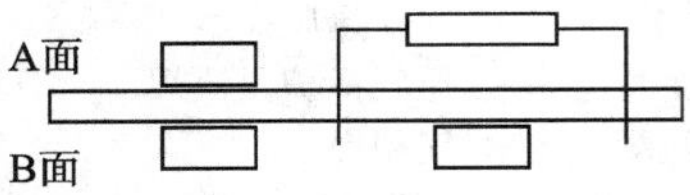 A面 B面	双面 PCB	先 A 面再流焊后 B 面波峰焊	适合高密度组装
	A、B 两面都有 SMD 和 THC	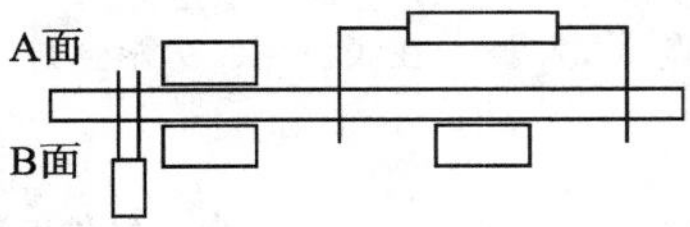 A面 B面	双面 PCB	先 A 面再流焊后 B 面波峰焊再插装 THC	工艺复杂,很少采用

SMT 工艺有两类最基本的工艺流程,一类是锡膏-再流焊工艺;另一类则是采用贴片胶-波峰焊工艺。在实际生产中,应根据所用元器件和生产装备的类型以及产品的需求,选择单独进行或者重复、混合使用。

1)锡膏-再流焊工艺

锡膏-再流焊工艺如图 2-39 所示。该工艺流程的特点是简单、快捷,有利于产品体积的减小,该工艺流程在无铅工艺中更显示出优越性。

锡膏-再流焊工艺可用于单面或双面组装,如图 2-39(b)、(c)所示。采用双面锡膏再流焊工艺时,先在印制电路板元器件较小、IC 器件较少的一面采用锡膏-再流焊工艺,再在 IC 较多或有大、重器件的一面采用锡膏-再流焊工艺。该工艺能充分利用印制电路板空间,是实现安装面积最小化的必由之路,但工艺控制复杂,要求严格,常用于密集型超小型电子产品中。但在Sn-Ag-Cu系列无铅焊接工艺中,因为二次焊接所需熔点高,会对印制电路板以及元器件带来伤害,很少推荐使用。

(a) 锡膏-再流焊安装工艺

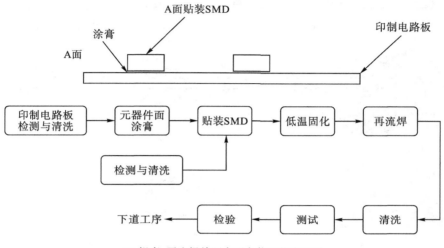

(b) 锡膏-再流焊单面表面安装工艺流程图

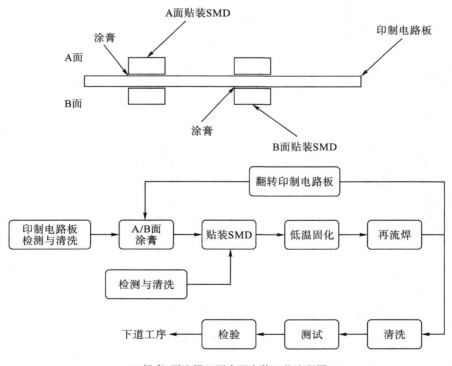

(c) 锡膏-再流焊双面表面安装工艺流程图

图 2-39　锡膏-再流焊工艺

2）贴片胶-波峰焊工艺

贴片胶-波峰焊工艺如图2-40所示。该工艺的特点是利用双面板空间,电子产品的体积可以进一步缩小,且部分使用通孔插装元器件,价格低廉。但对设备要求增多,波峰焊过程中缺陷较多,难以实现高密度组装。

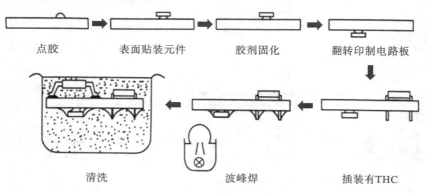

(a) 贴片胶-波峰焊双面安装工艺

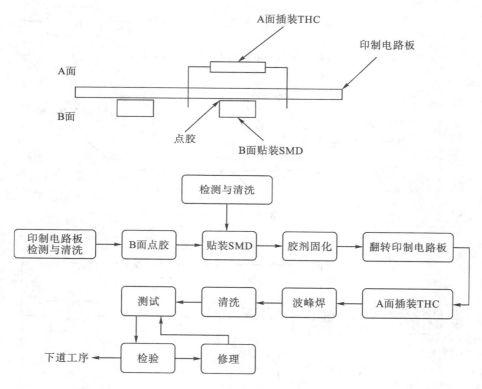

(b)贴片胶-波峰焊双面安装工艺流程图（THC在A面，SMD在B面）

图2-40　贴片胶-波峰工艺

若将上述两种工艺流程混合与重复使用,则可以演变成多种混合安装工艺流程供电子产品组装使用。

3)混合安装工艺

混合安装工艺如图 2-41 所示。该工艺流程的特点是充分利用 PCB 双面空间,是实现安装面积最小化的方法之一,既可保留通孔插装元器件价廉的优点,还可在自动焊接的基础上与手工焊接相结合,常用于消费类电子产品的组装。电子装联中常见的混合安装工艺如下。

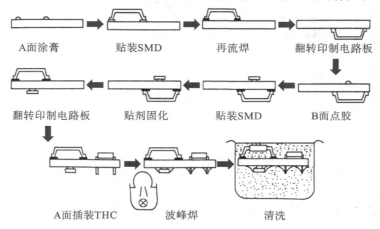

图 2-41 混合安装工艺

(1)单面混合安装再流焊-波峰焊工艺如图 2-42 所示。

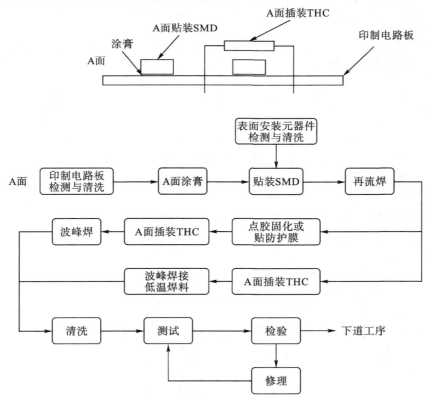

图 2-42 单面混合安装再流焊-波峰焊工艺

(THC、SMD 均在 A 面)

(2)双面混合安装再流焊-波峰焊工艺如图2-43所示。

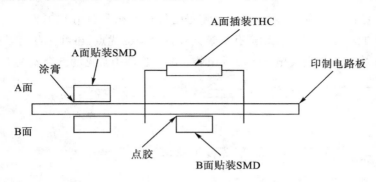

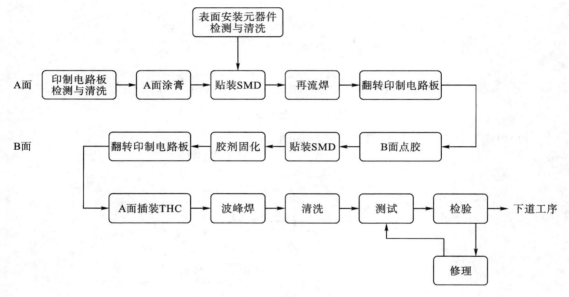

图 2 - 43　双面混合安装再流焊-波峰焊工艺

（THC 在 A 面，A、B 两面都有 SMD）

(3)双面混合组装再流焊-手工补焊工艺如图2-44所示。

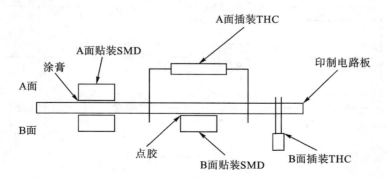

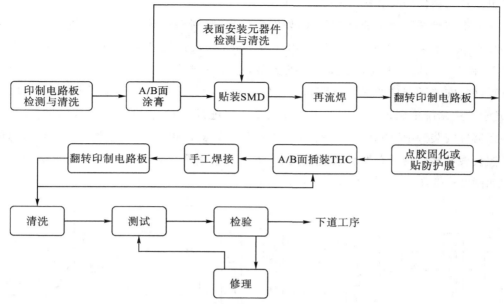

图 2-44　双面表面组装再流焊-手工补焊工艺流程图

(A、B 两面都有 THC、SMD)

2.5.4　表面安装技术设备

表面安装技术因组装密度高、自动化生产性能优良而得到高速发展,在电路组装生产中被广泛应用。SMT 生产由丝网印刷、安装元器件及波峰焊/再流焊三道工序构成,其中 SMC/SMD 的安装是整个表面安装工艺的重要组成部分,它所涉及的问题比其他工序更复杂,难度更大。同时表面组装元器件安装设备(又称贴装机)在整个设备中投资最大,是电子产业的关键设备之一。

目前,世界上生产贴装机的企业有几十家,如日本的富士(FUJI)、松下(Panasonic)、雅马哈(YAMAHA)、日本重工(JUKI),韩国的三星(SAMSUNG)、未来(MIRAE),德国的西门子(SIEMENS)、欧托创立(AUTOTRONIK),美国的环球(Universal),荷兰的安必昂(ASSEMBLEON),瑞典的迈德特(MYDATA)等,贴装机的品种达数百个之多。但无论是全自动高速贴装机还是多功能贴装机,无论是高速贴装机还是中低速贴装机,其总体结构大同小异。

贴装机实际上是一种精密的工业机器人,是机-电-光以及计算机控制技术的综合体。它通过吸取、位移、定位、放置等功能,在不损伤元器件和印制电路板的情况下,实现将 SMC/SMD 元器件快速而准确地安装到所指定的焊盘位置上。

贴装机由机架、运动机构、测量系统、安装头、元器件供料器、PCB 承载机构、器件对中检测装置和计算机控制系统等组成。安装头主要通过滚珠丝杠(或同步齿形带)运动机构来实现高速、高精度运动传递,其传动不仅有自身运动阻力小、结构紧凑的特点,而且较高的运动精度也给各元器件的安装精度提供了保证。

贴装机在有精度要求的重要部件，如安装主轴、吸嘴座和送料器上，都进行了基准标志（mark）确认。机器视觉系统能自动求出这些 mark 中心系统坐标，建立贴装机系统坐标系与 PCB 和安装元器件坐标系之间的转换关系，计算得出贴装机的运动精确坐标；安装头根据设置好的安装元器件的封装类型和元器件编号等参数到相应的位置抓取吸嘴、吸取元器件；光学对中系统依照视觉处理程序对吸取元器件进行检测、识别与对中；对中完成后安装头将元器件安装到 PCB 上预定的位置。这一系列元器件识别、对中、检测和安装的动作都是工控机根据相应指令获取相关的数据后，由指令控制系统自动完成的。贴装机的工作流程图如图 2-45 所示。

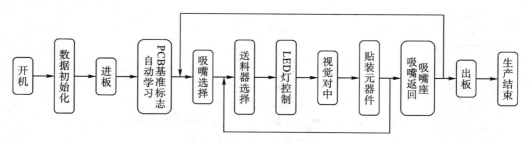

图 2-45　贴装机的工作流程图

1. 贴装机的分类

依据不同的分类标准，贴装机有不同的分类方法，常见有两种分类方法。

根据安装元器件的不同以及安装的通用程度不同，贴装机可分为专用型与泛用型：专用型有小型标准元件专用型与 IC 专用型，前者主要追求高速，后者主要追求高精度；泛用型既可安装小型标准元件又可安装 IC 器件，广泛应用于中等产量的连续生产安装生产线中。

按照安装头系统与 PCB 运载系统以及送料系统的运动情况，贴装机大致可分为四种类型：拱架式、转塔式、复合式和大型平行系统。

1）拱架式贴装机

拱架式（又称动臂式）贴装机如图 2-46 所示，是最传统的贴片机，工作时送料器和 PCB 是固定不动的，通过移动安装于 X-Y 运动框架中的安装头（一般是装在 X 轴横梁上）进行吸取和安装动作，具有较好的灵活性和精度，适用于大部分组件。高精度机器一般都是这种类型，但其速度无法与复合式、转塔式和大型平行系统相比。不过由于组件排列越来越集中在有源部件上，比如有引线的四面扁平封装（quad flat package，QFP）器件和球阵列封装（ball grid array，BGA）器件，安装精度要求较高，复合式、转塔式和大型平行系统一般不适用于这种类型的组件安装。

拱架式机器分为单臂式和多臂式，单臂式是最早发展起来的，现在应用仍很广泛。在单臂式基础上发展起来的多臂式贴片机可将工作效率成倍提高，如美国 Universal 公司的 GSM2 贴片机就有 2 个动臂安装头，可分别交替对两块 PCB 同时进行安装。

2) 转塔式贴装机

转塔式贴装机如图 2-47 所示,采用一组移动的送料器,转塔从这里吸取组件,然后把组件贴放在位于移动工作台上的 PCB 上面。转塔式贴装机由于拾取组件和安装动作同时进行,使得安装速度大幅度提高。这种结构的高速贴片机在我国的应用也很普遍,不但速度快,而且历经十余年的发展技术已非常成熟,但是这种贴装机由于机械结构所限,贴装速度已达到一个极限值,不可能再大幅度提高。该机型的不足之处是只能处理带状料。

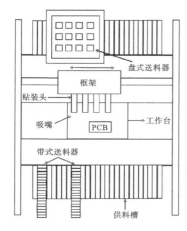

图 2-46　拱架式贴装机示意图

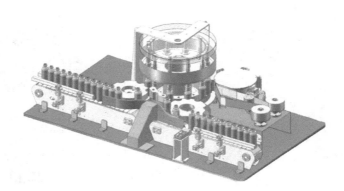

图 2-47　转塔式贴装机示意图

3) 复合式贴装机

复合式贴装机如图 2-48 所示,是从拱架式贴装机发展而来,集合了转塔式和拱架式的特点,在动臂上安装有转盘。从严格意义上来说,复合式贴装机仍属于拱架式结构。由于复合式贴装机可通过增加动臂数量来提高速度,因而具有较大灵活性和良好的发展前景。如西门子 SIPLACE80S25 贴装机有两个带有 12 个吸嘴的旋转头;环球公司也推出了带有 30 个吸嘴的旋转头,称为"闪电头",两个这样的旋转头安装在安装平台上,可实现 0.06 s/片的安装速度。

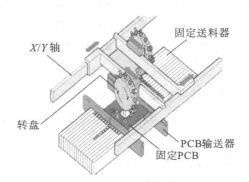

图 2-48　复合式贴装机示意图

4）大型平行系统

大型平行系统（又称模组机）如图 2-49 所示，使用一系列单独的小安装单元（也称为模组），每个单元有自己的丝杆位置系统，安装了相机和安装头。每个安装头可吸取有限的带式送料器上的元器件，安装 PCB 的一部分，PCB 以固定的时间间隔在机器内推进。单独的各个单元运行速度较慢，但它们连续地或平行地运行会有很高的组装效率。其贴装速度在 0.48 s/片左右，仍有大幅度提高的可能。

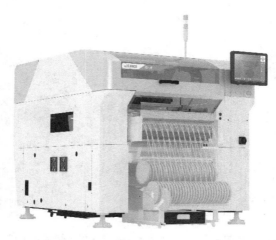

图 2-49　采用模组结构的贴装机示意图

2. 贴装机控制系统

典型的高精度贴装机计算机控制系统组成原理如图 2-50 所示，它采用二级计算机控制系统，主要由贴装机主控计算机、视觉处理微机系统和安装控制微机系统组成。这种贴装机控制系统的主要功能如下。

（1）通过贴装机主控计算机，实现与上位机和外界的通信连接和人机交互，储存和运行系统控制软件和自动编程软件，接受上位机下传程序的控制或完成控制程序的编制工作，对视觉处理微机系统和安装控制微机系统进行控制，实现对整个贴装机系统的控制指挥。

主控计算机采用 DOS 或 Windows 操作系统，真正实现在线人机窗口操作，功能强大，并具有联机编程或脱机编程、示教编程、在线自诊断贴装机出问题的准确位置和远程通信等功能。

（2）通过安装控制微机系统，接收贴装机主控计算机指令，对贴装机各个驱动机构或装置进行程序控制，实现有序的安装操作，并将运行结果上传。贴装控制微机系统可同时控制贴装机的多个贴装头，并具有示教编程功能。

（3）通过视觉处理微机系统，对具有 PCB 对中定位、SMC/SMD 位置校正与质量检测等功能的贴装机视觉处理系统进行程序控制。

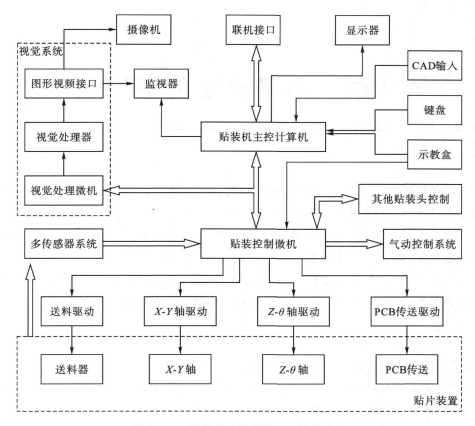

图 2-50 贴装机计算机控制系统的组成

思考题

(1)如何选择电烙铁？电烙铁的使用与维护应注意哪些问题？

(2)在焊接过程中焊剂有什么作用？性能优良的焊剂必须具备哪些特征？

(3)焊接操作的五步法是什么？试述焊接操作的正确姿势。

(4)常见焊点的缺陷有哪些？如何避免这些缺陷？

(5)拆焊的方法有哪些？拆焊常用的工具及方法有哪些？

(6)分别简述波峰焊及再流焊的工艺流程。

(7)表面安装技术有什么特点？通常有哪几种工艺流程？

(8)贴装机的分类有哪些？简述其工作流程。

第3章 电子产品的装配调试

在产品的样机研制阶段,印制电路板的装配主要靠手工操作,即操作者需要把散装的元器件逐个焊接到印制电路板上,因此电子产品装配工艺是电类专业学生必须掌握的一门基本技术。本章在学习常用元器件的基础上,以 RW08－11(FM/AM)型收音机和 51 单片机最小系统板为例,讲解产品组装过程。

通过对本章的学习,读者应了解常用元器件的基础知识,包括类别、命名、特性参数、标识方法等相关知识,熟悉电子设备的安装流程,了解电子产品的各种装配工艺。

学习目标

(1)能够从外观上识别元器件,判断其是否具有极性及方向性。

(2)掌握元器件性能参数的识别方法,了解元器件的各参数对电路的影响。

(3)熟悉电子元器件的特点及用途。

(4)熟悉元器件插装技术。

能力目标

(1)能够看懂印制电路板图,能够识别元器件。

(2)能够按照安装要求,按顺序、规范地将各种元器件焊接在印制电路板上。

(3)能够测试产品安装完成后的功能。

思政目标

(1)树立正确的价值观,要有服务人民、奉献社会的意识。

(2)基于课程,扩展知识领域,开展问题探究、激活思维,培养动手能力、工程思维,具备解决复杂工程问题的能力。

(3)培养解放思想、求真务实、积极探索、勇于创新的科学精神,为我国电子行业的发展做出自己应有的贡献。

3.1 认识元器件

在电子产品的装配中,元器件占有重要的地位,特别是通用的电子元器件,更是电子产品中必不可少的基本材料。熟悉和掌握各类元器件的性能、特点、适用范围等,是对电子工程师的基本要求,对电子产品的设计、制造有着十分重要的作用。

3.1.1　电阻器和电位器

电阻器(resistor,简称电阻)是电子电路中使用最多的元器件。它是利用金属或非金属材料具有电阻的特性制成的便于安装的电子元件。电阻在电路中的作用大致可以归纳为降低电压、分配电压、限制电路电流、向各种电子元器件提供必要的工作条件(电压或电流)等几种作用,对信号来说,交流与直流信号都可以通过电阻。

电阻都有一定的阻值,它代表这个电阻阻碍电流流动能力的大小。电阻的单位是欧姆,用符号 Ω 表示,是这样定义的:当在一个电阻器的两端加上 1 V(伏特)的电压时,如果在这个电阻器中有 1 A(安培)的电流通过,则这个电阻器的阻值为 1 Ω(欧姆)。除了欧姆外,电阻的单位还有千欧(kΩ),MΩ(兆欧)等,其换算关系为 1 MΩ=1000 kΩ,1 kΩ=1000 Ω。电阻器的常用图形符号和国标图形符号如图 3-1 所示。

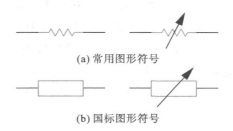

(a) 常用图形符号

(b) 国标图形符号

图 3-1　电阻器的图形符号

电位器(potentiometer)有三个引出端,既可作三端元件,也可作二端元件使用。用作二端元件时为固定阻值电阻;用作三端元件时是可变电阻器的一种,阻值在一定范围内连续可调。它是一种机电元件,靠电刷在电阻体上的滑动,取得与电刷位移成一定关系的输出电压。

常用电位器如图 3-2 所示,R_{13} 是固定的电阻值,阻值在电位器顶端标识,如 104 表示 $R_{13}=10\times10^4=100$ kΩ。转动电位器上的小螺丝或者旋钮,可改变 R_{12} 和 R_{23} 的值,但始终保持 $R_{13}=R_{12}+R_{23}$。接入电路时,只需将 1、2 端子或者 2、3 端子接入即可实现可变电阻。

图 3-2　电位器符号及各种电位器

1. 电阻和电位器的分类

1）按阻值特性分类

按阻值特性可将电阻分为固定电阻、可调电阻、特种电阻（敏感电阻）。不能调节的电阻称为固定电阻。可以调节的电阻称为可调电阻，常见的如收音机音量调节电阻。主要应用于电压分配的可调电阻称为电位器。

常用的特种电阻有热敏电阻、压敏电阻、光敏电阻等。热敏电阻的电阻值随温度的变化而变化，分为正温度系数热敏电阻和负温度系数热敏电阻。正温度系数热敏电阻的电阻值随温度的升高而增大，常用于电动机启动电源电路、彩色电视去磁电源电路等。负温度系数热敏电阻的电阻值随温度的升高而减小，常用在各种温度传感器、电源保护电路、温度补偿电路中。常见的热敏电阻如图 3-3 所示。

图 3-3 热敏电阻

压敏电阻的阻值与两端施加的电压大小有关，当电阻两端的电压大于标称电压时，其阻值急剧下降，当两端电压小于标称电压时，阻值又开始增加，恢复高阻状态。一旦压敏电阻两端的电压超过其最大限制电压，它将被完全击穿，无法自行恢复。这种电阻主要用来避免电气产品或电子产品的瞬时过压，如常用于防雷击电源电路和开关电源中。常用的压敏电阻如图3-4所示。

光敏电阻是用硫化镉或硒化镉等半导体材料制成的特殊电阻器，是利用半导体的内光电效应制成的一种电阻值随入射光的强弱改变的电阻器。光照愈强，阻值愈低。通常无光直射时，电阻可达一百多千欧，光线直射时，电阻值可降至几百欧。这种电阻主要用于光控开关、各种光控玩具、光控灯饰等各种光控系统中。常用的光敏电阻如图 3-5 所示。

图 3-4 压敏电阻图

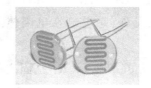

图 3-5 光敏电阻

2）按制造材料分类

按制造材料可将电阻分为碳膜电阻、金属膜电阻、线绕电阻等。

碳膜电阻是将结晶碳沉积在陶瓷棒骨架上制成的，它的电压稳定性好，造价便宜，并可在 70 ℃以下长期工作。收录机、电视机的电阻器大多采用碳膜电阻。

金属膜电阻是用真空蒸发的方法将合金材料蒸镀于陶瓷棒骨架表面制成的。它有较好的耐高温性能，可以在 125 ℃下长期工作。它还适宜工作在较宽的频率范围，噪声小、温度系数低、稳定性好、精度高。在相同的额定功率下，它的体积可以比碳膜电阻小一半。

线绕电阻是用镍铬合金、锰铜合金等制成的电阻丝绕在绝缘支架上制成的。绝缘支架多用陶瓷骨架或者胶木骨架,绕成后在外面涂上耐热的釉绝缘层或者绝缘漆。它一般可以承受较大的功率(3~100 W),热稳定性好,可以在 300 ℃ 左右的高温下连续工作。整流电源中的滤波电阻、降压电阻多采用线绕电阻器。

2. 电阻和电位器的型号命名法

国产电阻器的型号命名由四部分组成(不适用敏感电阻)。第一部分:主称,用字母表示,代表产品的名字。第二部分:材料,用字母表示,说明电阻用什么材料制成。第三部分:分类,一般用数字表示,个别类型用字母表示。第四部分:序号,用数字表示,代表同类产品中不同品种,以区分产品的外形尺寸和性能指标等。国产电阻器型号命名如表 3−1 所示。

表 3−1　国产电阻器的型号命名

第一部分: 主称		第二部分: 材料		第三部分: 分类		第四部分: 序号
符号	意义	符号	意义	符号	意义	
R	电阻	T	碳膜	1、2	普通	表示 额定功率、 阻值、 允许偏差、 精度等级
W	电位器	H	合成膜	3	超高频	
		S	有机实心	4	高阻	
		N	无机实心	5	高温	
		J	金属膜	6、7	精密	
		Y	氧化膜	8	高压	
		C	沉积膜	9	特殊	
		I	玻璃釉膜	G	高功率	
		X	线绕	T	可调	

RT11 型普通碳膜电阻如图 3−6 所示。

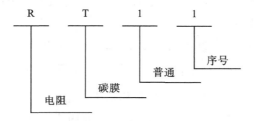

图 3−6　电阻命名示意图

国产敏感电阻器的命名主要由三部分组成,如表3-2所示,其中第一部分为主称部分,用字母表示电阻器的名字;第二部分用字母表示电阻器的分类;第三部分用数字区分电阻器的用途;第四部分用数字表示电阻器的序号,代表同类产品中的不同品种,以区分产品的外形尺寸和性能指标等。

表 3-2   国产敏感电阻器的型号命名

第一部分:主称		第二部分:类别		第三部分:用途		第四部分:序号
符号	意义	符号	意义	符号	意义	
M	敏感电阻	Y	压敏电阻	0	特殊型	用数字表示同类产品中不同品种,以区分产品的外观尺寸和性能指标
		Z	正温度系数热敏电阻	1	普通型	
		F	负温度系数热敏电阻	2	稳压用	
		G	光敏电阻	3	微波测量用	
		S	湿敏电阻	4	旁热式	
		O	气敏电阻	5	测温用	
		C	磁敏电阻	6	控制温度用	
		L	力敏电阻	7	消磁用	
				8	线性型	
				9	恒温型	

3. 电阻的主要参数

1)标称阻值

标注在电阻器上的电阻值称为标称阻值,常用单位有 Ω、$k\Omega$、$M\Omega$。标称阻值是根据国家制定的标准系列标注的,不是生产者任意标定的。不是所有阻值的电阻器都存在。电阻器的标称值按误差等级分类有 E192、E96、E48、E24、E12、E6 系列,其中 E24 系列为常用电阻系列,E192、E96、E48 系列为高精密电阻系列。E 系列阻值是由几何级数构成的数列,E192、E96、E48、E24、E12、E6 系列阻值对应的是以 $\sqrt[192]{10}$ 、$\sqrt[96]{10}$ 、$\sqrt[48]{10}$ 、$\sqrt[24]{10}$ 、$\sqrt[12]{10}$ 、$\sqrt[6]{10}$ 为公比的几何级数。如 E6 系列,公比 $\sqrt[6]{10} = 1.5$,它的标称阻值只能是 1.0、1.5、2.2、3.3、4.7、6.8。

E24、E12、E6 系列标称阻值如表3-3所示,任何固定电阻阻值的有效数字必须从这个系列中选取,具体阻值的大小可以放大或缩小 10^n 倍,n 为整数。E192、E96、E48 系列在这里就不一一列举了。

表 3-3　标称电阻值系列

标称电阻值系列	标称值
E24	1.0、1.1、1.2、1.3、1.5、1.6、1.8
	2.0、2.2、2.4、2.7
	3.0、3.3、3.6、3.9
	4.3、4.7
	5.1、5.6
	6.2、6.8
	7.5
	8.2
	9.1
E12	1.0、1.2、1.5、1.8
	2.2、2.7
	3.3、3.9
	4.7
	5.6
	6.8
	8.2
E6	1.0、1.5
	2.2
	3.3
	4.7
	6.8

2）允许误差

电阻器的实际阻值相对于标称值的最大允许偏差称为允许误差，如表 3-4 所示。它表示电阻器的精度，允许误差与精度等级关系如表 3-4 所示，E24、E12、E6 系列对应的误差等级分别为Ⅰ级（±5%）、Ⅱ级（±10%）、Ⅲ级（±20%）。高精密系列 E48、E96、E192 对应的误差有±2%、±1%、±0.5%、±0.25% 及±0.1% 等。

表 3-4　允许误差与精度等级关系

级别	B	C	D(005)	F(01)	G(02)	J(Ⅰ)	K(Ⅱ)	M(Ⅲ)
允许误差	±0.1%	±0.25%	±0.5%	±1%	±2%	±5%	±10%	±20%

4. 电阻器的标识方法

1）直标法

直标法是用数字和字母符号在电阻器表面标出阻值，其允许误差直接用百分数或字母表示，可参照表3-4。若电阻上未注偏差，则均为±20％。图3-7（a）标称阻值为22 Ω，允许误差为±5％；图3-7（b）电位器最大阻值10 kΩ，允许误差为±5％；图3-7（c）标称阻值为10 Ω，额定功率为5 W，允许误差属于 J 级，为±5％。

  （a）   （b）   （c）

图3-7 直标法标识电阻器

2）文字符号法

文字符号法是用阿拉伯数字和文字符号两者有规律的组合来表示标称阻值，其允许偏差用字母符号表示，可参照表3-4。R前面的数字表示整数阻值，后面的数字依次表示第一位小数阻值和第二位小数阻值。图3-8所示电阻的标称阻值为1.8 Ω，允许误差属于 J 级，为±5％，额定功率为10 W。

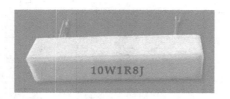

图3-8 文字符号法标识电阻器

3）数码法

数码法是在电阻器上用三位数码表示标称阻值。数码从左到右，第一、二位为有效值，第三位为幂指数，即有效数字后零的个数，单位为欧姆，偏差通常采用文字符号表示。若用四位数码表示标称值，则数码从左到右，前三位为有效值，第四位为幂指数。这种方法常见于贴片电阻或进口器件上。贴片电阻如图3-9所示，贴片电阻的阻值误差精度有±1％、±2％、±5％、±10％，常见的是±1％和±5％。±1％精度的用四位数字表示，±5％精度的用三位数字表示。图3-9（a）电阻标称值为 10×10^3 Ω＝10 kΩ，允许误差均为±5％；图3-9（b）电阻标称值为 150×10^2 Ω＝15 kΩ，允许误差为±1％。

(a)　　　　　　　　　　　(b)

图 3 - 9　贴片电阻

4）色环标识法

色环标识法是用不同颜色色环在电阻器表面标出标称阻值和允许偏差的方法。小功率电阻较多使用此方法。色环颜色的意义如表 3 - 5 所示。

表 3 - 5　色环颜色的意义

色环	棕	红	橙	黄	绿	蓝	紫	灰	白	黑	金	银
数字	1	2	3	4	5	6	7	8	9	0		
意义	10^1	10^2	10^3	10^4	10^5	10^6	10^7	10^8	10^9	10^0	10^{-1}	10^{-2}
误差	±1% F	±2% G			±0.5% D	±0.25% C	±0.1% B	±0.05%			±5% J	±10% K

当电阻为四环时，第四环与前面三环距离较大，前两位为有效数字，第三位为幂指数，第四位为误差位，如图 3 - 10 所示。当电阻为三环时，前两位为有效数字，第三位为幂指数，误差位默认为±20%。

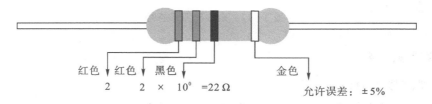

红色　　红色　　黑色　　　　　　　　　金色
 2　　　 2　 ×　 10^0　=22 Ω　　　允许误差：±5%

图 3 - 10　四环电阻阻值

当电阻为五环时，如图 3 - 11 所示，最后一环与前面四环距离较大，前三位为有效数字，第四位为幂指数，第五位为误差位。

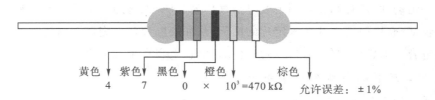

黄色　　紫色　　黑色　　橙色　　　棕色
 4　　　 7　　　 0　 ×　 10^3 =470 kΩ　　允许误差：±1%

图 3 - 11　五环电阻阻值

4. 电阻器阻值的测量方法

电阻器的阻值既可通过上述方法读出，还可用万用表的欧姆挡对电阻器进行测量得到。万用表的欧姆挡在测量时应选择略大于被测电阻器的标称电阻值的挡位。在不确定标称值的情况下，可从大量程到小量程逐渐变化。测量时应注意以下两点：

（1）电阻应放于绝缘平面，将万用表两表笔搭在电阻两端，选择合适的量程，即可在万用表上读出电阻值。切不可用手将万用表表笔和电阻两端握在一起，这样会将人体电阻并联接入，导致电阻值测量不准确。

（2）如果要测量电路中的电阻，需将电阻一端从电路中断开，再正确测量电阻的阻值。

3.1.2　电容器

电容器（capacitor）从物理学上讲是一种静态电荷存储介质，电荷可能永久存在。电容器用途较广泛，主要用于电源滤波、信号滤波、信号耦合、调谐、隔直流等电路中，是电子电力领域中不可缺少的元件。电容是表征电容器容纳电荷本领的物理量，把电容器的两极板间的电势差增加 1 V 所需的电量叫作电容器的电容。电容器的符号是 C。在国际单位制里，电容的单位是法拉，简称法，符号是 F，常用的电容单位有 mF（毫法）、μF（微法）、nF（纳法）和 pF（皮法）等，换算关系是：

$$1 \text{ F} = 10^3 \text{ mF} = 10^6 \text{ } \mu\text{F}$$

$$1 \text{ } \mu\text{F} = 10^3 \text{ nF} = 10^6 \text{ pF}$$

电容器的国标图形符号如图 3 - 12 所示。

图 3 - 12　电容器图形符号

1. 电容器的分类

1）按照电容器的结构分类

按照结构可将电容器分为固定电容器、可调电容器和微调电容器三种。固定电容器是指电容器一经制成后，其电容值不再改变。固定电容器又可分为无极性电容器和有极性电容器。

可调电容器通常有"单联"和"双联"之分。它由若干片形状相同的金属片分别连接成一组定片和一组动片，定片和动片间一般以空气作为介质，也有用有机薄膜作介质的。动片可以通过转轴转动，以改变动片插入定片的面积，从而使电容在一定范围内连续变化。

微调电容器通常以空气、云母或陶瓷作为介质，电容在小范围内可调。

2）按照电容器的材质及特点分类

电容器按材质分类如表 3 - 6 所示。

表 3－6　电容器的分类

名称	符号	电容量	额定电压	主要特点	应用范围
聚酯(涤纶)电容器	CL	40 pF～4 μF	63～630 V	小体积,大容量,耐热、耐湿,稳定性差	对稳定性和损耗要求不高的低频电路
聚苯乙烯电容器	CB	10 pF～1 μF	100 V～30 kV	稳定,低损耗,体积较大	对稳定性和损耗要求较高的电路
聚丙烯电容器	CBB	1000 pF～10 μF	63～2000 V	性能与聚苯乙烯电容器相似,但体积更小,稳定性略差	代替大部分聚苯乙烯电容器或云母电容器,用于要求较高的电路
云母电容器	CY	10 pF～0.1 μF	100 V～7 kV	高稳定性,高可靠性,温度系数小	高频振荡、脉冲等要求较高的电路
高频瓷介电容器	CC	1～6800 pF	63～500 V	高频损耗小,稳定性好	高频电路
低频瓷介电容器	CT	10 pF～4.7 μF	50 V～100 V	体积小,价廉,损耗大,稳定性差	要求不高的低频电路
玻璃釉电容器	CI	10 pF～0.1 μF	63～400 V	稳定性较好,损耗小,耐高温(200 ℃)	脉冲、耦合、旁路等电路
铝电解电容器	CD	0.47～10000 μF	6.3～450 V	体积小,容量大,损耗大,漏电大	电源滤波,低频耦合,去耦,旁路等
钽电解电容器	CA	0.1～1000 μF	6.3～125 V	损耗、漏电小于铝电解电容器	在要求高的电路中代替铝电解电容器
空气介质可变电容器		可变电容:100～1500 pF		损耗小,效率高,可根据要求制成直线式、直线波长式、直线频率式及对数式等	电子仪器、广播电视设备等
薄膜介质可变电容器		可变电容:15～550 pF		体积小,重量轻,损耗比空气介质电容器大	通信、广播接收机等
薄膜介质微调电容器		可变电容:1～29 pF		损耗较大,体积小	收录机、电子仪器等电路的电路补偿
陶瓷介质微调电容器		可变电容:0.3～22 pF		损耗较小,体积较小	精密调谐的高频振荡回路
独石电容器		0.5 pF～1 MF		电容量大、体积小、可靠性高、电容量稳定,耐高温、耐湿性好等	广泛应用于电子精密仪器,各种小型电子设备的谐振、耦合、滤波、旁路

2. 国产电容器型号命名法

国产电容器的命名如表 3-7 所示。一般由四部分组成(不适用于压敏、可变、真空电容器)。第一部分:主称,用字母表示,电容器为 C。第二部分:材料,用字母表示。第三部分:分类,一般用数字表示,个别用字母表示。第四部分:序号,用数字表示。

表 3-7　国产电容器的命名

第一部分:主称		第二部分:材料		第三部分:分类		第四部分:序号
符号	意义	符号	意义	符号	意义	
C	电容器	C	瓷介	1、2	普通	表示:品种 尺寸代号 温度特性 直流工作电压 标称值 容许误差 标准代号
		I	玻璃釉	3	超高频	
		O	玻璃膜	4	高阻	
		Y	云母	5	高温	
		V	云母纸	6、7	精密	
		Z	纸介	8	高压	
		G	金属化纸	9	特殊	
		B	聚苯乙烯	G	高功率	
		F	聚四氟乙烯	T	可调	
		L	涤纶(聚酯)			
		S	聚碳酸酯			
		Q	漆膜			
		H	纸膜复合			
		D	铝电解			
		A	钽电解			
		G	金属电解			
		N	铌电解			
		T	钛电解			
		M	压敏			
		E	其他材料电解			

3. 电容器主要性能参数

电容器的主要性能参数包括:电容器的标称电容、允许误差、额定工作电压、温度系数、绝缘电阻、能量损耗、固有电感和频率特性等。

1)标称电容

标称电容是标注在电容器上的电容值。目前我国采用的固定式标称电容系列是 E24、E12 和 E6，如表 3-8 所示。

表 3-8 标称电容系列

标称系列	标称值	允许误差
E24	10,11,12,13,15,16,18,20,22,24,27,30,33,36,39,43,47,51,56,62,68,75,82,91	±5%（Ⅰ）
E12	10,12,15,18,22,27,33,39,47,56,68,82	±10%（Ⅱ）
E6	10,15,22,33,47,68	±20%（Ⅲ）

2)允许误差

允许误差是实际电容对于标称电容的最大允许偏差范围。固定电容器的允许误差分为八级，如表 3-9 所示。

表 3-9 电容器的允许误差

级别	01	02	Ⅰ	Ⅱ	Ⅲ	Ⅳ	Ⅴ	Ⅵ
允许误差	±1%	±2%	±5%	±10%	±20%	+20%−30%	+50%−20%	+100%−10%

3)额定电压

电容器的额定电压是指在规定温度下，电容器在电路中能够长期稳定、可靠工作，而不被击穿所承受的最大直流电压，又称耐压。它与电容器结构、介质材料和介质厚度有关。一般说来，对于结构、介质相同，容量相等的器件，耐压越高，体积越大。固定电容器的直流额定电压等级有 6.3 V、10 V、16 V、25 V、32 V、50 V、63 V、100 V、160 V、250 V、400 V 等。

4)温度系数

电容器的电容量会随着温度的变化而变化，这种变化的大小用温度系数来表示。电容器的温度系数是指在一定温度范围内，温度每变化 1 ℃电容的相对变化值。它主要取决于介质材料的温度特性及电容器的结构。温度系数越小越好。

5)绝缘电阻

电容器的绝缘电阻是反映漏电流大小的参数。绝缘电阻下降会使漏电流增加，引起温度升高，最后导致热击穿。所以相对而言，绝缘电阻越大漏电越小，性能越好。一般小容量的电容器绝缘电阻很大，在几百兆欧姆至几千兆欧姆。电解电容器的绝缘电阻一般较小。

6)损耗

损耗是指在电场的作用下，电容器在单位时间内发热而消耗的能量。损耗主要来自介质损耗和金属损耗，通常用损耗角正切值来表示。损耗角的正切值与温度、湿度和频率有关。在高频条件下应用时，必须要考虑到电容器损耗的影响。

7）频率特性

电容器的频率特性是指电容器的电参数随电场频率而变化的性质。在高频条件下工作的电容器，由于介电常数在高频时比低频时小，电容量相应减小，损耗也随频率的升高而增加。另外，在高频工作时，电容器的分布参数，如极片电阻、引线和极片间的电阻、极片的自身电感、引线电感等，都会影响电容器的性能，使得电容器的使用频率受到限制。

不同品种的电容器，最高使用频率不同。小型云母电容器在 250 MHz 以内，圆片型瓷介电容器为 300 MHz，圆管形瓷介电容器为 200 MHz，圆盘型瓷介电容器可达 3000 MHz，小型纸介电容器为 80 MHz，中型纸介电容器只有 8 MHz。

4. 电容器的标识方法

1）直标法

在电解电容器上，由上至下有一条白色的宽带，宽带上有明显的"－"标记，它所对应的管脚即为电解电容器的负极。电解电容器的电容大小会直接标识于电容器外壳上，如图 3-13(a)所示，直接可读出这个电解电容器的电容值为 560 μF，耐压值为 450 V。

当瓷片电容器上标识为一位数或者两位数整数时，也可直接读出电容的大小，单位为 pF。如图 3-13(b)所示，从左至右电容值依次为 1 pF、15 pF、30 pF。

当电容器上为小数标识时，单位为 μF。例如 0.1 表示容量为 0.1 μF。

还有的电容器上用数字和字母进行标识，标识的字母有 μ、p、n，单位为 F。如图 3-14(c)所示，4n7 表示电容为 4.7 nF。

 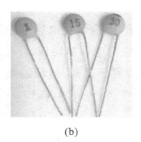 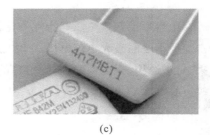

(a)　　　　　　　　　(b)　　　　　　　　　(c)

图 3-13　直标法标识电容器

2）数码标识法

一般用三位数字来表示电容的大小，单位为 pF。前面两位为有效数字，第三位为幂指数。如图 3-14(a)中，104 表示电容器的电容为 10×10^4 pF $= 10^5$ pF $= 0.1$ μF；图 3-14(b)中，102 表示电容器的电容为 10×10^2 pF $= 1000$ pF，J 表示允许误差为 $\pm 5\%$，如表 3-10 所示。如果第三位数字为 9，则乘以 10^{-1}，如 479 表示电容器的电容为 47×10^{-1} pF $= 4.7$ pF。

表 3-10　常用的表示允许误差的字母

文字符号	D	F	G	J	K	M
允许偏差	$\pm 0.5\%$	$\pm 1\%$	$\pm 2\%$	$\pm 5\%$	$\pm 10\%$	$\pm 20\%$

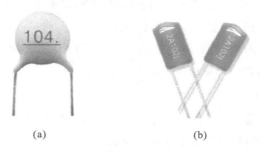

(a)   (b)

图 3 − 14   数码法标识电容器

3）色环标识法

电容器的这种标识法与电阻器的色环标识法类似,颜色涂于电容器的一端或从顶端向引线排列。色码一般只有三种颜色,前两环为有效数字,第三环为幂指数,单位为 pF。也有采用五色环的,第四环表示允许误差,第五环表示标称电压。电容色环的意义如表 3 − 11 所示。

表 3 − 11   电容色环的意义

色环颜色	有效数字	倍数	允许误差	标称电压/V
黑	0	10^0		
棕	1	10^1	$\pm 1\%$	100
红	2	10^2	$\pm 2\%$	200
橙	3	10^3		300
黄	4	10^4		400
绿	5	10^5	$\pm 0.5\%$	500
蓝	6	10^6		600
紫	7	10^7		700
灰	8	10^8		800
白	9	10^9		900
金		10^{-1}	$\pm 5\%$	1000
银		10^{-2}	$\pm 10\%$	2000
无色			$\pm 20\%$	5000

5. 电容器的测量方法

电容器测量时首先将万用表的挡位设置在电容量测量挡,将红、黑表笔分别搭在待测电容器的两引脚上。万用表显示屏上出现电容器的测量值,在正常情况下,读出的电容值应接近标称电容。若实测电容与标称电容相差较大,则说明所测电容器损坏。如图 3 − 15 所示的电容器上标识为 224，其电容为 22×10^4 pF＝220 nF，由图中可看出，万用表测量值为 220.6 nF，测量值与标称值一致。

在没有专用电容表的情况下，电容器的性能可以用万用表的电阻挡加以判断。不同的电容量可采取不同的检测方式。

1）电容小于 10 pF

这类电容器的电容量太小，用万用表检测只能大致判断是否存在漏电、内部短路或击穿现象，此时，可用万用表的 R×10 kΩ 量程检测阻值，在正常情况下应为无穷大。若阻值为零，则说明所测电容器漏电或内部被击穿。

图 3－15　万用表电容挡测量示意图

2）电容在 10 pF～0.1 μF 之间

这类电容器可在连接三极管放大元器件的基础上，将电容的充、放电过程进行放大，在正常情况下，若万用表的指针有明显的摆动，则说明性能正常。

3）电容在 0.1 μF 以上

这类电容器可直接用指针式万用表的欧姆挡（R×10 kΩ）测量电容器的两端，检测有无充、放电过程及有无短路或漏电现象。

3.1.3　电感器与变压器

电感器（inductor）是能够把电能转化为磁能存储起来的元件，一般由线圈组成。为了增加电感 L，提高品质因数 Q 和减小体积，通常在线圈中加入软磁性材料制成的磁芯。

电感的基本单位是亨利（简称亨），用字母"H"表示。常用的单位还有 mH（毫亨）和 μH（微亨），它们之间的关系是：

$$1 \text{ H} = 1000 \text{ mH}$$

$$1 \text{ mH} = 1000 \text{ μH}$$

电感器的图形符号如图 3－16 所示。

图 3－16　电感器图形符号

1. 电感器的分类

根据电感器的电感是否可调，可将其分为固定、可变和微调电感器。可变电感器的电感可通过磁芯在线圈内移动而在较大的范围内调节。它与固定电容器配合应用于谐振电路中，起调谐作用。微调电感器可以满足整机调试的需要和补偿电感器生产中产生的分散性，一次调好后一般不再变动。

根据电感器的磁导体性质，可将其分为空心电感器、磁芯电感器、铁芯电感器等。

根据电感器结构，可将其分为小型固定电感器、平面电感器以及中频变压器线圈。小型固定电感器有卧式、立式两种，其结构特点是将漆包线或丝包线直接绕在棒形、工字形、王字形等形状的磁芯上，外表裹覆环氧树脂或封装在塑料壳中。它具有体积小、质量轻、结构坚固、防潮性能好、安装方便等优点，一般常用在滤波、延迟等电路中。

平面电感器是在陶瓷或微晶玻璃基片上沉积金属导线而成的，有较好的稳定性、精度及可靠性，常被应用在几十兆赫到几百兆赫的电路中。

中频变压器线圈由磁芯、磁罩、塑料骨架和金属屏蔽壳组成，线圈绕制在塑料骨架或直接绕制在磁芯上，骨架插脚可以焊接在印制电路板上。中频变压器线圈是超外差式无线电设备中的主要元件，广泛应用在调幅及调频接收机、电视接收机、通信接收机等电子设备的调谐回路中。

2. 电感器的型号命名

电感器的型号多由以下四部分组成。

第一部分：主称，用字母表示，其中 L 代表线圈，ZL 代表阻流圈。

第二部分：特征，用字母表示，其中 G 代表高频。

第三部分：型号，用字母表示，其中 X 代表小型。

第四部分：区别代号，用字母表示。

3. 电感器的主要参数

电感器的主要参数有电感、允许误差、品质因数、分布电容及额定电流等。

1）电感

电感也称自感系数，是表征电感器产生自感应能力的一个物理量。在没有非线性导磁物质存在的条件下，一个载流线圈的磁通量与线圈中的电流成正比，其比例常数就称为电感，用 L 表示。

$$L = \frac{\Phi}{I}$$

其中：Φ 为磁通量；I 为电流强度。

电感器电感的大小，主要取决于线圈的圈数（匝数）、绕制方式、有无磁芯及磁芯的材料等。通常线圈圈数越多、绕制的线圈越密集，电感就越大。有磁芯的线圈比无磁芯的线圈电感大；磁芯导磁率越大的线圈，电感也越大。

2）允许误差

电感器的允许误差是指电感器的实际电感值和标称电感值的最大允许偏差范围。允许误差越小，精度越高、成本越高。因此，应根据电路中对电感的要求，选择合适的电感器。一般用于振荡或滤波等电路中的电感器要求精度较高，允许误差为 $\pm 0.2\% \sim \pm 0.5\%$；而用于耦合、高频阻流等线圈的精度要求不高，允许误差为 $\pm 10\% \sim \pm 15\%$。

3）品质因数

品质因数也称 Q 值或优值，是衡量电感器质量的主要参数。它是指电感器在某一频率的交流电压下工作时，所呈现的感抗 X_L 与其直流等效电阻 R 之比。

$$Q = \frac{X_L}{R} = \frac{\omega L}{R} = \frac{2\pi f L}{R}$$

其中:L 表示电感;R 表示电感器的直流等效电阻;f 表示电流频率;ω 表示角频率。

电感器品质因数的高低与线圈导线的直流等效电阻、线圈骨架的介质损耗及铁芯、屏蔽罩等引起的损耗等有关。电感器的 Q 值越高,其损耗越小、效率越高。在实际应用中,要求谐振电路电感器的 Q 值要高,这样电感损耗小,能提高工作性能;用于耦合的电感器,其 Q 值可低一些;若电感器用于阻流,则基本不作要求。

4)分布电容

分布电容是指线圈的匝与匝之间、线圈与磁芯之间存在的电容,这些分布电容是电感器固有的,统称为电感器的固有电容。电感器的分布电容越小,其稳定性越好。为了减小电感器的分布电容,通常可以采取减小线圈骨架和导线直径,或者改变线圈绕法等措施。

5)额定电流

额定电流是指电感器在正常工作时允许通过的最大电流。若工作电流超过额定电流,则电感器就会因发热而导致性能参数发生改变,甚至还会因过流而烧毁。

4.电感器的标识方法

1)直标法

直标法是将电感器的标称电感值直接标在电感器外壁上,电感量单位后面用一个英文字母表示其允许误差。各字母所表示的允许误差如表 3-12 所示。

表 3-12　电感器直标法各字母所表示的允许误差

英文字母	Y	X	E	L	P
允许误差	±0.001%	±0.002%	±0.005%	±0.01%	±0.02%
英文字母	W	B	C	D	F
允许误差	±0.05%	±0.1%	±0.25%	±0.5%	±1%
英文字母	G	J	K	M	N
允许误差	±2%	±5%	±10%	±20%	±30%

例如:560 μHK 表示标称电感值为 560 μH,允许误差为 ±10%。

2)字母符号法

字母符号法是由数字和字母符号按照一定的规律把电感的标称值和偏差值标在电感器上面的标识方法。

(1)字母标识:电感器上标注的字母有 R、n 等。如图 3-17 所示,

图 3-17　电感器

1R5 表示其电感量为 1.5 μH。

(2)整数标识:如 33 表示其容量为 33 μH,220 表示其容量为 220 μH。

3）数码标识法

数码标识法是用三位数字来表示电感量的方法,前面两位是有效数字,最后一位表示有效数字后面加"0"的个数,基本标注单位是 μH（微亨）。这种表示法多见于小功率贴片式电感器。如图 3-18 所示,100 表示电感量为 $10\times10^0\ \mu H=10\ \mu H$,151 表示电感量为 $15\times10^1\ \mu H=150\ \mu H$。

图 3-18　数码法标识电感器

4）色环标识法

色环标识:在电感器的表面涂上不同的色环来代表电感量,通常用四色环表示,紧靠电感器一端的色环为第一环,电感器本色较多的另一端的色环为末环。前两环表示有效数字,第三环是倍率,第四环则表示误差等级,基本单位是"μH"。也可采用三道色环表示,方法跟四环标识方法一样,只是没有误差的标识。色环颜色的意义见表3-13。色环标识法多见于直插式色环电感。如图 3-19 所示,电感色环为棕黑黑银,其电感值为 $10\times10^0\ \mu H=10\ \mu H$,允许误差为 $\pm10\%$。

图 3-19　色环电感

表 3-13　电感色环颜色的意义

色环	棕	红	橙	黄	绿	蓝	紫	灰	白	黑	金	银
十位	1	2	3	4	5	6	7	8	9	0		
个位	1	2	3	4	5	6	7	8	9	0		
倍数	10^1	10^2	10^3	10^4	10^5	10^6	10^7	10^8	10^9	10^0	10^{-1}	10^{-2}
误差	$\pm1\%$	$\pm2\%$			$\pm0.5\%$	$\pm0.25\%$	$\pm0.1\%$			$\pm20\%$	$\pm5\%$	$\pm10\%$

5. 电感器的测量方法

（1）使用测量电感的电子仪器——数字电桥,如 TH2830 LCR Meter,只需要按照说明书设置好仪器参数,将电感器两端连接到连线夹子上,即可直接读出电感值,还可测量品质因数 Q、直流电阻等参数。

（2）电感器是储能元件,可以将电感器与电容器组成振荡回路,调节信号源频率,使其产生谐振,记录谐振频率,根据公式及电容值的大小,计算出被测电感器的电感。

当不需要知道电感器的具体值,只判断电感线圈的好坏时,可以使用万用表的电阻挡。一般电感线圈的电阻很小,如果测量显示电阻值为无穷大,则说明线圈内部已断线。

3.1.4　二极管

二极管是最简单的半导体器件。在纯净的半导体中掺入镓等三价元素后变成了 P 型半导体,在纯净的半导体中掺入砷等五价元素后变成了 N 型半导体。在 P 型半导体和 N 型半导体相结合的地方,就会形成一个特殊的薄层,这个薄层叫作 PN 结,二极管就是由一个 PN 结组成的,它是构成分立元件电子电路的核心器件。二极管最基本的特性就是单向导电性。二极管的图形符号如图 3-20 所示。

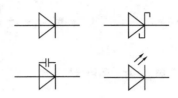

图 3-20　二极管的图形符号

1. 二极管的分类

1)按材料分

二极管根据材料的不同,可以分为锗二极管(简称锗管)、硅二极管(简称硅管)、砷化镓二极管等。通常小功率锗二极管的正向电阻为 300～500 Ω,硅管为 1 kΩ 或更大。锗管反向电阻为几十千欧,硅管反向电阻在 500 kΩ 以上(大功率二极管的数值要大得多)。正反向电阻差值越大越好。

2)按结构分

按照二极管的结构,可将其分为点接触二极管和面接触二极管。点接触二极管的工作频率高,不能承受较高的电压和较大的电流,多用于检波、小电流整流或高频开关电路。面接触二极管的工作电流和能承受的功率都较大,但适用的频率较低,多用于整流、稳压、低频开关电路等方面。

3)按用途分

按照二极管的用途,常用的有稳压二极管、整流二极管、检波二极管和开关二极管等。

(1)稳压二极管。稳压二极管是一种齐纳二极管,它是利用二极管反向击穿时其两端电压固定在某一数值,而基本上不随电流大小变化的特性工作的。稳压二极管的伏安特性曲线的正向特性和普通二极管差不多;反向特性是在反向电压低于反向击穿电压时,反向电阻很大、反向漏电流极小,但是当反向电压临近临界值时,反向电流骤然增大(称为击穿)、反向电阻骤然降至很小值。尽管电流在很大的范围内变化,但二极管两端的电压却基本上稳定在击穿电压附近,从而实现了二极管的稳压功能。

(2)整流二极管。整流二极管(rectifier diode)是一种用于将交流电转变为直流电的半导体器件。整流二极管具有明显的单向导电性。整流二极管可用半导体锗或硅等材料制造。硅整流二极管的击穿电压高,反向漏电流小,高温性能良好。通常高压大功率整流二极管都用高纯单晶硅制造(掺杂较多时容易反向击穿)。这种器件的结面积较大,能通过较大电流(可达上千安),但工作频率不高,一般在几十千赫兹以下。整流二极管主要用于各种低频半波整流电路,如需全波整流可连成整流桥使用。选用整流二极管时,既要考虑正向电压,也要考虑反向饱和电流和最大反向电压。

(3)检波二极管。检波二极管利用其单向导电性将高频或中频无线电信号中的低频信号或音频信号取出来,广泛应用于收音机、电视机及通信设备等的小信号电路中,其工作频率较高,处理信号幅度较弱。选用检波二极管时,要求工作频率高,正向电阻小,以保证较高的工作效率;特性曲线要好,避免引起过大的失真。

(4)开关二极管。开关二极管导通时相当于开关闭合(电路接通),截止时相当于开关打开(电路切断),可以当作开关使用。它由导通变为截止或由截止变为导通所需的时间比一般二极管短,具有良好的高频开关特性,广泛应用于电子设备的开关电路、检波电路、高频和脉冲整流电路及自动控制电路中。

2. 二极管的命名规则

二极管的命名规则如表 3-14 所示。

表 3-14　二极管的命名规则

第一部分: 电极数目		第二部分: 材料和极性		第三部分: 分类		第四部分: 序号	第五部分: 规格
数字	意义	符号	意义	符号	意义		
2	晶体 二极管	A	N 型锗材料	P	普通管	用数字表示,反映二极管参数的差别	用字母表示,反映二极管承受反向击穿电压的高低,用 A、B、C、D、E 表示耐压档次,A 最低
		B	P 型锗材料	V	微波管		
		C	N 型硅材料	W	稳压管		
		D	P 型硅材料	C	参量管		
				Z	整流管		
				L	整流堆		
				S	隧道管		
				N	阻尼管		
				U	光电器件		
				K	开关管		

如图 3-21 所示,2AP1C 为 N 型锗材料普通晶体二极管。

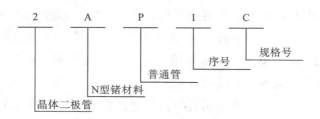

图 3 - 21 二极管型号示意图

3.二极管的性能参数

二极管的主要性能参数有最大整流电流、反向击穿电压以及反向电流。

(1)最大整流电流。最大整流电流是指二极管长期正常运行时,允许通过的最大正向平均电流,其值与 PN 结面积及外部散热条件等有关。在规定散热条件下,二极管正向平均电流若超过此值,则将因结温升过高而烧坏。点接触型二极管的最大整流电流在几十毫安以下。面接触型二极管的最大整流电流较大。

(2)反向击穿电压。反向击穿电压是指当二极管反向连接时,随着反向电压增大到某一数值,二极管的反向电流急剧增大,管子呈现击穿状态时的电压。二极管的反向工作电压为反向击穿电压的 1/2,规定最高反向工作电压为反向击穿电压的 2/3。所以在电路中,反向电压一定不能超过最高反向工作电压,否则管子就会因为过压而损坏。

(3)反向电流。反向电流是指在给定的反向偏压下,通过二极管的电流。理想情况下,二极管具有单向导电性,但实际上反向电压下总有一点微弱的电流,通常硅管为 $1 \mu A$ 或者更小,锗管为几百 μA。反向电流的大小,反映了晶体二极管的单向导电性的好坏,反向电流的数值越小越好。

4.二极管的极性判别

有的二极管的外壳上标有二极管的符号,观察外壳上的符号标记,即可判断二极管的正负。在点接触二极管的外壳上,通常有极性色点(白色或者红色),有色点的一端为正极。还有的二极管上有一圈银色的色环,带色环的一端为负极。如果是透明玻璃壳二极管,可直接看出极性,即内部连触丝的一头是正极,连半导体片的一头是负极。发光二极管的正负极可由引脚长短来识别,长脚为正,短脚为负。

无标记的二极管,则可用万用表二极管挡来判别正、负极。选择万用表的二极管挡,将红黑表笔分别与二极管的两极相接。若黑表笔接二极管的正极,红表笔接二极管的负极,则二极管处于反向截止,此时万用表显示"1";若红表笔接二极管正极,黑表笔接二极管的负极,二极管处于正向导通,万用表显示约几百 mV 电压,为二极管的管压降。根据两次的测量,可判别二极管的极性。假如两次测量万用表都显示电压值,则说明二极管击穿损坏;如果两次测量万用表都显示"1",则说明二极管烧断了。

3.1.5　三极管

　　三极管是最常用的半导体器件之一,是组成分立元件电子电路的核心器件。三极管具有电流放大作用,在数字电路中还可以作为开关器件来应用。三极管由两个 PN 结组成,根据 PN 结的不同组合,分为 NPN 型和 PNP 型,元件图形符号如图3-22所示。三极管有三个引脚,分别为基极 b、集电极 c 和发射极 e。

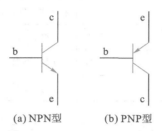

(a) NPN型　　　　(b) PNP型

图 3-22　三极管图形符号

1. 三极管的分类

　　三极管有很多类型,按构成材料可分为硅管和锗管。从二极管 PN 结的测量可知,锗管的导通电压为 0.2～0.3 V,硅管的导通电压为 0.6～0.7 V,所以锗管在基极和发射极之间需要比硅管更小的电压就可开始工作。三极管按结构可分为点接触型和面接触型,按照工作频率可分为高频三极管和低频三极管,按照工作功率可分为小功率三极管、中功率三极管和大功率三极管。

2. 三极管的命名规则

三极管的命名规则如表 3-15 所示。

表 3-15　三极管的命名规则

第一部分:电极数目		第二部分:材料和极性		第三部分:类别		第四部分:序号		第五部分:规格	
符号	意义	符号	意义	符号	意义	符号	意义	符号	意义
3	晶体三极管	A	PNP 型锗材料	X	低频小功率管	用数字表示同类产品中的不同品种,以区分产品的外形尺寸和性能指标等,可以省略		用字母表示晶体三极管的规格型号,可省略	
		B	NPN 型锗材料	G	高频小功率管				
		C	PNP 型硅材料	D	低频大功率管				
		D	NPN 型硅材料	A	高频大功率管				
				T	晶闸管				
				Y	体效应器件				
				B	雪崩管				

续表

第一部分：电极数目		第二部分：材料和极性		第三部分：类别		第四部分：序号		第五部分：规格	
符号	意义	符号	意义	符号	意义	符号	意义	符号	意义
3	晶体三极管			J	阶跃恢复管	用数字表示		用字母表示	
				CS	场效应器件				
				BT	半导体特殊器件				
				FH	符合管				
				PIN	PIN 型管				
				JG	激光器件				

如图 3-23 所示，整流晶体三极管 3DG6D 为 NPN 型硅材料高频小功率管。

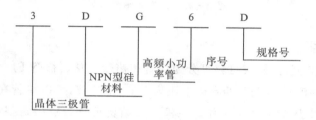

图 3-23 整流晶体三极管命名示意图

3. 三极管的性能参数

三极管主要参数有电流放大系数、反向饱和电流、最大反向电压、集电极最大允许电流和耗散功率等。

(1)电流放大系数(也称电流放大倍数)。电流放大系数分直流放大系数和交流放大系数。直流放大系数也叫静态电流放大系数，是在无交流信号输入时，晶体管集电极直流电流与基极直流电流的比值，一般用 h_{FE} 表示。

交流放大系数也叫动态电流放大系数，指在交流状态下，共发射极电路中，集电极电流和基极电流的变化量之比，用 β 或 h_{fe} 表示；三极管的放大倍数 β 一般在 $10\sim200$ 之间。如果 β 太小，电流放大作用差，如果 β 太大，电流放大作用虽然大，但性能往往不稳定。

(2)反向饱和电流。反向饱和电流包括集电极-基极之间的反向电流 I_{CBO} 和集电极-发射极之间的反向击穿电流 I_{CEO}。I_{CBO} 也叫集电极反向漏电流，是当晶体管的发射极开路时，集电极与基极之间的反向电流，I_{CBO} 对温度较敏感，该值越小则晶体管的温度特性越好。I_{CEO} 是当晶体管的基极开路时，其集电极与发射极之间的反向漏电流，也叫穿透电流，此值越小则晶体管的性能越好。

(3)最大反向电压。最大反向电压指晶体管在工作时允许施加的最高反向电压，它包括集电极-发射极反向击穿电压、集电极-基极反向击穿电压和发射极-基极反向击穿电压。集电极-发射极反向击穿电压指晶体管基极开路时,集电极与发射极之间的最大允许反向电压,是集电极与发射极反向击穿电压,表示临界饱和时的饱和电压,用 V_{CEO} 或者 BV_{CEO} 表示。集电极-基极反向击穿电压,是发射极开路时,集电极与基极之间的最大允许反向电压,用 V_{CBO} 或 BV_{CBO} 表示。发射极-基极反向击穿电压,指晶体管的集电极开路时,发射极与基极之间的最大允许反向电压,用 V_{EBO} 或 BV_{EBO} 表示。

（4）集电极最大允许电流（I_{cm}）。I_{cm} 是晶体管集电极所允许通过的最大电流,当晶体管的集电极电流 I_c 超过 I_{cm} 时,晶体管的 β 值等参数将发生明显变化,影响其正常工作,甚至损坏。

（5）集电极耗散功率（P_{cm}）。P_{cm} 是晶体管参数变化不超过规定允许值时的最大集电极耗散功率。它与晶体管的最高允许结温和集电极最大电流有密切关系,晶体管使用时,其实际耗散功率不允许超过 P_{cm} 值,否则会造成晶体管过载而损坏。P_{cm} 小于 1 W 的为小功率晶体管,1 W$<P_{cm}<$5 W 的为中功率晶体管,大于 5 W 的为大功率晶体管。

（6）频率特性。晶体管的放大系数和工作频率有关,如果超过了工作频率,则会出现放大能力减弱甚至失去放大作用。晶体管的频率特性主要包括特征频率 f_T 和共发射极的截止频率 f_β 等。

三极管的 β 值是频率的函数,中频段的 β 值几乎与频率无关,但是随着频率的增高,β 值下降。当 β 值下降到中频段 β 值的 0.707 倍时,所对应的频率称为共射极截止频率,用 f_β 表示。

特征频率是指三极管的 β 值下降为 $\beta=1$ 时所对应的频率,用 f_T 表示。如果工作频率大于 f_T,三极管便失去了放大能力。f_T 小于或等于 3 MHz 是低频管,大于或等于 30 MHz 是高频管,大于 3 MHz 小于 30 MHz 的是中频管。

通常根据使用场合和主要参数来选择晶体三极管,常用三极管的主要性能参数如表 3-16 所示。

表 3-16　常用三极管的性能参数

型号	极限参数				直流参数				交流参数
	P_{cm}/W	I_{cm}/A	V_{EBO}/V	V_{CEO}/V	$I_{CEO}/\mu A$	V_{BE}/V	h_{FE}	V_{CE}/V	f_T/MHz
3DG130B	0.7	0.3	$\geqslant 4$	$\geqslant 45$	$\leqslant 1$	$\leqslant 1$	$\geqslant 30$	$\leqslant 0.6$	
3DG130C	0.7	0.3	$\geqslant 4$	$\geqslant 30$	$\leqslant 1$	$\leqslant 1$	$\geqslant 30$	$\leqslant 0.6$	
3DG130G	0.7	0.3	$\geqslant 4$	$\geqslant 45$	$\leqslant 1$	$\leqslant 1$	$\geqslant 30$	$\leqslant 0.6$	
9011	400	30	5	30	$\leqslant 0.2$	$\leqslant 1$	$28\sim198$	<0.3	>150
9012	625	500	-5	-20	$\leqslant 1$	$\leqslant 1.2$	$64\sim202$	<0.6	>150
9013	625	500	5	20	$\leqslant 1$	$\leqslant 1.2$	$64\sim202$	<0.6	

型号	极限参数				直流参数				交流参数
	P_{cm}/W	I_{cm}/A	V_{EBO}/V	V_{CEO}/V	$I_{CEO}/\mu A$	V_{BE}/V	h_{FE}	V_{CE}/V	f_T/MHz
9014	450	100	5	45	≤1	≤1	60～1000	<0.3	>150
9015	450	100	-5	-45	≤1	≤1	60～600	<0.7	>100
9016	400	25	4	20	≤1	≤1	28～198	<0.3	>400
9018	400	50	5	15	≤0.1	≤1	28～198	<0.5	>1100

4. 三极管的极性判别

1）根据三极管本身的标记判别

对于塑料封装的三极管，如图 3-24 所示的 9011～9018 三极管，可面对其平面的一侧将三个管脚朝下，从左到右依次为 e 极、b 极、c 极。

金属封装的三极管如图 3-25 所示，管壳上带有定位销，从定位销按顺时针方向依次为 e 极、b 极、c 极。如果管壳上没有定位销，且三个管脚在半圆内，可将有三个管脚的半圆置于上方，则按顺时针方向三个管脚依次为 e 极、b 极、c 极。

图 3-24 9011～9018 三极管极性示意图

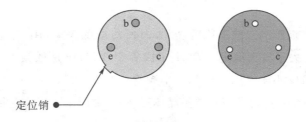

图 3-25 金属封装三极管极性示意图

对于大功率三极管（如 3AD、3DD、3DA 等）如图 3-26 所示，从外形上只能看到两个管脚，可将底座朝上，并将两个管脚置于左侧，从上至下依次为 e 极、b 极，底座为 c 极。

图 3-26 大功率三极管极性示意图

2）用万用表来判别

三极管本身无标记时，可以用万用表来判断三极管的管脚极性。

(1)基极的判别。根据 PN 结正反向电阻值不同及三极管类似于两个背靠背 PN 结的特点,利用万用表的电阻挡可首先判别出基极,判别示意图如图 3-27 所示。当黑表笔接某一假定为基极的管脚,而红表笔先后接到其余两个管脚。若两次测得的电阻值都很大,约几百千欧以上(或都很小,约为几百欧~几千欧),而交换红黑表笔后测得的两个电阻值都很小(或都很大),则可确定假设是正确的。如果是一大一小,则假设是错误的,需重新假设再测。

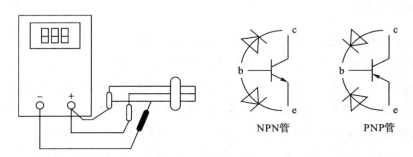

图 3-27　判断三极管类型和基极示意图

对于 NPN 型管来说,当黑表笔接基极,红表笔分别接其他两极,测得的阻值均较小。而 PNP 型管则是相反的结论。

(2)集电极和发射极的判别。判别方法及等效电路如图 3-26 所示。对于 NPN 型管,集电极接正电压,发射极接负电压,这时的电流放大系数 β 比较大,如果电压加反了,β 就比较小。对于 PNP 型管,集电极接负电压,发射极接正电压,这时的电流放大系数 β 比较大,反之 β 就比较小。

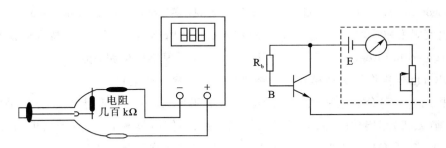

图 3-28　判断晶体管 c、e 极的方法及等效电路

对于 NPN 型管,判别出基极后,把黑表笔接到假定的集电极,红表笔接到假定的发射极,并用手捏住基极、集电极两端(但不能使 b、c 两端直接接触)。通过人体,相当于在 b、c 之间接入偏置电阻。读出 c、e 之间的电阻值,然后将红黑表笔交换重测,与前一次比较。若第一次阻值小,即电流大、β 值大,则假设是正确的;反之,则与假设相反。

对于 NPN 型管,β 值大时,黑表笔接的是集电极,红表笔接的是发射极;对于 PNP 型管,β 值大时,红表笔接的是集电极,黑表笔接的是发射极。

5.三极管 β 值的测量

判别出三极管三个管脚的极性后,将万用表的开关旋转至"hFE",三极管的类型选择 NPN 型或者 PNP 型,对应 e、b、c 三个引脚将三极管插入插孔,即可显示出三极管的 β 值,如图 3－29 所示。

图 3－29　β 值测量示意图

3.1.6　集成电路

集成电路(integrated circuit)是采用一定的工艺,把一个电路中所需的晶体管、电阻器、电容器和电感器等元件及布线互连一起,制作在一小块或几小块半导体晶片或介质基片上,然后封装在一个管壳内,成为具有所需电路功能的微型结构。

集成电路是相对于前面介绍的电阻器、电容器、电感器、晶体管等分立元件而言的,一个很小的集成电路芯片就可以容纳成百上千个元件组成的完整电路,而且可靠性高、性能好、成本低,便于大规模生产。用集成电路来装配电子设备,其装配密度比晶体管可提高几十倍至几千倍,设备的稳定工作时间也可大大提高,从而得到了越来越广泛的应用。

1.集成电路的分类

(1)按其功能、结构的不同,可以将集成电路分为模拟集成电路、数字集成电路和数/模混合集成电路三大类。

(2)按制作工艺可分为半导体集成电路和膜集成电路。膜集成电路又可分为厚膜集成电路和薄膜集成电路。

(3)按集成度高低可分为小规模集成电路(small scale integrated circuits ,SSIC)、中规模集成电路(medium scale integrated circuits,MSIC)、大规模集成电路(large scale integrated circuits,LSIC)、超大规模集成电路(very large scale integrated circuits,VLSIC)、特大规模集成电路(ultra large scale integrated circuits,ULSIC)、巨大规模集成电路(giga scale integrated circuits,GSIC,也被称作极大规模集成电路或超特大规模集成电路)。

(4)按用途分可分为电视机用集成电路、音响用集成电路、平板用集成电路、手机用集成电路、电脑(微机)用集成电路、电子琴用集成电路、通信用集成电路、数码相机用集成电路、遥控集成电路、语音集成电路、报警器用集成电路及各种专用集成电路等。

(5)按应用领域可分为标准通用集成电路和专用集成电路。

(6)按外形分可分为圆形、扁平型和双列直插型。圆形为金属外壳晶体管封装型,一般适合用于大功率工况;扁平型稳定性好,体积小;双列直插型是最常见的封装类型。

2.集成电路的型号命名方法

集成电路型号主要由前缀、序号和后缀三部分组成,前缀是厂家代号或同种类器件的厂标代号,序号包括国际通用系列型号和代号。

(1)我国生产的集成电路型号由五部分组成,具体型号的命名规则见表 3－17。

表 3－17　国产集成电路的型号命名规则

第一部分：用字母表示器件符合国家标准		第二部分：用字母表示器件的类型		第三部分：用数字表示器件的系列和品种代号	第四部分：用字母表示器件的工作温度范围		第五部分：用字母表示规格	
符号	意义	符号	意义	意义	符号	意义	符号	意义
C	符合中国国家标准	T	TTL	TTL 分为： 54/74××× 54/74L××× 54/74LS××× 54/74AS××× 54/74ALS××× COMS 分为： 400 系列 54/74HC××× 54/74HCT×××	C	0～70℃	F	陶瓷扁平
		H	HTL		E	−40～85℃	D	陶瓷直插
		E	ECL		G	−25～70℃	S	塑料单列直插
		C	CMOS		L	−24～85℃	P	塑料双列直插
		F	线性放大器		R	−55～85℃	B	塑料扁平
		D	音响、电视电路		M	−55～125℃	K	金属菱形
		W	稳压器				T	金属圆形
		J	接口电路				H	黑陶瓷扁平
		B	非线性电路				J	黑陶瓷直插
		M	存储器					
		μ	微型机电路					

通用型运算放大器型号命名示例如图 3－30 所示。

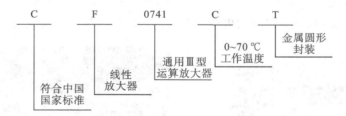

图 3－30　集成芯片的命名示意图

除上述国标规定的方法外，我国还有很多其他命名方法命名的集成电路，部分国内非国标集成电路生产厂家的字头符号如表 3－18 所示。

表 3－18　国内非国标集成电路部分生产厂家的字头含义

字头字符	生产厂家	字头字符	生产厂家
B、BO、BW、5G	北京市半导体器件五厂	LD	西安延河无线电厂
BGD	北京半导体器件研究所	NT	南通晶体管厂
W	北京半导体器件五厂	TB	天津半导体器件五厂

（2）国外不同的集成电路制造厂家对自家的产品有各自的命名方式，他们大都将自己公司名称的缩写字母或者公司的产品代号放在最前面，作为公司的标志，一看这个型号就知道

是哪个公司的产品。比如日本日立公司生产的集成电路就是以 H 开头的,后面再加上数字和字母的组合,表示适用范围、工艺、材质、封装等。

3.1.7　元器件的封装与安装工艺

现在的电子产品中,硬件电路都是通过印制电路板来实现的,设计印制电路板时,要根据所选器件实际尺寸来设计,所以只有了解元器件的封装,才能进行设计和产品组装。元器件根据封装通常分为直插式元器件和贴片元器件。

1. 直插式元器件的封装

(1)直插式电阻常用的引脚封装形式为 AXIAL 系列,包括 AXIAL－0.3、AXIAL－0.4、AXIAL－0.5 等封装形式,其后缀数字代表两个焊盘中心的间距,单位为英寸。如图 3－31 所示,"AXIAL－0.3"封装的具体意义是固定电阻封装的焊盘间距为 0.3 in(1 in＝300 mil),即为 7.62 mm。一般来讲,后缀数字越大,元器件的外形尺寸就越大,说明该电阻的额定功率就越大。设计时可根据实际的电阻尺寸,选择合适的封装。

(2)电容器分为无极性电容器和电解电容器两种。无极性电容器封装形式为 RAD,包括 RAD－0.1、RAD－0.2、RAD－0.3、RAD－0.4,其后缀数字为焊盘中心的间距,如图 3－32 所示 RAD－0.3 的封装,焊盘间的尺寸为 0.3 in。电解电容器对应的封装形式为 RB 系列,从"RB.2/.4"到"RB.5/1.0",前一个数字表示焊盘间距,后一个数字代表电容器外形的直径,单位都为英寸。如图 3－32 所示 RB.3/.6 的封装,焊盘间的距离为 0.3 in,外圈直径为 0.6 in。一般来讲,标准尺寸的电解电容器的外形尺寸是焊盘间距的两倍。

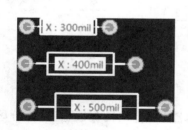

图 3－31　常用直插式电阻器封装

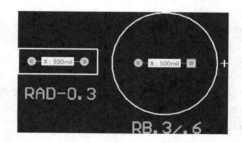

图 3－32　常用直插式电容器封装

(3)二极管和三极管。常见二极管封装有 DIODE－0.4、DIODE－0.7,后缀的数字表示焊盘间的距离,单位为英寸。如图 3－33 所示,"DIODE－0.4"指的是普通二极管的焊盘间距为 0.4 in,即 10.16 mm。三极管的常用封装主要有 TO－92、TO－18,如图 3－33 所示。

图 3－33　常用二极管、三极管的封装

（4）双列直插式集成电路芯片。集成电路芯片的封装在芯片的数据手册中都有详细说明,如图 3-34 所示。这是一个双列直插式 40 引脚的 51 单片机芯片,图中对芯片的引脚间隔、引脚宽度、芯片长度、宽度等都做了详细的说明。在安装时,常常在电路板上焊接 IC 座,然后将集成电路芯片插在 IC 座上,这样可以方便集成电路芯片的拆卸。

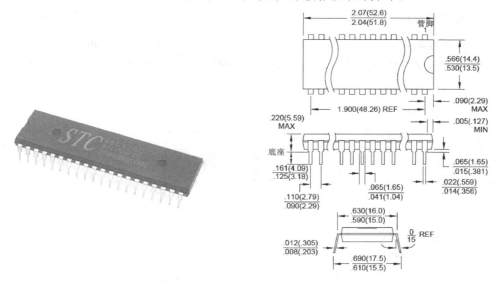

图 3-34 双列直插式集成电路芯片封装说明

2. 直插式元器件的安装

直插式元器件安装方式有机械自动安装和手工安装两种,手工安装方式用到的主要设备就是电烙铁。

直插式元器件一般采用先低后高、先小后大、先轻后重的安装顺序,安装时注意相同规格的元器件安装高度要统一。直插式元器件的引脚应与印制电路板的焊盘孔壁有 0.2～0.4 mm 的合理间隙,当然这个应该在印制电路板设计时考虑。要注意,当直插式电子元器件的外壳为金属材质时,其外壳不得与引脚相碰,要保证留有 1 mm 的安全间隙,如无法避免时,则应套上绝缘管套。各种元器件手工安装示意图如图 3-35 所示,安装方式根据情况分为以下几种。

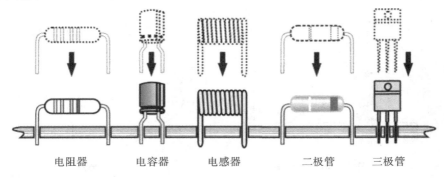

电阻器　　　　电容器　　　　电感器　　　　二极管　　　　三极管

图 3-35 手工安装

1）贴板安装

如图 3 - 36 所示,元器件紧贴印制电路板面,安装间隙小于 1 mm。这种安装方式适用于防振要求高的产品。当元器件为金属外壳、安装面又有印制导线时,应加绝缘衬垫或绝缘套管。

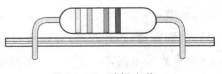

图 3 - 36　贴板安装

这里需要注意的是,在弯曲元器件引脚时,应在距根部大于 1.5 mm 的位置弯曲,弯曲半径 R 要大于引脚直径的两倍,弯曲后的两个引脚要与电子元器件自身垂直,如图 3 - 37 所示。

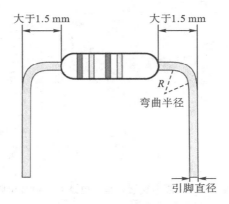

图 3 - 37　弯曲元件引脚示意图

2）悬空安装

如图 3 - 38 所示,元器件距离印制电路板面有一定高度,一般为 3～8 mm。这种安装方式适用于发热元器件的安装。

3）垂直安装

如图 3 - 39 所示,将直插式电子元器件的壳体竖直起来进行安装。高密度安装区域适合采用垂直安装,但重量大且引脚细的直插式电子元器件不宜采用垂直安装。

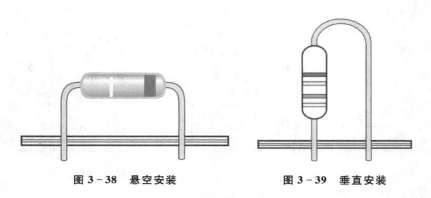

图 3 - 38　悬空安装　　　　　图 3 - 39　垂直安装

4）嵌入式安装

嵌入式安装如图 3-40 所示，将直插式电子元器件的部分壳体埋入印制电路板的嵌入孔内，俗称埋头安装。嵌入式安装适用于安装需要进行防振保护的直插式电子元器件，可降低安装高度。

5）支架固定式安装

支架固定式安装是用支架将直插式电子元器件固定在印制电路板上，适用于安装小型继电器、变压器、扼流圈等较重的直插式电子元器件，用来增加在印制电路板上的牢固度，如图 3-41 所示。

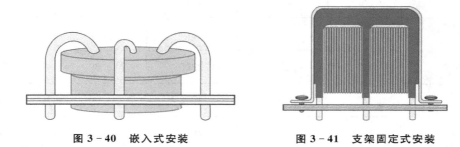

图 3-40　嵌入式安装　　　　　图 3-41　支架固定式安装

6）弯折安装

弯折安装是先将直插式电子元器件的引脚垂直插入印制电路板的插孔中，再将直插式电子元器件的壳体朝水平方向弯折，如图 3-42 所示。需要注意的是，各引脚的弯折程度要保持一致，弯折角度不宜过大，以防引脚折断。为了防止部分较重的直插式电子元器件歪斜、引脚因受力过大而折断，弯折后应采取绑扎、粘贴等措施，增强直插式电子元器件的稳固性。

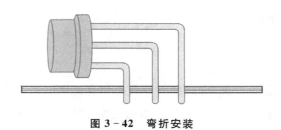

图 3-42　弯折安装

3. 贴片元器件的封装

1）贴片电阻器

贴片电阻器常见封装有 9 种，由两种代码来表示。一种是由 4 位数字表示的 EIA（Electronic Industries Association，美国电子工业协会）代码（或者称为英制代码），前两位与后两位分别表示电阻的长与宽，以英寸为单位，常说的 0603 封装就是指英制代码。另一种是公制代码，也由 4 位数字表示，其单位为毫米。表 3-19 列出贴片电阻器封装英制和公制对应关系及详细尺寸,公制和英制转换关系为1 in＝25.4 mm。

表 3 - 19　贴片电阻器封装

英制/in	长(L)/in	宽(W)/in	公制/mm	长(L)/mm	宽(W)/mm
0201	0.02	0.01	0603	0.6	0.3
0402	0.04	0.02	1005	1.00	0.50
0603	0.06	0.03	1608	1.60	0.80
0805	0.08	0.05	2012	2.00	1.25
1206	0.12	0.06	3216	3.20	1.60
1210	0.12	0.10	3225	3.20	2.50
1812	0.18	0.12	4832	4.50	3.20
2010	0.20	0.10	5025	5.00	2.50
2512	0.25	0.12	6432	6.40	3.20

不同封装的电阻器功率不同,封装越大功率也越大。具体如下:0201 是 1/20 W,0402 是 1/16 W、0603 是 1/10 W、0805 是 1/8 W、1206 是 1/4 W、1210 是 1/3 W、1812 是 1/2 W、2010 是 3/4 W、2512 是 1 W。

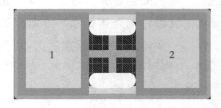

图 3 - 43　贴片电阻器封装图

贴片电阻器的 PCB 封装形状如图 3 - 43 所示,根据封装不同,两个焊盘的距离、尺寸不同,具体尺寸见具体型号的数据手册。

2)贴片电容器

贴片电容器的封装分为两类:无极性电容器类和有极性电容器类。

无极性贴片电容器的封装跟贴片电阻器的封装类似,包含了 0105、0201、0402、0603、0805、1206、1210、1812、1825、2225、3012、3035 等十二种英制标准化的封装尺寸。跟贴片电阻器的封装类似,前两位表示长,后两位表示宽,单位为英制。

有极性的贴片电容器以钽电容为主,根据其耐压不同,可分为 A、B、C、D 四个系列,A 3216/ 10V,B 3528/ 16V,C 6032 /25V,D 7343 /35V。

贴片电容器的封装形状跟电阻器类似,具体尺寸可查阅数据手册后进行设计。0603 封装的具体尺寸如图 3 - 44 所示。

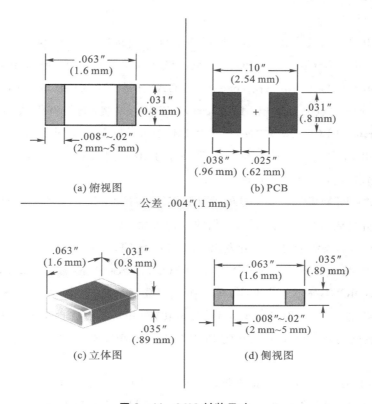

图 3-44　0603 封装尺寸

3）贴片二极管和三极管

贴片二极管封装形式常见的有如下类型：SOD－323、SOD－523、SOD－723、SOT－23、SOT－323、SOT－523 等，如图 3－45 所示。

图 3-45　常见二极管封装

贴片三极管的封装形式常见的有如下类型：SOT－23、SOT－23－3、SOT－323、SOT－336、SOT－523、SOT－723 等，如图 3－46 所示。

1—基极；2—射极；3—集电极。

图 3-46　三极管封装示意图

4）贴片集成电路

贴片集成电路的封装有很多种，如四面扁平封装（quad flat package，QFP）、塑料四面扁平封装（plastic quad flat package，PQFP）、缩小型四面扁平封装（shorten quad flat package，SQFP）、球阵列封装（ball grid array package，BGA）、插针阵列封装（pin grid array package，PGA）、陶瓷插针阵列（ceramic pin grid array，CPGA）封装、塑料有引线芯片载体（plastic leaded chip carrier，PLCC）、陶瓷有引线芯片载体（ceramic leaded chip carrier，CLCC）、小引出线封装（small outline package，SOP）、薄型小引出线封装（thin small outline package，TSOP）等，这里着重介绍常用的几种封装。

（1）SOP。在 EIAJ 标准中，针脚间距为 1.27 mm（50 mil）的此类封装被称为"SOP"，指鸥翼形（L 形）引线从封装的两个侧面引出的一种表面贴装型封装。

1968—1969 年，飞利浦公司就开发出 SOP，以后逐渐派生出 SOJ（J 型 SOP）、TSOP（薄型 SOP）、VSOP（甚小型 SOP）、SSOP（缩小型 SOP）、TSSOP（薄的缩小型 SOP）及 SOT（小外形晶体管）、SOIC（小外形集成电路）等。在引脚数量不超过 40 的领域，SOP 是普及最广的表面安装封装形式，典型引脚间距为 1.27 mm（50 mil），其他有 0.65 mm、0.5 mm，引脚数多为 8～32。装配高度不到 1.27mm 的 SOP 称为 TSOP。SOP8 的芯片引脚图如图 3-47 所示。

（2）BGA。BGA 也称为环形顶部焊盘陈列载体（globe top pad array carrier，CPAC），是表面贴装型封装之一，在印刷基板的背面按阵列方式制作出球形凸点用以代替引脚，在印刷基板的正面装配大规模集成电路芯片，然后用模压树脂或灌封方法进行密封，如图 3-48 所示。该封装是美国摩托罗拉公司开发的，最早在便携式电话等设备中被采用。早期 BGA 的引脚（凸点）中心距为 1.5 mm，引脚数为 225。

图 3-47　SOP8 芯片

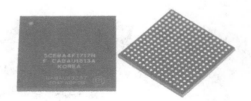

图 3-48　BGA 封装

（3）QFP。该技术实现的芯片引脚之间距离很小，管脚很细，一般大规模或超大规模集成电路采用这种封装形式，其引脚数一般都在 100 以上。该技术封装 CPU 时操作方便，可靠性高，而且其封装外形尺寸较小，寄生参数小，适合高频工况应用。封装本体厚度分为 QFP（2.0～3.6 mm）、LQFP（1.4 mm）和 TQFP（1.0 mm）三种。STC89C52RC 芯片的 LQFP 封装实物图及封装尺寸如图 3-49 所示。

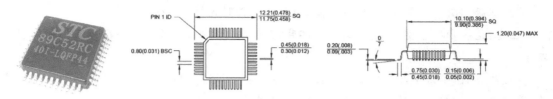

图 3 - 49　LQFP 封装示意图

（4）PLCC。PLCC 是表面安装封装形式之一，外形呈正方形，引脚从封装的四个侧面引出，呈丁字形，具有外形尺寸小、可靠性高的优点。这种封装的引脚在芯片底部向内弯曲，因此在芯片的俯视图中是看不见芯片引脚的。这种芯片的焊接采用再流焊工艺，需要专用的焊接设备，在调试时要取下芯片也很麻烦，现在已经很少用了。STC89C52RC 芯片的 PLCC 封装实物图及封装尺寸如图 3 - 50 所示。

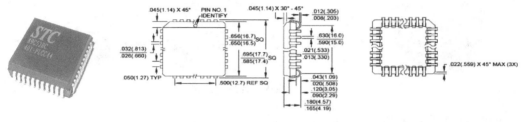

图 3 - 50　PLCC 封装示意图

4. 贴片元件的安装

对于贴片电阻器、电容器、二极管等小型元件，使用电烙铁手工焊接时，可按照如图 3 - 51 所示步骤进行焊接。

（1）先用电烙铁熔一点焊锡到其中一个焊盘上（镀锡），再用镊子小心夹取贴片电阻器、电容器、二极管、三极管等，将其每个引脚对准相应焊盘，放在焊接位置上。

（2）用镊子按紧贴片元件使其固定不动，用电烙铁加热已镀锡的一端，撤掉烙铁，等完全凝固后再撤掉镊子。

（3）用电烙铁和焊锡在其余焊盘处送入适量焊锡，使元器件引脚与焊盘连接可靠即可。

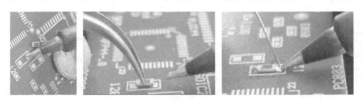

图 3 - 51　小贴片元件焊装流程

对于引脚较多的集成芯片，焊接步骤略有不同，如图 3 - 52 所示。

（1）清理 PCB 板，保证焊接处干净，如果用的是旧的集成芯片，需先将芯片引脚上的锡清理干净。

（2）用焊锡丝在 PCB 板上芯片对角的两个引脚焊盘上镀锡。

（3）然后用镊子夹起芯片，看好方向，将芯片引脚对齐每一个焊盘。

注意：这一步很重要，因为引脚多的芯片，引脚间距很小，如果对不齐很容易使相邻引脚连接。

（4）对齐后，用镊子按紧集成芯片使其固定不动，用烙铁加热已镀锡的两个焊盘，撤掉烙铁，等完全凝固后再撤掉镊子，这样芯片就固定好了。

（5）用"拖焊"法进行焊接。用烙铁头熔化少量的焊锡丝，沿着芯片引脚边，从头到尾轻轻拖过，保证每一个引脚上都有锡。

（6）如果有引脚连在一起，将要处理的那一排引脚向下，用烙铁头带一点锡，依次轻轻从右往左借助重力作用吸掉并带走引脚上多余的焊锡。用此方法再去处理其他几排引脚即可。

（7）焊接完成后检查芯片引脚是否都与焊盘可靠连接，是否存在相邻焊盘短路现象。

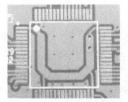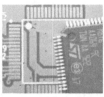

图 3-52　集成芯片的焊接流程

集成芯片焊接时要注意几个问题：

（1）尽量使用恒温烙铁，焊接温度不宜过高，一般不超过 230 ℃，时间不宜过长，一般引脚加热时间不超过 10 s。如果所用烙铁温度为 350 ℃，加热时间不超过 3 s。

（2）焊接台最好做防静电处理。

（3）芯片 1 脚要和丝印层 1 脚对应，引脚与焊盘无偏移。

（4）若相邻引脚连上焊锡，不能用烙铁头直接去挑，而是需用烙铁头熔少量焊锡，轻轻加热连接处，借助重力将连接处的焊锡带出。

3.2　收音机原理与组装

3.2.1　相关基本概念

1. 声波

声音是由振动的物体产生的。发声物体的振动在空气或其他介质中的传播称为声波。频率在 20 Hz～20 kHz 范围内的振动人耳都能听到。声波传播会随距离增长而衰减，且会产生明显的时间延迟，因此直接将声波进行远距离传播是不现实的，需要借助电磁波来传播。

2. 无线电广播传输过程

电磁波是由电磁振荡电路产生的，将其通过天线发射到天空中去，即为无线电波。无线电波的传播速度是 30 km/s。

广播电台播出节目时,首先把声音通过话筒转换成音频电信号;再将其放大后经高频信号(载波)调制,这时高频载波信号的某一参量随着音频信号做相应的变化,使要传送的音频信号包含在高频载波信号之内;高频信号再经放大传输至天线,形成无线电波向外发射;无线电波被收音机天线接收后,经过放大、解调还原为音频电信号送入喇叭音圈中,引起音盆相应的振动,就可以还原声音。这就是声电转换—传送—电声转换的过程。

3. 无线电波的传播方式

无线电波在空间的传播方式主要有以下三种:

(1)地波传播特点是沿地球表面传播。适用于中波、长波系统。

(2)天波传播,特点是依靠电离层的反射和折射作用传播。适用于中波、短波系统。

(3)空间波传播,特点是在空间沿直线传播。适用于超短波和微波系统。

4. 调制与解调

(1)调制。所谓调制就是把低频电信号加载到高频载波上去的过程。无线电广播中常用的调制方式有两种:调幅(amplitude modulation,AM)和调频(frequency modulation,FM)。调幅就是载波的频率不变、振幅随调制信号的幅度变化而变化的调制方式,如图3－53所示。

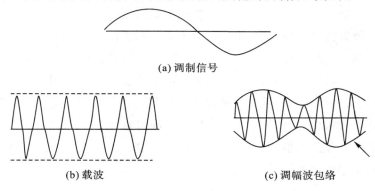

(a) 调制信号

(b) 载波　　　　　　　　　　　　(c) 调幅波包络

图 3－53　AM 调制

调频就是载波幅度不变、频率随调制信号的变化规律而变化的调制方式,如图 3－54所示。

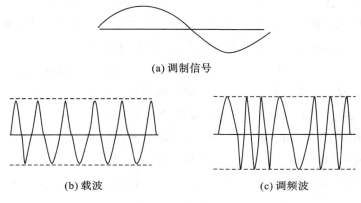

(a) 调制信号

(b) 载波　　　　　　　　　　　　(c) 调频波

图 3－54　FM 调制

（2）解调。在接收端从已调制信号中取出原调制信号的过程称为解调。不同的调制方式有不同的解调方法，对调幅波的解调称为检波，对调频波的解调称为鉴频。

3.2.2　直接放大式收音机

远地电台的电磁波在接收天线中产生的电流是很微弱的，为了收听这些微弱的信号，一般需要在检波之前先进行放大，使其幅度达到一定的要求，然后再送去检波，以保证检波工作正常。

直接放大天线接收来的信号（先进行高频放大，然后再送去检波和低频放大），这种收音机叫直接放大式收音机，也叫高放式收音机。直接放大式收音机的特点是在检波之前不改变信号的频率。直接放大式收音机的性能并不理想，它的主要缺点是灵敏度较低、选择性较差和失真度较大。

直接放大式收音机的灵敏度是由高频放大器的增益决定的。放大器的增益与工作频率有关，频率越高增益越低，所以高频放大器的增益一般较低，而且随工作频率的变化而变化，在不同波段的增益差别可能很大。要提高收音机的灵敏度，就需要增加高频放大器的级数，但由于高频放大一般不宜超过两级，故灵敏度也很难进一步提高。

直接放大式收音机的选择性，是由高频放大级的调谐回路性能决定的。要提高选择性，就要增加调谐回路，然而要使四、五个调谐回路同步调谐，并谐振在同一频率，这在工艺上是很困难的，并且多个调谐回路同步调节，也很难得到理想的通频带，不是通频带过窄产生频率失真，就是降低了选择性和灵敏度。所以直接放大式收音机的选择性和保真度也较差。

直接放大式收音机所遇到的主要困难是一个高频放大器很难适应各种不同的工作频率。如果能设法使高频放大器的工作频率保持不变，那么上述许多问题就容易解决了。超外差式收音机就是根据这个指导思想设计的。

3.2.3　超外差式收音机

所谓超外差，就是把高频信号接收下来后，先把它变成固定频率的中频信号，然后进行放大、解调的接收方式。它具有接收灵敏度高、选择性好、工作稳定等优点。

超外差式收音机，将从天线接收进来的高频信号首先送入输入调谐回路，使之变为高频电流，同时只有载波频率与输入调谐回路相同的信号，才能进入收音机；然后再进行放大和检波（或者鉴频）。这个固定的频率，是由差频的作用产生的。如果在收音机内制造一个振荡电波（通常称为本机振荡），使它和外来高频调幅信号同时送到一个晶体管内混合（这种工作叫混频），由于晶体管的非线性作用导致混频的结果是产生一个新的频率，这就是外差作用。采用了这种电路的收音机叫外差式收音机；混频和振荡的工作，合称变频。

外差作用产生出来的差频，习惯上采用易于控制的频率，它比高频低，但比音频高，这就是常说的中间频率，简称中频。任何电台的频率，由于都变成了中频，放大时就能得到相同的增益。

调幅超外差式收音机的工作原理如图 3 - 55 所示,天线接收到的高频信号通过输入回路与收音机的本机振荡频率(其频率比外来高频信号高一个固定中频,我国中频标准规定为 465 kHz)一起送入混频电路进行变频,产生一个新频率,即通过差频产生的中频。中频只改变了载波的频率,原来的音频包络线并没有改变,中频信号可以更好地得到放大。中频信号经检波/鉴频并滤除高频信号,再经低放、功率放大后,推动扬声器发出声音。

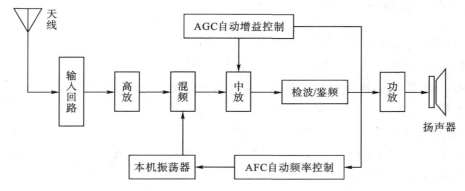

图 3 - 55　超外差式收音机原理框图

超外差式收音机能够大大提高收音机的增益、灵敏度和选择性。因为不管电台信号频率如何,都要先变成中频信号,然后进入中频放大级,所以对不同频率电台都能够进行均匀地放大。中放的级数可以根据要求增加或减少,更容易在稳定条件下获得高增益和窄带频响特性。此外,由于中频是恒定的,所以不必每级都加入可变电容器选择电台,避免使用多联同轴可变电容器,而只需在调谐回路和本振回路用一只双联可变电容器就可完成选台。现在,绝大多数商品化收音机都是超外差式的。RW08 - 11(FM/AM)型收音机就是超外差式收音机,原理图如图 3 - 56 所示。

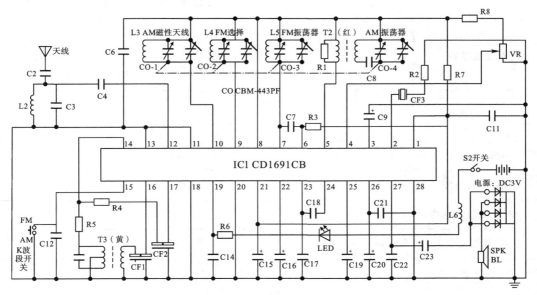

图 3 - 56　RW08 - 11(FM/AM)型收音机原理图

在超外差式收音机中,有时还有一些附加装置,如自动增益控制、调谐指示、负反馈、温度补偿等电路。这些电路的设计使得收音机在质量上和使用上都更趋完善。

超外差式收音机和直接放大式收音机相比,虽然线路比较复杂,晶体管和元器件使用数量较多,成本较高,但无论在灵敏度、选择性、音量和音质等方面,都远优于直接放大式收音机。

3.2.4 收音机装配

收音机开发套件中除了 CD1691CB 芯片为贴片式外,其他器件均为直插式。装配前应对照元器件清单,逐一将元器件清点一遍,确定数量和数值无误。所有元器件都插在器件安装面上,即正面(有丝印层、标号、阻值、容值)。仔细观察 PCB 板,对照原理图每一部分、每一个元器件的标号。焊接顺序:先焊接贴片元器件,然后焊接直插元器件;先焊小元器件,再焊大元器件。元器件应尽量贴着 PCB 板,这样可以保证焊接的可靠性及平整性。收音机套件材料清单如表 3-20 所示。元器件以及焊接面与安装面分别如图 3-57 和图 3-58 所示。

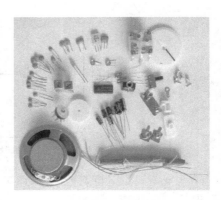

图 3-57 收音机套件元器件

表 3-20 收音机套件元件清单

元器件名称	数量	元器件标注符号
CD1691CB	1 片	IC1
直插电阻器	5 个	100 Ω(R4)1 个,150 Ω(R2)1 个,510 Ω(R5)1 个 2.2 kΩ(R3)1 个,100 kΩ(R1)1 个
陶瓷电容器	15 个	1P(C5)1 个,15P(C3、C4)2 个,30P(C1、C2)2 个, 151(C16)1 个,221(C11)1 个,103(C9、C10、C22)3 个, 223(C15)1 个,104(C7、C14、C18、C20)4 个
10 μF 电解电容器	7 只	4.7 μF(C6)1 个,10 μF(C8、C12、C13、C17)4 个 220 μF(C19、C21)2 个
发光二极管	1 只	红色(LED)
振荡线圈(中周)	1 只	红色(T2)
中频变压器(中周)	1 只	黄色(T3)
磁棒、线圈及支架	1 套	T1
滤波器	1 只	10.7 A(CF1)

元器件名称	数量	元器件标注符号
滤波器	1 只	455B(CF2)
鉴频器	1 只	10.7G(CF3)
空心电感器	2 只	$\phi 3.5\times 0.6\times 3.5T(L3)$, $\phi 3.5\times 0.6\times 4.5T(L2)$
扬声器	1 只	0.5 W,8 Ω(BL)
开关电位器	1 只	50 kΩ(VR)
四联电容器	1 只	CBM - 443PF(C)
波段开关	1 只	K
耳机插座	1 只	$\phi 3.5$ mm(CK)
连接片	1 只	$\phi 2.7$ mm
刻度面板	1 块	
拨盘	2 只	调谐拨盘、电位器拨盘
电池极片	1 套	3 片
天线	1 根	
外壳	2 个	前壳、后壳

焊接面

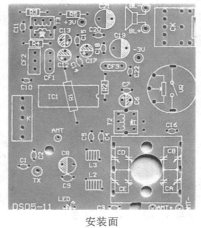
安装面

图 3 - 58　元器件焊接面与安装面

收音机各元器件装配步骤如下。

1. CD1691CB 芯片

焊接 CD1691CB 芯片,应特别注意芯片的方向。芯片的左下角有个小圆点,小圆点对应的引脚为 1 脚,必须与 PCB 板上指示的 1 脚对应起来,如图 3 - 59 所示。焊接方法按照前面介绍的贴片集成电路的焊接方法进行焊接。

图 3 - 59   CD1691CB 芯片安装示意图

2. 电阻器

先将电阻两端管脚弯折成 90°,刚好可以插入所对应电阻阻值的盘中孔,电阻器紧贴 PCB 板,然后在焊接面焊接;焊接好后,用斜口钳将多出的电阻器引线剪掉,如图 3 - 60 所示。

3. 陶瓷电容器

电容器与电阻器焊接方法是一样的,焊接前仔细核对电容器的容值与焊盘所对应的位置,由 1P、15P、30P 可直接读出电容的大小,151、221、103、223、104 可参考前面电容值的表示方法,读出电容值的大小。焊接时电容器距离电路板 1 mm 即可。

4. 电解电容

电解电容器的引脚是有正负之分的,长脚为"+"极,短脚为"-"极。PCB 板上丝印层标记了电解电容器的正负极,因此焊接电解电容器的时候既要注意电容值与对应的器件位置,还要注意方向,如图 3 - 61 所示,从对应的过孔中穿过,电容器离电路板大约 1 mm,焊接后剪去多余的引脚即可。

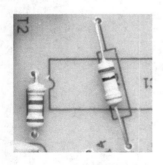   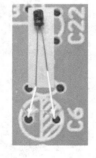

图 3 - 60   电阻安装示意图   图 3 - 61   电解电容器安装示意图

5. 空心电感器

两个空心电感器匝数不同,对应丝印层如图 3 - 62 所示,可以看出 L2 对应匝数多的线圈,将线圈引脚插入焊盘进行焊接。线圈挨着板子即可,注意不要用力压,以免线圈形状改变。

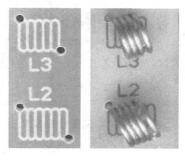

图 3 - 62   线圈安装示意图

6.滤波器

三个滤波器 CF1、CF2、CF3 如图 3 - 63 所示,只需将滤波器照图中方向贴紧 PCB 板焊接即可。

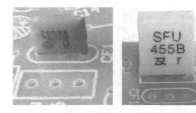

图 3 - 63   滤波器安装示意图

7.发光二极管

发光二极管分正负极,长管脚为＋极,短管腿为－极。PCB 板上发光二极管丝印层均印有正极标号(＋),焊接时需将发光二极管正负极与丝印层对应。这里要注意,发光二极管从焊接面插入过孔,在焊接面焊接,装好后应刚好对着外壳电源指示灯的位置,如图 3 - 64 所示。

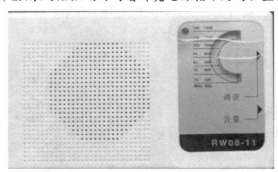

图 3 - 64   发光二极管安装位置示意图

8.中周

PCB 板的丝印层上清楚地标识了中周 T2、T3 的颜色,只需将对应颜色的中周安装到相应位置,贴紧板子焊接完成即可,如图 3 - 65 所示。中周出厂时已调整好,通常情况下不需要用螺丝刀去拧。

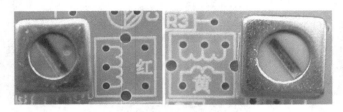

图 3 - 65　中周安装示意图

9. 四联电容器

按照图 3 - 66 所示方向,将四联电容器插入对应的安装位置。注意四联电容器一边有三个端子,一边有四个端子,三个端子的那边靠近板子边缘,贴紧电路板,用螺丝固定,再将端子探出去的部分压平、焊接。

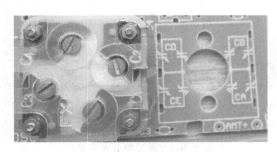

图 3 - 66　四联电容器安装示意图

10. 开关电位器

开关电位器如图 3 - 67 所示,按形状插入焊接孔,尽量贴紧板子焊接。

11. 耳机插座

找到耳机插座安装位置对应安装孔,如图 3 - 68 所示。插入耳机插座,尽量贴着板子焊接。

图 3 - 67　开关电位器安装示意图　　图 3 - 68　耳机插座安装示意图

12. 波段开关

波段开关为 FM 和 AM 切换开关,找到安装位置,如图 3 - 69 所示,将引脚穿过对应安装孔,用手压住,尽量贴近板子,然后焊接。

13. 天线

元件袋中共有两个天线,如图 3-70 所示,图中为 AM 天线(磁棒跟线圈),将线圈三个引出端的镀锡部分连接到 PCB 板相应的焊接点,焊接即可。这里需要注意的是,每个引线只有镀锡处才可以导通,其他地方都是绝缘的,所以焊接时切勿将线剪短或者不小心把线弄断,否则都会导致 AM 天线无法正常接入。

图 3-69 波段开关安装示意图

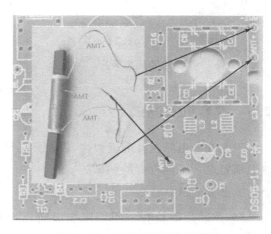

图 3-70 AM 天线安装示意图

FM 天线安装示意图如图 3-71 所示,先将连接片焊到导线一端,导线另一端焊接到 PCB 板 TX 处。将 FM 天线从后壳穿入孔穿入,将连接片放到天线与后壳中间,使孔对齐,用螺丝拧紧,FM 天线连接完毕。

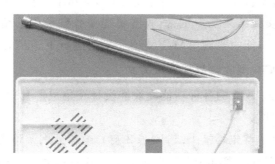

图 3-71 FM 天线安装示意图

14. 导线

从 PCB 板 BL+、BL-处焊接两根导线引出,另一端连接前壳上的喇叭处,注意正负对应。PCB 板上+3V 处焊接一根导线引出,另一端焊接电池的正极片(如图 3-72(a)所示);从-3V 处焊接一根导线引出,另一端焊接电池的负极片(如图 3-72(b)所示)。连接好后,插入前壳的电池卡槽中。

到此,收音机已全部装配完成,完成后的收音机如图 3-73 所示。

(a)电池正极片

(b)电池负极片

图 3-72　电池正负极片

图 3-73　收音机安装完成图

3.2.5　收音机的调试

由于无线电电路设计的近似性,以及元器件的离散性和装配工艺的局限性,装配完的整机一般都要进行不同程度的调试。

1. 调试前的准备

(1)集成芯片的检查。用万用表通断挡检查,确保两两引脚之间没有短路,然后对照 PCB 图检查,确保每个引脚都和其连接的其他元器件可靠连接。

(2)元器件的检查。在通电前应先检查元器件安装是否正确,焊接是否有虚焊和搭焊。测量关键点和关键元器件的在路电阻。

(3)通电检查。通电检查是将万用表电流挡串接在电源和收音机之间,观察整机总静态电流的大小。本机总电流:FM 为 8 mA 左右,AM 为 6 mA 左右。

(4)试听。在上述步骤结果基本正常、收音机能接收到信号的情况下,分别改变波段开关、调整四联可变电容器,能收听到 AM/FM 电台后再进行下一步的调试。

2. RW08-11(FM/AM)型收音机的调试方式

(1)调幅(AM)部分。AM 的各种功能模块都设计在集成芯片上,故调试很简单,只需将电台都集中在中波段即可。

(2)调频(FM)部分。首先焊接天线,L1、L2 空心电感分别调整高放部分和振荡频率,用无感起子拨动它们的松紧度,尤其是 L2,直接影响到收台的多少。中周 T2、T3 出厂前均已调在规定的频率上,调整时只需左右微调即可。

3.3　单片机基础知识

3.3.1　51 单片机简介

单片机是将 CPU、RAM、ROM、定时器/计数器以及输入输出(I/O)接口电路等计算机主要部件集成在一块芯片上,这样所组成的芯片级微型计算机称为单片微型计算机(single chip microcomputer),简称单片机。利用单片机程序,可以控制单片机的各个引脚在不同时刻输出不同的电平,进而控制外围电路,实现对硬件系统的小型化的智能控制。由于单片机的硬件结构与指令系统都是按照工业控制要求设计的,常用于工业的检测、控制装置中,因此也称为微控制器(micro-controller)或者嵌入式控制器(embedded-controller)。

　　51 单片机是指目前使用较多的以 51 内核扩展出的单片机,实习中使用的单片机型号为 STC89C52RC 40I - PDIP40,如图 3 - 74 所示。

图 3 - 74　STC89C52RC 40I - PDIP40 外观

　　STC89C52RC 40I - PDIP40 单片机的名称及其文字标识如图 3 - 75 所示。STC 是前缀,表示该芯片为 STC 公司生产的产品。当然还有其他前缀,如 AT 代表 Atmel 公司生产、i 代表 Intel 公司生产,等等。

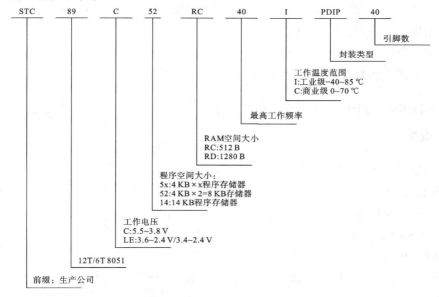

图 3 - 75　单片机命名规则

3.3.2　STC89C52RC 单片机的主要特性

　　STC89C52RC 单片机是 STC 公司推出的新一代高速/低功耗/超强抗干扰/超低价的单片机,主要特性如下。

　　(1)增强型 8051 单片机,6 时钟/机器周期和 12 时钟/机器周期可以任意选择,指令代码完全兼容传统 8051 单片机。

　　(2)工作电压:5.5~3.8 V(5V 单片机),STC89LE52 系列工作电压为 3.6~2.4 V(3V 单片机)。

(3)工作频率范围:0~40 MHz,相当于普通 8051 的 0~80 MHz,实际工作频率可达48 MHz。

(4)根据图 3-75 可以看到,它的用户应用程序空间为 8 KB,片上集成 512 B 的 RAM。

(5)通用 I/O 口(32 个),复位后 P0~P3 是准双向口/弱上拉。

(6)ISP(in-system programming,在系统可编程)/IAP(in-application programming,在应用可编程),无需专用编程器,无需专用仿真器,可通过串口(RxD/P3.0,TxD/P3.1)直接下载用户程序,数秒即可完成。

(7)具有 EEPROM 功能。

(8)具有看门狗功能。

(9)3 个 16 位定时器/计数器,即定时器 T0、T1、T2。

(10)4 路外部中断,下降沿中断或低电平触发电路,Power Down 模式可由外部中断低电平触发中断方式唤醒。

(11)通用异步串行口(UART),还可用定时器软件实现多个 UART。

(12)工作温度范围:−40~+85 ℃(工业级)/0~75 ℃(商业级)。

(13)PDIP 封装。

STC89C52RC 单片机有三种工作模式,分别为掉电模式、空闲模式和正常工作模式。

• 掉电模式:典型功耗<0.1 μA,可由外部中断唤醒,中断返回后,继续执行原程序。

• 空闲模式:典型功耗 2 mA。

• 正常工作模式:典型功耗 4~7 mA。

• 掉电模式可由外部中断唤醒,适用于水表、气表等电池供电系统及便携设备。

3.3.3 STC89C52RC 单片机的引脚功能说明

STC89C52RC 单片机引脚如图 3-76 所示,其中各引脚说明如下。

VCC(40 引脚):接电源。

GND(VSS,20 引脚):接地。

P0 端口(P0.0—P0.7,39~32 引脚):P0 口既可作为 I/O 口,也可作为地址/数据总线使用。当 P0 口作为 I/O 口时,P0 是一个 8 位准双向口,上电复位后处于开漏模式。P0 口内部无上拉电阻,所以作为 I/O 口必须外接 10 kΩ~4.7 kΩ 的上拉电阻。当 P0 口作为地址/数据总线使用时,是低 8 位地址线[A0—A7],数据线[D0—D7],此时无需外接上拉电阻。P1 端口(P1.0—P1.7,1~8 引脚):P1 口是一个带内部上拉电阻的 8 位双向 I/O 口。对端口

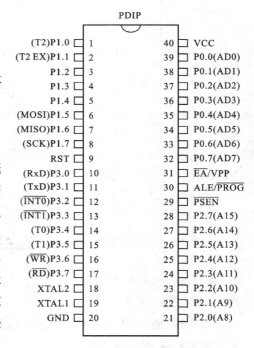

图 3-76 单片机引脚图

写入 1 时,通过内部的上拉电阻把端口拉到高电位,这时可用作输入口。

此外,P1.0 还可以作为定时器/计数器 2 的外部计数输入(P1.0/T2),P1.1 可以作为定时器/计数器 2 的捕捉/重装方式的触发控制(P1.1/T2 EX)。

P2 端口(P2.0—P2.7,21～28 引脚):P2 口是一个带内部上拉电阻的 8 位准双向 I/O 端口。此外,P2 口也可作为高 8 位地址总线[A8—A15]。

P3 端口(P3.0—P3.7,10～17 引脚):P3 是一个带内部上拉电阻的 8 位双向 I/O 端口。此外 P3 口还有复用功能,如表 3－21 所示。

表 3－21　P3 端口引脚复用功能

管脚名称	引脚号	功能特性
P3.0/RxD	10	串口 1 数据接收端
P3.1/TxD	11	串口 1 数据发送端
P3.2/$\overline{\text{INT0}}$	12	外部中断 0,下降沿中断或低电平中断
P3.3/$\overline{\text{INT1}}$	13	外部中断 1,下降沿中断或低电平中断
P3.4/T0	14	定时器/计数器 0 的外部输入
P3.5/T1	15	定时器/计数器 1 的外部输入
P3.6/$\overline{\text{WR}}$	16	外部数据存储器写脉冲
P3.7/$\overline{\text{RD}}$	17	外部数据存储器读脉冲

RST(9 引脚):复位输入。当输入连续两个机器周期以上高电平时有效,用来完成单片机的复位初始化操作。

ALE/$\overline{\text{PROG}}$(30 引脚):地址锁存允许信号输出引脚/编程脉冲输入引脚。

$\overline{\text{PSEN}}$(29 引脚):外部程序存储器选通信号输出引脚。

$\overline{\text{EA}}$/VPP(31 引脚):内外存储器选择引脚。

XTAL1(19 引脚):内部时钟电路反相放大器输入端,接外部晶振的一个引脚。当接外部时钟源时,是外部时钟源的输入端。

XTAL2(18 引脚):内部时钟电路反相放大器输出端,接外部晶振的另一个引脚。当接外部时钟源时,此引脚可浮空,此时 XTAL2 实际将 XTAL1 输入的时钟进行输出。

STC89C52 系列单片机有三种封装形式,见 3.1.7 节图 3－34、图 3－49、图 3－50。

3.3.4　51 开发板原理

51 开发板原理图如图 3－77 所示,包含电源输入及扩展模块、单片机最小系统模块、通信和下载模块、八位发光二极管、蜂鸣器模块和独立按键模块等,留有温度传感器接口、红外接收器接口以及液晶接口。

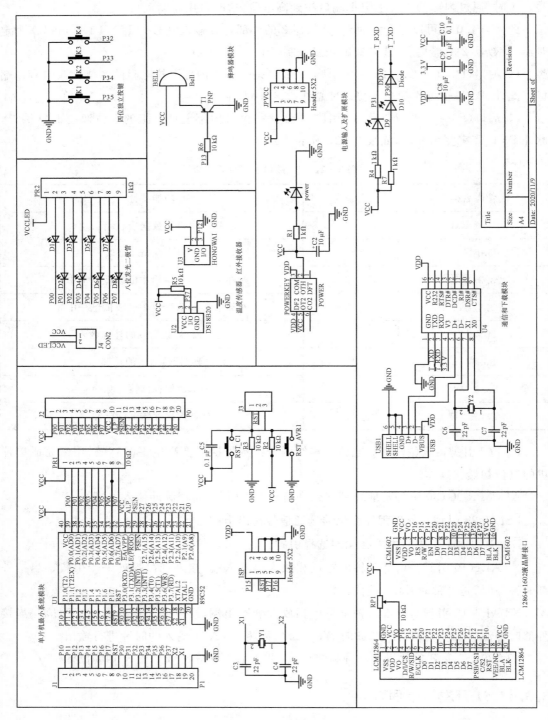

图 3-77　51 开发板原理图

1. 单片机最小系统模块

单片机的最小应用系统如图 3-78 所示,包含电源、时钟电路和复位电路。这里采用了 5 V 电源供电。单片机复位引脚高电平有效,所以用短路帽短接接口 J3 的 1、2 引脚,采用 R3、RST_C1、C5 组成复位电路,初始上电时,C5 没有存储电荷,电源经过 C5 和 R3 构成回路,电流经过电阻 R3,在电阻上产生电压,随着 C5 的电压升高,电阻上的电压逐渐为 0,此时上电复位结束。不断电复位时,按下按钮 RST_C1,复位引脚强制拉到高电平,抬起按键后,复位引脚恢复 0 V。单片机时钟端口 18、19 脚为时钟输入脚,采用 11.0592 MHz 晶振和两个 22 pF 电容组成了时钟电路,给单片机提供时钟脉冲。

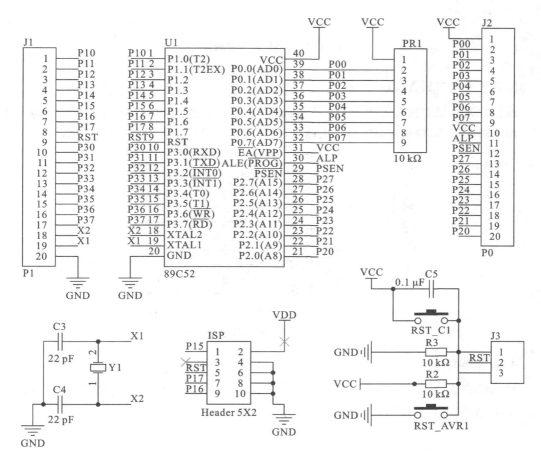

图 3-78　单片机最小系统

2. 通信和下载模块

图 3-79 所示为单片机的通信和下载模块,STC89C52RC 支持串口下载,通过 STC 官方发布的烧录软件就可以将 HEX 文件烧写进单片机运行。

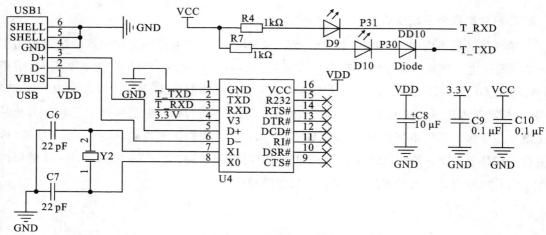

图 3-79 通信和下载模块

3. 八位发光二极管模块

八位发光二极管模块如图 3-80 所示,使用发光二极管(light emitting diode,LED)时,应先用短路帽将 J4 口短接,P0 口输出低电平,对应的 LED 点亮,反之 LED 熄灭。

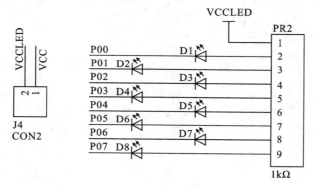

图 3-80 八位发光二极管电路图

4. 蜂鸣器模块

蜂鸣器模块如图 3-81 所示,P13 口输出高电平,三极管 Q1 断开,蜂鸣器不响。P13 口输出低电平,三极管 Q1 导通,蜂鸣器发出响声。

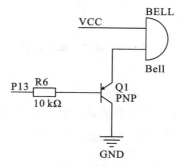

图 3-81 蜂鸣器电路图

5. 独立按键模块

独立按键模块如图 3－82 所示，四个独立的按键分别连接 P3.2、P3.3、P3.4、P3.5 端口。没有按下按键时，读取端口值为"1"；当按下按键时，端口值为"0"；松开按键，端口值又回到"1"。

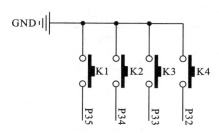

图 3－82　独立按键电路图

3.4　单片机开发板的装配

本书中使用的单片机开发板元器件除了 CH340 芯片为贴片封装外，其他器件均为直插件。拿到 PCB 板后，先对照原理图与 PCB 的每一部分、每一个器件的标号，并根据元器件清单核对套件包里的所有元器件。所有元器件都插在一个平面上，即正面（有丝印层、标号、阻值、容值），反面为焊接面。焊接顺序：先焊接贴片元器件，然后其他直插件按由小到大、由矮到高顺序焊接，这样可以保证焊接的可靠性及平整性。单片机开发板元器件如图 3－83 所示，其材料清单如表 3－22 所示。

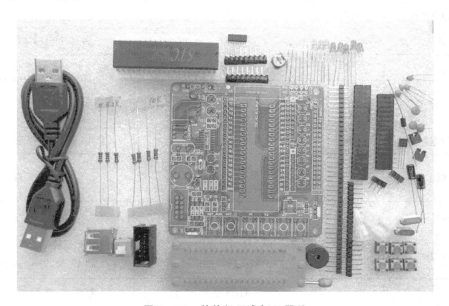

图 3－83　单片机开发板元器件

表 3 – 22 单片机开发板元器件清单

器件名称	数量	器件标注符号	备注
10 kΩ 直插电阻器	4 个	R2、R3、R5、R6	棕黑黑红棕
1 kΩ 直插电阻器	3 个	R1、R4、R7	棕黑黑棕棕
10 μF 电解电容	2 只	C2、C8	长正短负
0.1 μF 电容器	3 只	C5、C9、C10	0.1 μF,不分正负
22 pF 电容器	4 只	C3、C4、C6、C7	0.000022 μF,不分正负
USB 电源头	1 个	USB 母座	按丝印层标识安装
自锁开关	1 个	POWERKEY	
蜂鸣器	1 个	BELL	器件上标识"+"
三极管 9012	1 个	Q1	按丝印层标识安装
二极管 4007	1 个	DD10	按丝印层标识安装
ISP 接口	1 个	ISP	按丝印层标识安装
12 MHz	1 个	Y2	频率值直接标示于晶振
11.0592 MHz	1 个	Y1	频率值直接标示于晶振
CH340	1 个	U4	小返点对应引脚 1
紧锁座	1 个	CON1	
STC89C52RC	1 只	U1	凹槽冲左,左下角为引脚 1
圆孔座	1 个	U2	外接 DS18B20 芯片
圆孔座	1 个	U3	外接红外接收器
按键	6 只	RST_C1、RST_AVR1、K1、K2、K3、K4	与丝印层标识一致
可调电阻	1 个	RP1	用于 LCD 背光可调
排阻	2 个	10 kΩ(103)PR1:1 只 1 kΩ(102)PR2:1 只	点为公共端
插针	1.5 排	J1、J2、J3、JPVCC	
排母	2 条	LCM1602(16PIN) LCM12864(20PIN)	分别用于外接 LCM1602 液晶屏和 LCM12864 液晶屏
发光二极管	11 个	power、D1、D2、D3、D4、D5、D6、D7、D8、D9、D10	红色 5 个,绿色 3 个,黄色 3 个(长正、短负)

续表

器件名称	数量	器件标注符号	备注
跳线帽	2个		一个用在 J3,复位选择; 一个用在 J4,控制 LED
隔离柱	4个		用于板子四个角
PCB 板	1张		8 cm× 8.2 cm
USB 电源线	1条		用于供电、下载程序

单片机开发板各元器件装配步骤如下。

1. CH340 芯片

先焊接贴片芯片,这里要特别注意的是 CH340 芯片的方向,芯片的左下角有个小圆点,对应的引脚为 1 脚,须与 PCB 板上 U4 上的小圆点对应,如图 3 – 84 所示。

图 3 – 84　CH340 芯片安装示意图

2. 电阻器

先将电阻器两端管脚弯折 $90°$,插入对应电阻阻值的焊盘中,电阻器贴近板子;然后再在板子背面焊接;焊接好后,用斜口钳将多出的电阻器引脚线剪掉,如图 3 – 85 所示。

图 3 – 85　电阻器安装示意图

3. 陶瓷电容器

电容器、电阻器的焊接方法相同,电容器离电路板 1 mm 即可。焊接时需要注意:电容器的电容值与焊盘对应的位置是否一致。104(0.1 μF)电容器用来滤波,22 pF 电容器用于晶振起振。C2 、C8 为 10 μF 电解电容器,焊接时要注意方向,长脚为"＋",短脚为"－"。

4. 发光二极管

发光二极管分正负极,可以这样区分:按管脚区分,长管脚的为"＋",短管脚为"－";或者按发光二极管的形状区分,有缺口边的管脚为"－",圆弧型边的管脚为"＋"。PCB板上发光二极管丝印层均印有正极标号"＋",焊接时只需将发光二极管正负极与丝印层对应,将管脚插入焊接孔,使发光二极管贴着板子,焊接,将多余管脚剪去即可。

5. 三极管

三极管焊接时注意将中间管脚稍微往圆弧型方向拨开点,能插入三极管 Q1 焊盘即可,三极管的形状与电路板上 Q1 丝印层的一致。三极管主要是用来驱动蜂鸣器的,如果焊接反了或者虚焊蜂鸣器不会响。

6. 二极管

二极管有白圈的一端为负极(－),对应板上的白色端,焊接好如图 3-86 所示。

图 3-86　二极管安装示意图

7. 排阻

排阻的白色小圆点为公共端,对应 PCB 板丝印层上的小方框,103 为 10 kΩ,102 为 1 kΩ,如图 3-87 所示。

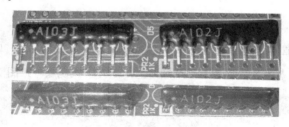

图 3-87　排阻安装示意图

8. 按键

将按键反转,可以看见其底部有两条竖线,与 PCB 板上丝印层竖线方向一致放置,然后焊接,如图 3-88 所示。

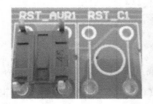

图 3-88　按键安装示意图

9. 自锁开关(电源开关)

自锁开关侧面有一面上有一竖线,对应 PCB 板上丝印层有横线的那侧,如图 3-89 所示,按照这样正确焊接好后,开关按下通电,弹起断电。如果方向焊接反了,那么功能也就反了,即按下断电,弹起通电。

图 3-89　自锁开关安装示意图

10. 电源扩展口

可以把排针分割成 2 个 4 芯的,如图 3-90 所示。

图 3-90　电源扩展口示意图

11. ISP 下载接口

下载接口是用来下载程序的,需要另外配备 USBASP 下载器。ISP 下载接口的缺口必须与丝印层上的缺口方向一致,如图 3-91 所示。

图 3-91　ISP 接口安装示意图

12. 圆孔座

U2 圆孔座是为了方便使用温度传感器,U3 圆孔座是为了方便使用红外传感器。将圆孔座贴紧板子,直接焊接即可。

13. 可调电阻器

可调电阻器(蓝白色)焊接方向如图 3-92 所示。该电阻器可以旋转,用以调节液晶屏背光。

14. 插针

套件中插针用于单片机管脚扩展处、发光二极管接电源处、复位信号选择处(J1、J2、J3、J4)。焊接时应将短针插入孔中,贴紧电路板进行焊接。

15. 晶振

套件中有两个晶振,频率不同,12 MHz(Y2)用于串口通信,11.0592 MHz(Y1)用于单片机电路。晶振不分方向。

16. 蜂鸣器

该蜂鸣器为有源蜂鸣器,外壳有正极(+)标识,跟 PCB 上丝印层正负一致,如图3-93所示,紧贴板子焊接即可。

图 3-92　电位器安装示意图　　　　图 3-93　蜂鸣器安装示意图

焊接完成后,将51芯片按缺口方向插入,将锁扣锁上,如图3-94所示,51开发板装配完成。

图 3-94　51 开发板

3.5　软件使用

3.5.1　KEIL 软件的使用

本节将以 LED 流水灯为例，详细介绍 KEIL 软件的使用，包括新建工程、配置工程、添加 C 文件、编译、生成 HEX 文件。

首先在计算机上安装 KEIL 软件，这里以 KEIL μVision 4 版本为例。启动软件如图 3 - 95 所示，进入如图 3 - 96 所示初始界面。

图 3 - 95　软件启动界面

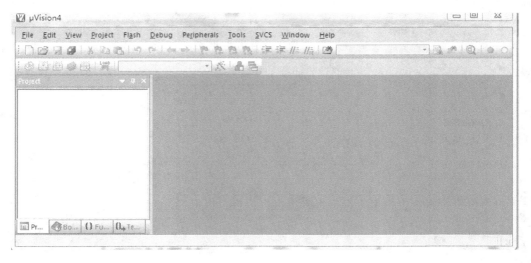

图 3 - 96　软件初始界面

（1）在菜单栏中点击"Project"，选择"New μVision Project"选项打开软件，如图 3 - 97 所示。

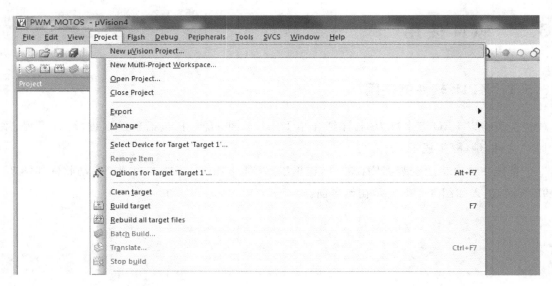

图 3 - 97　新建工程

（2）在弹出的窗口中选择工程存放路径，输入工程文件名。在桌面新建一个文件夹TEST，将工程文件保存到该文件夹中，并给工程文件命名为"LED_1"，如图 3 - 98 所示，点击"保存"按钮。

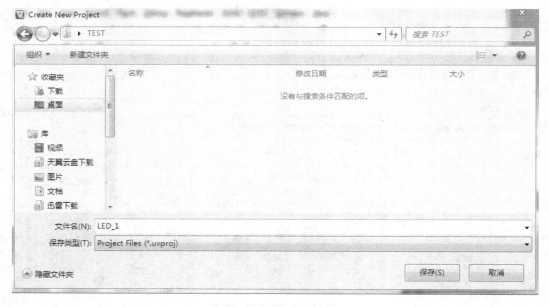

图 3 - 98　保存工程

（3）在弹出的串口中设置单片机型号，展开"Atmel"选择"AT89C52"，如图 3 - 99、图 3 - 100所示。

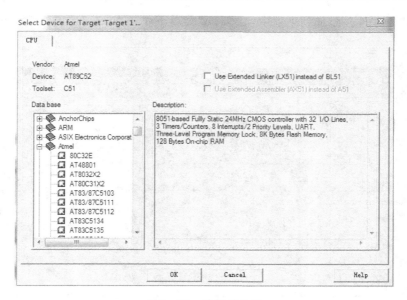

图 3 - 99　选择单片机

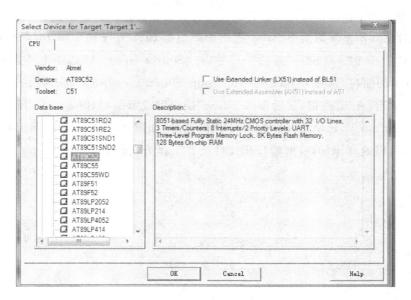

图 3 - 100　选择单片机型号

在弹出的提示窗上选择"否",不复制 8051 驱动代码到工程中,如图 3 - 101 所示。

图 3 - 101　选择是否复制 8051 驱动代码到工程

(4)创建 C 文件并添加到工程中,在"File"菜单下单击"New"选项新建一个文件,如图 3-102所示。

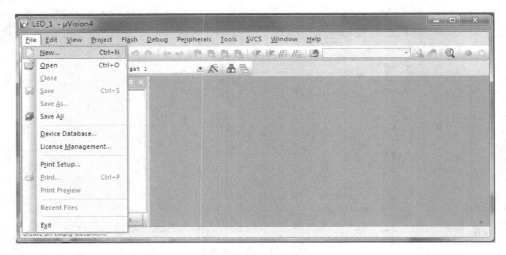

图 3-102 新建文件

文件保存为 LED.c,如图 3-103 所示。然后添加此文件到工程中,在软件界面左侧 "Project"窗体中单击"Target 1"前的"+"号,在"Source Group 1"选项上单击右键,弹出如图 3-104 所示的窗口,选择"Add Files to Group'Source Group 1'",在弹出的窗体中选择要添加的文件,单击"Add"按钮,最后单击"Close"按钮完成添加,如图 3-105 所示。这时可以看到"Source Group 1"下多了一个 LED.c 代码文件,如图 3-106 所示。当工程中有多个代码文件时,都可以这样添加,这时源代码文件就和工程关联起来了。

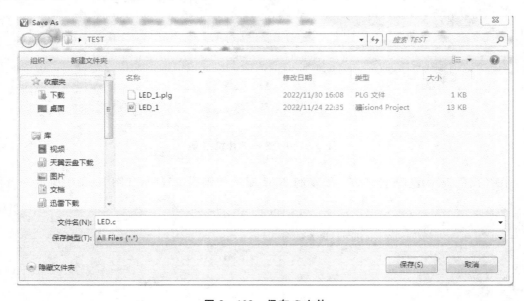

图 3-103 保存 C 文件

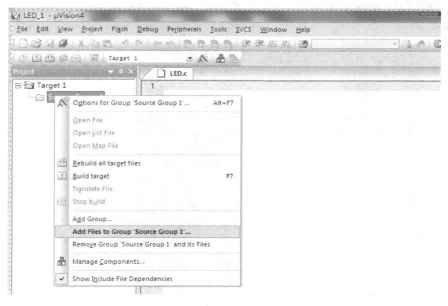

图 3-104　添加文件到工程

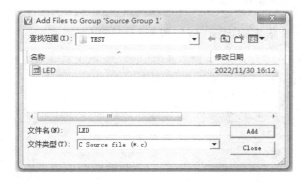

图 3-105　选择添加文件

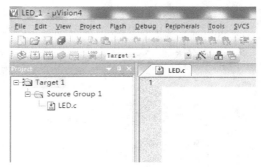

图 3-106　添加文件完成

关联后就可在 LED.c 文件中用 C 语言编写程序,如图 3-107 所示,点亮一个 LED 灯。

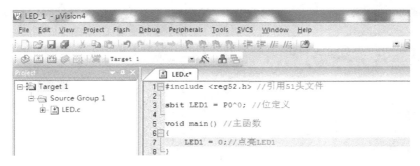

图 3-107　C 语言编辑窗口

单击"Target Options"图标 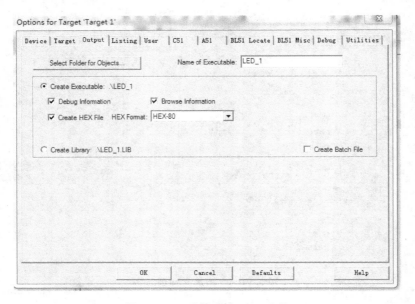，单击"Output"选项卡，勾选"Create HEX File"，然后点"OK"，如图 3-108 所示。

图 3-108　设置生成 HEX 文件

单击"Rebuild"图标 ，编译后会出现一个信息输出窗口，如图 3-109 所示。

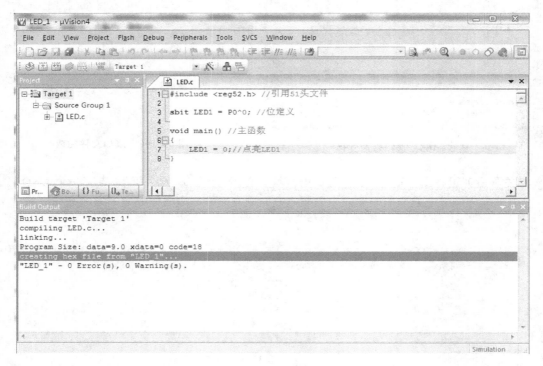

图 3-109　编译窗口

此时可以看到编译过程及编译结果,窗口中信息表示工程成功编译通过,同时生成了LED_1. hex文件,如图 3－110 所示。如果编译完成提示有"Error",应根据错误信息查找错误,改正后重新保存、编译,直至成功通过。

名称	修改日期	类型	大小
LED.c	2023/2/15 9:12	C Source File	1 KB
LED.LST	2023/2/15 9:12	LST 文件	1 KB
LED.OBJ	2023/2/15 9:12	360压缩	1 KB
LED_1	2023/2/15 9:12	文件	1 KB
LED_1.hex	2023/2/15 9:12	HEX 文件	1 KB
LED_1.lnp	2023/2/15 9:12	LNP 文件	1 KB
LED_1.M51	2023/2/15 9:12	M51 文件	3 KB
LED_1.plg	2023/2/15 8:57	PLG 文件	0 KB
LED_1.uvopt	2022/12/2 20:11	UVOPT 文件	54 KB
LED_1.uvproj	2022/12/2 20:11	礦vision4 Project	13 KB
LED_1_uvopt.bak	2022/12/2 20:11	BAK 文件	54 KB
LED_1_uvproj.bak	2022/11/24 22:35	BAK 文件	13 KB

图 3－110　生成 HEX 文件

此时可通过程序烧写软件把生成的 LED_1. hex 文件烧写到开发板上的 51 芯片中。

3.5.2　烧写软件的使用

在使用烧写软件之前,需要先安装 51 开发板的串口驱动程序。找到 新版CH340SER 这个文件夹,打开,双击 SETUP.EXE 安装程序,出现如图 3－111 所示界面,点击"安装",程序自动安装完成。

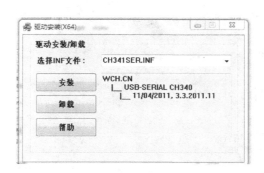

图 3－111　驱动安装界面

双击 stc-isp-15xx-v6.86O.exe 软件图标,打开程序烧写软件,如图 3－112 所示。设置单片机型号为STC89C52RC/LE52RC,这时会发现串口号处会识别到 51 开发板,串口号处显示USB-SERIAL CH340(COM6),后面括号里的串口号不定。如果没有显示,可点击下拉箭头手动选择,如果下拉后没有选项,应检查串口驱动是否安装成功,可重新安装后再试。如果还是没有,再检查 USB 连接口是否可靠。

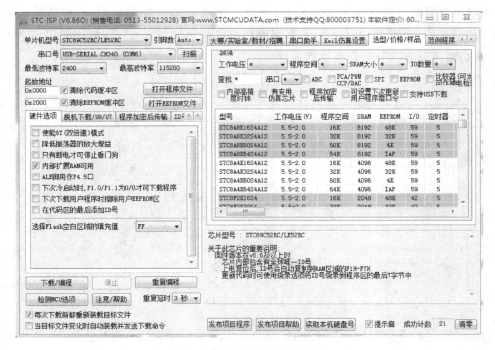

图 3 - 112　ISP 程序下载界面

打开程序代码文件夹,如图 3 - 113 所示,选择要烧写的程序文件 LED_1. hex,点击"打开",可以看到二进制文件如图 3 - 114 所示。

图 3 - 113　选择要下载程序

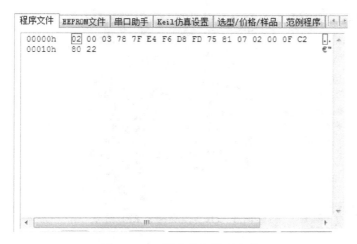

图 3 - 114 程序的二进制文件

关闭开发板电源,点击下载/编程,然后打开开发板电源,即可将程序下载到 51 芯片中。如出现图 3 - 115 所示提示,说明下载成功。

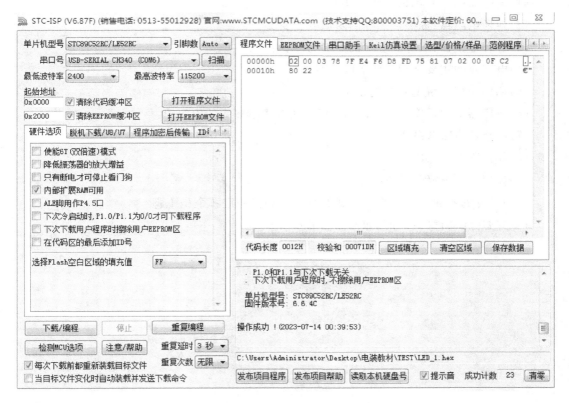

图 3 - 115 程序下载成功

可以看到第一个 LED 灯被点亮,如图 3 - 116 所示。

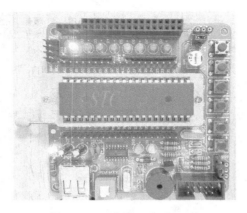

图 3 - 116　点亮一个 LED 灯

思考题

(1)电阻器的主要标识方法有哪几种？

(2)四环电阻器:棕黑黑黑棕的阻值为多少？

(3)五环电阻器:绿棕黑橙棕的阻值为多少？

(4)电容器的主要标识方法有哪几种？

(5)如何判断电解电容器的正负极？

(6)电容器上用数字标识 223、30,请说明各表示多大的电容值。

(7)电感器有哪些基本参数？

(8)如何判断二极管的极性？

(9)如何判断三极管的三个电极？

(10)常见的集成芯片的封装方式有哪些？ 如何确定哪个是 1 脚？

(11)贴片元器件的型号是如何命名的？

第4章　PCB 的基础知识和生产工艺

印制电路板（printed circuit board，PCB）简称印制电路板，是在一块覆铜板材上，按照预定设计的线路形成点与点之间连接的印刷板，主要起到中继传输的作用，是电子元器件的支撑体，广泛应用于通信电子、消费电子、汽车电子、工控、医疗、航空航天、半导体封装等领域。

通过对本章的学习，读者应掌握 PCB 的基础知识，熟悉 PCB 设计的基本原则，了解常见的 PCB 制造工艺。

学习目标

(1)掌握 PCB 的基础知识，如 PCB 的概念、PCB 的组成及其各元素的作用、PCB 的分类等。

(2)熟悉 PCB 设计前的准备工作，能够根据需求进行 PCB 基板选择，确定 PCB 形状、尺寸，并进行电路的工作原理及性能分析等。

(3)熟悉 PCB 的设计原则，如元器件布局原则、布线原则，了解 PCB 干扰产生的原因及抑制方法。

(4)了解常见 PCB 生产的工艺及工序。

能力目标

(1)能够根据需求选择合适的 PCB 基板，确定 PCB 的尺寸，并能够进行必要的电路工作原理与性能分析。

(2)在设计 PCB 过程中能够按照元器件布局原则、布线原则，做到合理布局、布线，减少 PCB 干扰的产生。

思政目标

(1)树立正确的科学发展观，培养积极探索、终生学习的意识。

(2)养成一丝不苟、精益求精的工匠精神。

(3)了解我国在 PCB 生产领域取得的成就以及存在的不足，弘扬刻苦勤奋的学习精神，攻坚克难、敢为人先的创新精神以及忠诚奉献的爱国精神，强化对专业的认同感，激发课程学习动力及爱国情怀。

4.1 PCB 的基础知识

4.1.1 PCB 的概念

PCB 是采用电子印刷术制作的,故曾被称为"印刷"电路板,PCB 的外观如图 4-1 所示。

图 4-1 PCB

4.1.2 PCB 的组成及各元素的作用

PCB 的作用就是将电子设备中的各个元器件固定在一块板子上,并使这些元器件能进行正确的电气连接。PCB 上一般包括:介电层、线路与图面、孔、阻焊油墨、丝印、表面处理层等,如图 4-2 所示,各种元素的作用和功能如下。

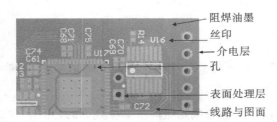

图 4-2 PCB 的组成元素

1. 介电层(dielectric layer)

介电层即 PCB 基板或基材,使用绝缘材料制作而成,用来承载电路中的元器件,支撑整个电路,以及保持线路及各层之间的绝缘性,例如目前市场上最常见的 FR-4 板材。

2. 线路与图面(pattern)

此即 PCB 上的铜箔。在电路板中,铜箔可以有多种作用,比如导线、焊盘、填充和电气边界等。具体功能如下。

（1）导线：用来连接电路板上各元器件的引脚、实现各元器件之间的电信号连接。

（2）焊盘：把元器件固定在电路板上，提供集成电路芯片等各种电子元器件固定、装配的机械支撑。

（3）填充：比如覆铜，就是将 PCB 上闲置的空间用铜箔填充。覆铜可以起到减小地线阻抗、提高抗干扰能力、降低压降、提高电源效率等作用。

（4）电气边界：用来确定电路板的尺寸，电路板上的任何部件不可以超出电气边界。

3. 孔（through hole/via）

常见的通孔可以用来安装插装元器件。孔壁有铜的金属化过孔也可以用来在不同的层之间建立电气连接；孔壁没有铜的非金属化过孔通常用来定位、组装时固定螺丝等。

4. 阻焊油墨（solder resistant /solder mask）

阻焊油墨在铜箔层的上面，覆盖了 PCB 的大部分（包括走线），防止 PCB 上的走线和其他的金属、焊锡或者其他的导电物体接触导致短路，但是露出了焊盘，以便在正确的地方进行焊接，防止焊锡搭桥。阻焊油墨有绿油、红油、蓝油等不同的种类，使得 PCB 呈现不同的颜色。

5. 丝印（legend /marking/silk screen）

白色丝网印刷层印刷在阻焊层之上。丝印为 PCB 增加了字母、数字和符号标识，主要的功能是在电路板上标注各元器件的名称、位置框，方便组装、维修及辨识。丝印层不是必须要有的。

6. 表面处理层（surface finish layer）

由于铜面在一般环境中很容易氧化，导致无法上锡，因此会对需要锡焊的铜面进行保护。保护的方式有喷锡、沉金等，这些方法统称为表面处理，不同的方法各有优缺点。

4.1.3　PCB 的分类

PCB 可以按不同的方式进行分类，以下几种分类比较常见。

• 基于基板刚柔特性的分类：根据基板的刚柔特性，PCB 可分为刚性 PCB、柔性 PCB 和刚挠性 PCB。

• 基于 PCB 上导体铜箔层数的分类：根据层数，PCB 可分为单层/单面 PCB，双层/双面 PCB 和多层 PCB。

• 基于基板材料的分类：根据基板的材料，PCB 可以分为有机材料 PCB 和无机材料 PCB 等。

1. 基于基板刚柔特性的 PCB 分类

基于基板的刚柔特性可以将 PCB 分为如下几种类型。

(1)刚性 PCB 或硬质 PCB：是使用刚性固体材料基板制造的，如图 4-3 所示。这种坚固的基板可防止 PCB 扭曲或弯折，是最常见的 PCB 类型。它可以是单层也可以是双层或多层。玻璃纤维是用于制造刚性 PCB 的常用制造材料，因为它可以防止扭曲，因此可以将安装的组件保持在原位。计算机主板是此类 PCB 的最常见示例。

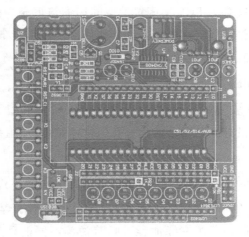

图 4-3　刚性 PCB

(2)柔性 PCB：与刚性 PCB 不同，柔性 PCB 是由柔性基板制造的，因此得名，如图 4-4 所示。它可以制成单层、双层或多层，并具有灵活的背衬。柔性 PCB 的最大优点是可以根据应用方便地包裹或折叠。这种 PCB 由柔性基板制成，具有防水、耐腐蚀和温度效率高的特点，是要求高弯曲度和挠曲性的应用的理想选择。多年来，由于柔性 PCB 的柔性特性以及与任何类型的组件或连接器的兼容性使其获得了极大的普及。柔性 PCB 的常见应用是便携式电子设备、台式打印机等。

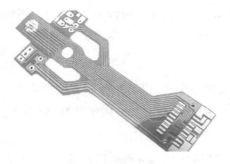

图 4-4　柔性 PCB

(3)刚挠式 PCB：刚挠式 PCB 是上述类型 PCB 的结合。此类电路板是通过在刚性 PCB 上层叠加柔性导电层而制成的，如图 4-5 所示。这种类型 PCB 的好处在于，它提供了简化的设计，并减少了 PCB 的重量和尺寸。与柔性 PCB 一样，刚挠式 PCB 也可以承受高温和恶劣的工作环境。刚挠式 PCB 的常见应用如数码相机、手机等。

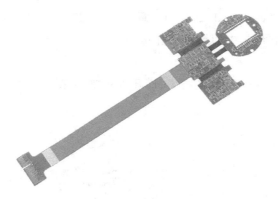

图 4 - 5　刚挠式 PCB

2. 基于 PCB 上导体铜箔层数的 PCB 分类

按照 PCB 上导体铜箔的层数,PCB 可分为以下几种类型。

(1)单层或单面板(single layer PCB):单面板是最基本的 PCB,元器件集中在其中一面,导线则集中在另一面上。因为导线只出现在其中一面,所以就称这种 PCB 为单面板,其结构如图 4 - 6(a)所示。单面板在设计线路上有许多严格的限制(因为只有一面,所以布线时不能交叉),早期的电子产品常使用这类 PCB。

(2)双层或双面板(double layer PCB):双面板是顶层(top)和底层(bottom)双面都覆有铜箔的 PCB,两面都可以布线、焊接,中间为一层绝缘层,为常用的一种 PCB,其结构如图 4 - 6(b)所示。由于两面都可以走线,大大降低了布线的难度,因此双面板被广泛采用。

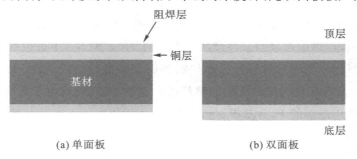

(a) 单面板　　　　　　　　　　　(b) 双面板

图 4 - 6　单面板和双面板结构示意图

(3)多层板(multi-layer PCB):多层板是双层板的进一步发展。顾名思义,其具有多层导电铜箔。制作多层板一般使用双层板作为芯板,然后在芯板上下两面分别放置半固化片(prepreg,PP)和铜箔,经过热压冷压后,芯板、PP、铜箔叠加在一起形成多层板结构,如图 4 - 7所示。PP 的主要成分也是玻璃纤维和环氧树脂。

图 4 - 7　多层板结构示意图

图 4-8 所示是一张四层 PCB 的结构示意图。该电路板分为顶层、底层和中间层,其中顶层和底层一般作为信号层,中间层可用作电源层或者接地层。孔壁镀铜的过孔起着各层间电气连接的作用。

设计人员和制造商可以利用多层 PCB 开发更加复杂的电路和设备,例如计算机、手机等。

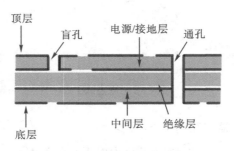

图 4-8 四层 PCB 结构示意图

3.基于基板材料的 PCB 分类

根据 PCB 基板增强材料的不同,PCB 可分为有机材料 PCB、无机材料 PCB。

有机材料基板包括纸基板、玻璃纤维布基板等。

无机材料基板包括铝基板、铜基板、陶瓷基板等。

根据树脂胶黏剂的不同,PCB 基板又分为酚醛树脂、环氧树脂、聚酯树脂胶黏剂PCB 等。

例如,市场上最常见的 FR-4 板材,是由玻璃纤维布作为增强材料,由环氧树脂作为胶黏剂,双面覆以铜箔,经热压而成的一种产品。这里的 FR-4 其实并不是板材的型号,而是一种耐燃材料等级的代号,它表示材料经过燃烧状态后能够自行熄灭。在 FR-4 中,字母 FR 表示阻燃剂,4 表示具有环氧树脂的机织玻璃纤维。这种 PCB 板材由于具有多种经济和机械优势,成为目前使用最多的 PCB 基板材料。

4.1.4 PCB 图层

设计 PCB 需要使用 EDA(electronic design automation 电子设计自动化)软件,不同的EDA 软件虽然操作方法不一样,但是设计 PCB 的流程都是:首先绘制不同的图层,然后把这些图层进行上下叠加,最终形成 PCB 文件。

常用的 PCB 图层包括机械层、线路层、丝印层、阻焊层、助焊层等。PCB 各常用图层的定义如表 4-1 所示。

表 4-1 PCB 各常用图层的定义

英文	中文	定义
Mechanical	机械层	定义 PCB 的物理边框数值大小

英文	中文		定义
Top Layer	线路层（信号层）	顶层	信号层分为顶层、底层，这是进行电气连接的层，能放置元器件，也能布置走线
Bottom Layer		底层	
Top Overlayer	丝印层	顶层丝印层	定义顶层（底层）丝印字符，就是平时在 PCB 上看到的元器件编号、字符和元器件框
Bottom Overlayer		底层丝印层	
Top Paste	助焊层（锡膏层）	顶层助焊层	定义 PCB 板顶层（底层）中不刷绿油的层
Bottom Paste		底层助焊层	
Top Solder	阻焊层	顶层阻焊层	定义顶层（底层）不可焊的区域，以保护铜箔不被氧化等，即平时在 PCB 上刷的绿油
Bottom Solder		底层阻焊层	
Drill Guide	过孔层	过孔引导层	过孔层提供电路板制造过程中的钻孔信息
Drill Drawing		过孔钻孔层	
Multi-layer	多层		电路板上焊盘和过孔要穿透整个电路板，与不同的导电图形层建立电气连接关系，因此系统专门设置了一个抽象的层——多层。一般，焊盘与过孔都要设置在多层上，如果关闭此层，焊盘与过孔就无法显示出来
Keepout Layer	禁止布线层		定义电气特性的布线边界，此边界外的其他区域不能有具有电气特性的布线

除了上面介绍的图层，在不同的 EDA 设计软件中还会有一些不同的辅助图层，读者可以针对不同的软件进行进一步的了解和学习。软件中，为了便于分辨不同的图层，会默认设置它们为不同的颜色。当然，也可以对各图层的颜色进行个性化设置，弄清楚各图层的用途之后，就可以合理地使用它们设计自己的 PCB。

4.2 PCB 设计前的准备

4.2.1 PCB 板材选择

PCB 板材的性能会较大程度地影响电路板的电气性能、机械性能和可靠性，所以必须仔细选择。

选择 PCB 板材一般要考虑其热性能、电学特性、化学性质、机械性能。反映这些特性的参数很多，比较常见的如玻璃化温度（T_g）、介电常数（ε_r）、热膨胀系数、导热系数、易燃性、剥离强度等。

玻璃化温度（glass transition temperature，T_g）：表示 PCB 板材在高温受热下发生玻璃

化转换时的温度，T_g 值分为普通、中、高。高 T_g 是指 $T_g \geqslant 170\ ℃$，中 T_g 是指 $T_g \geqslant 150\ ℃$，普通 T_g 是指 $T_g \geqslant 130\ ℃$。T_g 值是一个临界点，T_g 值越高，板料的耐热性越好。

介电常数（ε_r）：在高频电路中，基板介电常数越低，信号传播速度越快，因此要得到高的信号传输速率，就需要介电常数低的基板材料。介电常数除了直接影响信号的传输速度以外，还在很大程度上决定了印制导线的特性阻抗，在高速电路中需要高的特性阻抗，而基板介电常数越小，特性阻抗越大。因此，对于高频、高速的 PCB，要求介电常数值低。在大多数 PCB 基板材料中，ε_r 的范围在 2.5 至 4.5 之间。

表 4-2 提供了一些常见 PCB 板材的参数和用途。概括起来，选择 PCB 板材一般考虑电气性能、后期使用环境、材料成本、环保要求等。

表 4-2　常见 PCB 板材的参数和用途

PCB 板材	典型用途	ε_r	$T_g/℃$	推荐板型
FR-4	基材，层压板	4.2～4.8	135	标准
CEM-1	基材，层压板	4.5～5.4	150～210	高密度
RF-35	底层	3.5	130	高密度
聚酰亚胺	底层	3.8	≥250	高压，微波，高频
聚四氟乙烯	底层	2.1	240～280	高压，微波，高频

1. 电气性能要求

在电气性能方面，要求板材的绝缘电阻、耐电压强度、耐电弧性能等要满足产品要求。选择高频、高速电路的基板材料时，要求其具有较低的介电常数和介质损耗因数，常采用聚四氟乙烯（PTFE）玻璃纤维基板等。

2. 满足 PCB 使用环境的要求

选择 PCB 基板要考虑与 PCB 使用环境有关的参数要求，比如强度、玻璃化温度、热膨胀系数、导热系数、易燃性、剥离强度等。在使用环境条件下，PCB 的性能降低不能影响电子产品整机的质量。

要选择耐热性好、膨胀系数低、剥离强度高、平整度好的板材。应适当选择玻璃化温度较高的基材，T_g 应高于电路工作温度。电路板必须耐燃，在一定温度下不能燃烧，只能软化。

对于一般的电子产品，常采用 FR-4 环氧玻璃纤维基板；对于使用环境温度较高或挠性电路板，常采用聚酰亚胺玻璃纤维基板；对于散热要求高的电子产品，应采用金属基板。

3. 满足成本、环保性要求

任何产品的设计都必须考虑成本最低的原则，选用 PCB 的基材也是同样，在满足性能和使用要求的前提下，尽量使成本最低。基材的种类繁多、成本相差很大，在选用时需要对基材的性价比进行评估，选用最佳性价比的基材。

考虑环保是技术发展的必然趋势,在产品设计过程中就应考虑使产品在整个生命周期内对环境产生的影响最低,所以在选用基材时应最大限度地采用可再生、可回收或环保型材料。

4.2.2　确定 PCB 形状、尺寸、厚度

PCB 的形状通常与整机外形有关。一般采用长宽比例不太悬殊的矩形,可简化成型加工,必要时也可采用异形板,但会增加制板难度和加工成本。

PCB 尺寸的确定要考虑到整机的内部结构和 PCB 上元器件的数量、尺寸及安装排列方式。板上元器件在排列时彼此间应留存一定的间隔,特别是在高压电路中,要注意留存足够的间距。在考虑元器件所占面积时,要注意发热元器件需安装的散热器的尺寸。在 PCB 的净面积确定后,还应向外扩出 5～10 mm(单边),以便于 PCB 在整机安装中的固定。

在选择 PCB 的厚度时,主要根据 PCB 尺寸、所选元器件的重量及使用条件等因素来确定,如果 PCB 的尺寸过大、所选元器件过重,则应适当增加 PCB 的厚度。

一般在 PCB 生产中,覆铜板的厚度有系列标准值,选用时应尽量采用标准厚度值,常用的有 0.8 mm、1.0 mm、1.2 mm、1.5 mm、1.6 mm、2.0 mm 等。PCB 厚度一般选 1.5 mm。

4.2.3　电路的工作原理及性能分析

设计 PCB 之前必须对电路的工作原理进行认真分析,了解电路中各个单元的功能,充分考虑可能出现的各种干扰,提出抑制方案,通过对电路原理图的分析应明确以下问题。

(1)熟悉原理图中的每个元器件,掌握每个元器件的功能、外形尺寸、封装形式、引线方式、引脚排列顺序等。如,元器件采用普通直插封装还是 SMT 封装?电源变压器是否安装在 PCB 上?哪些元器件因发热而需要安装散热片?如需安装散热片,计算散热片面积。确定元器件的安装位置。

(2)了解电路中各个单元的功能以及信号流向,掌握哪些信号是输入信号、哪些信号是输出信号等。

(3)找出原理图中可能产生的干扰源,以及易受外界干扰的敏感元器件。

(4)确定采用单面 PCB、双面 PCB,还是多层 PCB。

(5)确定对外连接方式是采用连接器连接,还是采用多芯扁平排线连接,亦或是根据信号分类采用不同的接插件、端子排等。

4.3　PCB 的设计原则

PCB 设计是现代电子设备设计中的重要环节,其设计质量不仅关系到元器件在焊接装配、调试中是否方便,而且直接影响整机的技术性能。

PCB 设计的总要求是:在保证电路性能、保持良好电磁兼容性的基础上,做到装焊方

便、牢固可靠、整齐美观。然而,目前并无固定的设计模式,具体设计工作中具有很大的灵活性和离散性。同一张原理图,不同的设计者会有不同的设计方案。以下介绍一些基本原则,它们是人们在长期实践中总结出来的,应认真体会和遵守。

4.3.1　元器件布局的原则

在 PCB 上对元器件进行布局时,首先要根据元器件的尺寸大小、数目多少确定 PCB 的尺寸,然后确定特殊元器件的位置,最后分别根据不同电路单元对电路的全部元器件进行布局。

1.确定特殊元器件的位置时要遵守的原则

(1)高频元器件之间的连线应尽可能短,以减少它们的分布参数和相互间的电磁干扰;易受干扰的元器件之间的距离不能太近。

(2)对于某些电位差较高的元器件或导线,应加大它们之间的距离,以免放电引起意外短路;高压元器件应尽量布置在调试时手不易触及的地方。

(3)对于较重的元器件,安装时应加装支架固定,或安装在整机的机箱底板上。

(4)对于一些发热元器件应考虑散热问题;热敏元器件应尽量远离发热元器件。

(5)对可调元器件的布局,应考虑整机的结构要求,其位置布设应方便调整。

(6)在 PCB 上应留出定位孔及固定支架所占用的位置。

2.根据电路功能单元对电路的全部元器件进行布局的原则

按电路模块实现功能划分,如时钟电路、放大电路、驱动电路、A/D 或 D/A 转换电路、I/O电路、开关电源电路和滤波电路等。PCB 设计时可根据信号流向对整个电路进行模块划分,达到整体布线路径短,各模块互不交错、减少模块间互相干扰的目标。

(1)按照信号的流程安排各个功能电路单元的位置,要便于信号传输,并使信号尽可能保持方向一致。

(2)以每个功能电路的核心元器件为中心,围绕它进行布局。

(3)在高频下工作的电路,要考虑元器件之间的分布参数。

4.3.2　布线的原则

良好的布线方案是设备可靠工作的重要保证。在进行 PCB 布线时,为了使电路板的设计更合理,抗干扰性能更好,应从以下几方面考虑。

(1)合理选择层数。在 PCB 设计中对高频电路板布线时,利用中间层作为电源和地线层,可以起到屏蔽的作用,能有效降低寄生电感、缩短信号线长度、降低信号间的交叉干扰。

(2)印制导线的宽度要满足电流的要求且长度应尽可能短,在高频电路中更应如此。两根导线并行距离越短越好。

(3)印制导线的拐弯处应呈圆角或 45°角,这样可以减小高频信号的发射和相互之间的耦合。

（4）过孔数量越少越好。

（5）层间布线应尽量相互垂直、斜交或弯曲走线，避免相互平行，以减小寄生耦合。

（6）高频电路应采用岛形焊盘，并采用大面积接地布线。增加接地的覆铜可以减小信号间的干扰。

（7）电路中的输入及输出印制导线应尽量避免相邻平行，以免发生干扰。在这些导线之间最好加接地线包络。

（8）对重要的信号线进行包地处理，可以显著提高该信号的抗干扰能力，当然还可以对干扰源进行包地处理，使其不能干扰其他信号。

（9）充分考虑可能产生的干扰，并同时采取相应的抑制措施。

4.3.3　PCB 干扰的产生及抑制

当前电子设备越来越趋向于多功能、小型化，这就使得 PCB 上的元器件集成度和布线密度越来越高。电磁干扰会干扰信号传输并降低信号完整性，如何在高集成度 PCB 上抑制干扰就成为了一个关键问题。除了电子元器件的选择和电路设计之外，良好的 PCB 设计也是一个非常重要的因素。产生干扰现象的原因很多，PCB 布线不合理、元器件位置安排不当等问题都可能引入较强的干扰，使电路不能正常工作。这里对 PCB 上常见的 4 种干扰及其抑制方法作简单介绍。

1. 地线的共阻抗干扰及抑制

几乎所有电路都存在一个自身的接地点。电路中接地点的概念表示该点为零电位，其他电位均相对于这一点而言。然而 PCB 上的地线并不能保证是绝对零电位，而往往存在一定的电位值。虽然该电位可能很小，但由于电路的放大作用，可能产生较大的干扰。

如图 4-9 所示，电路 I 与电路 II 共用地线 AB 段，在原理图中，A 点与 B 点同为零电位，但在实际电路中，如果 A 点与 B 点之间有导线存在，就必然存在一定的阻抗，当流经较大电流或流经回路的电流频率较高时，此阻抗都会造成不可忽视的干扰。由此可见，造成这类干扰的主要原因是两个或两个以上的回路共用一段地线。

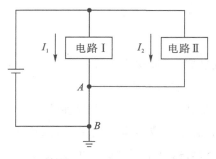

图 4-9　地线产生的干扰

为了克服地线的共阻抗干扰,应尽量避免不同回路电流同时流经某一段共用地线,特别是在高频和大电流回路中,在 PCB 的地线布设中,首先考虑各级的内部接地,同级电路的几个接地点要尽量集中,称为一点接地。避免其他回路的交流信号窜入本级,或本级中的交流信号窜入其他回路。

同级电路中的接地处理好后,要布设整个 PCB 的地线,防止各级之间的干扰。下面介绍三种接地方式。

(1)并联分路式接地。将 PCB 上几部分地线分别通过各自地线汇总到线路的总接地点,如图 4-10(a)所示。这是理论接法,在实际设计中,印制电路的公共地线一般设在 PCB 的边缘,且比一般导线宽。各级电路就近并联接地,但若周围有强磁场,则公共地线不能构成封闭回路,以免引起电磁感应。

(2)大面积覆盖接地。在高频电路中,可采用扩大 PCB 的地线面积来减少地线中的感抗,同时可对电场干扰起屏蔽作用。图 4-10(b)为一高频信号 PCB 的大面积覆盖接地。

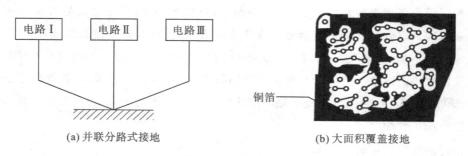

(a)并联分路式接地　　　　　　　　(b)大面积覆盖接地

图 4-10　接地方式

(3)地线的分设。在一块 PCB 上,若布设模拟地线和数字地线,则两种地线要分开,供电也要分开,以避免相互干扰。

2. 电源干扰及抑制

电子仪器的供电绝大多数是由交流市电通过降压、整流、稳压后获得的。电源质量的好坏直接影响整机的技术指标。而电源的质量除受电路设计影响外,布线工艺设计不合理也会产生干扰,特别是交流电源的干扰。一般在布线时应该注意,电流线不要走平行大环形线,电源线与信号线不要太近,并避免平行。

3. 磁场干扰及抑制

PCB 的特点是元器件安装紧凑、连接密集,因此,若设计不当,就会给整机带来分布参数造成的干扰和元器件相互之间的磁场干扰等。

分布参数造成的干扰主要是由印制导线间的寄生耦合产生相互耦合的等效电感和电容引起的。布线时,不同回路的信号线应尽量避免平行,双面 PCB 上两面的印制导线尽量做到不平行布设,在必要的场合,可通过采用屏蔽的办法来减少干扰。

元器件间的磁场干扰主要是扬声器、电磁铁、永磁式仪表、变压器、继电器等产生的恒磁场和交变磁场对周围元器件、印制导线产生的干扰。因此在布设时,应尽量减少磁力线对印制导线的切割、避免两磁性元器件相互垂直以减少相互耦合。

4. 热干扰及抑制

热干扰是指由于发热元器件的影响而造成的使温度敏感元器件的工作特性发生变化以致整个电路的电性能发生变化的干扰。在元器件布设时,要找出发热元器件与温度敏感元器件,使热源处于较好的散热状态,并尽量不将热源安装在 PCB 上。当必须安装在 PCB 上时,要配置足够的散热片,防止温升过高对周围元器件产生热传导或热辐射。

4.3.4　元器件的安装与布局

1. 元器件安装方式

1)一般元器件的安装

一般元器件在 PCB 上的安装固定方式分为立式和卧式两种,如图4-11所示。

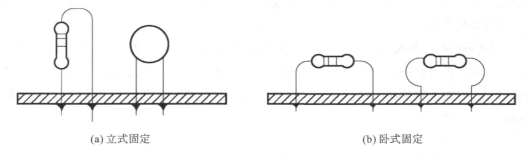

(a) 立式固定　　　　　　　　　　　　　(b) 卧式固定

图 4-11　一般元器件安装方式

（1）立式固定。立式固定占用面积小,适合于要求排列紧凑密集的产品。采用立式固定的元器件应小型、轻巧,过大、过重的元器件会由于机械强度差而易倒伏,造成元器件间的碰触,从而降低整机的可靠性。

（2）卧式固定。与立式固定相比,卧式固定具有机械稳定性好、排列整齐等特点,但占用面积较大。

在 PCB 设计中,可根据实际情况灵活选用立式固定和卧式固定,但总的原则是确保电路的抗振性好,安装维修方便,元器件排列疏密均匀,有利于印制导线的布设。

2)大型元器件的安装

体积大、质量大的大型元器件一般最好不要安装在 PCB 上,这些元器件不仅占据了 PCB 上的大量面积和空间,而且在固定这些元器件时,往往使 PCB 变形而造成一些不良影响。对必须安装在板上的大型元器件,装焊时应采取固定措施,如图4-12所示,否则若长期振动则极易使引线折断。

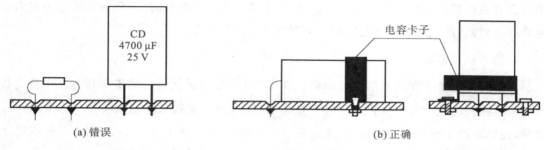

(a) 错误   (b) 正确

图 4 - 12　大型元器件的安装

2. 元器件排列方式

元器件在 PCB 上的排列方式可分为不规则排列和规则排列两种。选用时可根据电路的实际情况灵活掌握。

(1)不规则排列。不规则排列如图 4 - 13 所示,元器件轴线方向彼此不一致,在板上的排列顺序也无一定规则。在这种排列方式中,元器件一般以立式固定为主。此种方式看起来杂乱无章,但印制导线布设方便,印制导线短而少,可减少 PCB 分布参数,抑制干扰,特别是对抑制高频干扰极为有利。

(2)规则排列。规则排列如图 4 - 14 所示,元器件轴线方向一致,并与板的四边垂直或平行。一般元器件的卧式固定以规则排列为主。这种方式排列规范,整齐美观,便于安装、调试、维修,但布线受方向、位置的限制而变得复杂,常用于板面宽松、元器件种类少的低频电路中。

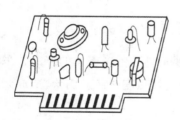

图 4 - 13　元器件不规则排列

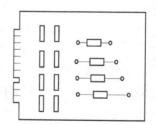

图 4 - 14　元器件规则排列

3. 元器件布局注意事项

元器件布局决定了板面的整齐美观程度和印制导线的长度,也在一定程度上影响着整机的可靠性,布设时有以下注意事项。

(1)元器件在整个板面上应均匀分布,疏密一致。

(2)元器件不要占满板面,要四周留边,便于安装固定,留空的大小要根据 PCB 的面积和固定方式来确定。位于 PCB 边上的元器件,距离 PCB 的边缘至少大于 3 mm。电子仪器内的 PCB,四周一般都留有 5~10 mm 空间。

（3）元器件尽量布设在板的一面，每个引脚应单独占用一个焊盘。

（4）元器件的布设不可上下交叉，如图 4 - 15 所示。相邻元器件间保持一定间距，间距不能过小，避免相互碰接。如果相邻元器件的电位差较高，则应当保持安全距离。一般环境中的间隙安全电压是 220 V/mm。

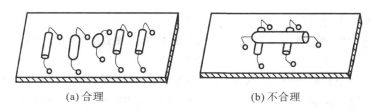

(a) 合理　　　　　　　　　　(b) 不合理

图 4 - 15　元器件布设

（5）一般元器件的安装高度要尽量低，元器件的引线离开板面不要超过 5 mm，过高则承受振动和冲击的稳定性变差，容易倒伏或与相邻元器件碰触。

（6）根据 PCB 在整机中的安装位置及状态，确定元器件的轴线方向。规则排列时，应该使体积较大的元器件的轴向在整机中处于竖立状态，可以提高元器件在板上固定的稳定性，如图 4 - 16 所示。

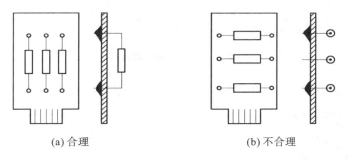

(a) 合理　　　　　　　　　　(b) 不合理

图 4 - 16　元器件轴向设置

（7）元器件两端焊盘的跨距应该稍大于元器件的轴向尺寸。引线不要齐根弯折，弯折时应该留出一定距离（至少 2 mm），以免损坏元器件。

4.3.5　焊盘的设计

焊盘是 PCB 上的一个重要元素，几乎所有的电子元器件都是通过焊盘来固定在 PCB 上，同时，几乎所有的导线都是起始于焊盘结束于焊盘，如图 4 - 17 所示。电路在工作时，导线中的电流一定是从一个焊盘流入另一个焊盘。为了能够让 PCB 分别承载直插电子元器件和贴片电子元器件，PCB 工程师们会把焊盘设计为直插焊盘和贴片焊盘，如图 4 - 18 所示，它们的主要区别简单来说就是一个有孔，一个没孔。下面分别介绍它们是如何设计的。

图 4-17 焊盘与导线　　　　　图 4-18 直插焊盘和贴片焊盘

直插焊盘由焊环和孔组成,电气连接 PCB 的顶层和底层,如图 4-19 所示。由于电子元器件的形状是多种多样的,其引脚也会有多种不同的类型,常见的有圆柱形、矩形和薄片形。圆柱形和矩形的引脚一般会设计一个内孔为圆形外部形状也是圆形或者是矩形的焊盘,圆柱形引脚的焊盘内径要稍微大于实物引脚的直径,以保证引脚能够顺利地插入孔中;矩形的引脚要特别注意,其焊盘内孔的直径要稍微大于矩形对角线的长度,而不是两条边的长度,如图 4-20 所示;薄片型引脚的焊盘可以把内孔设计为槽形,外部形状设计为椭圆形或者矩形,如图 4-21 所示。

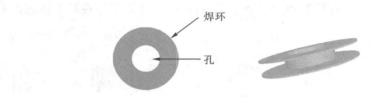

图 4-19　直插焊盘组成

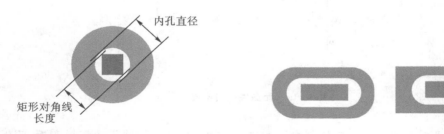

图 4-20　矩形引脚与焊盘内孔的尺寸关系　　　　图 4-21　薄片型引脚焊盘

贴片焊盘在 PCB 上只位于顶层或底层。常见的贴片焊盘形状包括矩形、圆形和椭圆形。连接贴片焊盘的导线如果想从顶层连接到底层,则需要通过过孔来实现,如图 4-22 所示。

图 4-22　贴片焊盘

常见的焊盘表面处理工艺有喷锡和沉金两种,如图 4-23 所示(可扫描二维码看彩图)。表面处理后的焊盘在空气中不易被氧化,同时也更容易焊接元器件。喷锡后的焊盘呈银色,沉金后的焊盘呈金色。沉金后的焊盘比喷锡的焊盘更加平整。大家可以根据自己的需求选择合适的表面处理工艺。

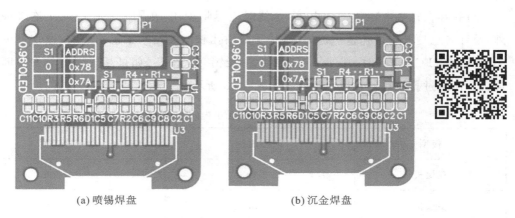

(a) 喷锡焊盘　　　　　　　　(b) 沉金焊盘

图 4-23　喷锡焊盘和沉金焊盘

4.3.6　过孔的设计

1. 过孔简介

过孔是双层和多层 PCB 中的一个重要组成部分,它的作用是连接两个不同层之间的导线,从而使这两个层之间有了电气连接关系。在一些设计简单的 PCB 中,可能不需要任何过孔,PCB 上的导线就可以全部连接完成。不过大多数情况下,由于 PCB 上的元器件种类比较多,元器件的引脚也比较多,导致单层无法走通全部导线,这时候就需要使用过孔了。

2. 过孔分类

过孔可以分为通孔、盲孔和埋孔,如图 4-24 所示。

图 4-24　通孔、盲孔、埋孔

通孔的应用范围最广,制作难度最低。它会贯穿整个双层板或者多层板的所有层,在实物电路板的两个面都可以用肉眼看到。

盲孔和埋孔只会在设计多层PCB时使用。盲孔是连接外层和内层的孔,只会在电路板实物的一面看到它,在另一面看不到。埋孔是负责内层上下面电气连接的孔,在实物电路板的两个面都看不到它。盲孔和埋孔制作成本较高,在设计时尽量使用通孔代替。

3. 过孔常用参数

过孔存在寄生电容和寄生电感,走线时应尽量少用,在同一层完成导线连接最好。另外,设计者总是希望过孔越小越好,但是受到钻孔和电镀技术工艺的影响,过孔不可能无限小。在设计PCB过孔时,其外径一定要比内径稍微大一些,如果相同就容易发生断路。目前工厂对于过孔设计的常用参数要求如表4-3所示。

表4-3 常见过孔最小内外径设计要求

板型	最小内径	最小外经
双层板	0.3 mm	0.5 mm
多层板	0.2 mm	0.4 mm

4. 金属化孔与非金属化孔

PCB上的孔一般可以分为电镀通孔(plating through hole,PTH)和非电镀通孔(non plating through hole,NPTH)两种。也经常把它们分别叫作金属化孔和非金属化孔。金属化孔,孔壁上有铜,具有电气连接特性,如图4-25所示,比如直插焊盘(pad)和过孔(via);非金属化孔的孔壁上没有铜,不具有电气连接特性,如图4-26所示。一般有两种情况需要使用非金属化孔,第一种情况是需要稳固元器件的时候,比如针对USB接口和网口上的塑料柱开的孔;第二种情况是需要把电路板固定到外壳上的时候,可以在相应的位置开非金属化孔,用螺丝固定。

图4-25 金属化孔

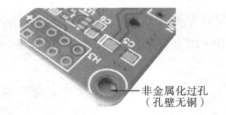

图4-26 非金属化孔

5. 孔径大小与孔径工差

一般PCB工厂通过钻孔工艺完成的孔,孔径的允许值最小是0.2 mm,最大是6.3 mm。对于直径大于6.3 mm的孔,工厂需要进行锣板工序处理。表4-4所示为常见孔径尺寸与加工工序。

表 4 - 4　常见孔径大小与加工工序

钻孔孔径/mm	加工工序
$0.2 \leqslant d \leqslant 6.3$	钻孔
$d > 6.3$	锣板

　　钻孔工序中成形的非金属化孔的孔径工差可以忽略不计；金属化孔，由于孔壁要做电镀，制成的实物会有一定工差，该公差为 $+0.13$ mm～-0.08 mm。

　　例如，设计 0.6 mm 的孔，实物板的成品孔径在 0.52 mm 到 0.73 mm 之间。使用焊盘作为螺丝孔时，孔径要设计得稍微大一些，以避免孔径工差引起的问题。

4.3.7　导线的设计

　　印制导线用于连接各个焊盘，PCB 设计都是围绕如何布置印制导线来进行的。

1. 印制导线的宽度和线隙

　　在 PCB 中，印制导线的主要作用是连接焊盘和承载电流。线宽的大小主要由铜箔与绝缘基板之间的黏附强度和流过它的电流决定，应以能满足电气性能要求并且便于生产为宜，它的最小值由可承受的电流大小而定，但不宜小于 0.2 mm。图 4 - 27 所示为线宽和线隙示意图。

图 4 - 27　线宽与线隙示意图

　　根据经验值，此时印制导线的载流量可按 20 A/mm^2（电流/印制导线截面积）计算。即当铜箔厚度为 0.05 mm 时，1 mm 宽的印制导线允许通过 1 A 的电流，因此可以确定，印制导线宽度数值（以 mm 为单位）等于负载电流数值（以 A 为单位）。对于集成电路的信号线，印制导线宽度可以选 0.2～1 mm，但是为了保证印制导线在板上的抗剥强度和工作可靠性，导线不宜太细。只要 PCB 的面积及线条密度允许，应尽可能采用较宽的印制导线，特别是电源线、地线及大电流的信号线更要适当加宽，可能的话，线宽应为 2～3 mm。

　　在 PCB 设计中，长度单位经常用到公制和英制两种方式，它们之间的转换关系为 1 in（英寸）＝1000 mil（密耳）＝25.4 mm。

　　在 PCB 设计软件中，导线的线宽一般默认为 10 mil。在某些情况下，可能需要修改线宽到更小，或者需要减小导线间距，虽然软件上可以修改线宽和线隙到任意值，但是如果超出工厂的加工能力，最终拿到手的电路板上线宽太窄的线可能就是断的，线隙太小的两条导线可能连在一起。目前常见的加工工艺中对线宽和线隙的要求为：

单面板、双面板线宽和线隙不小于 5 mil(约 0.127 mm)；

多层板线宽和线隙不小于 3.5 mil(约 0.0889 mm)。

2. 印制导线的走向与形状

PCB 布线是按照原理图的要求,将元器件通过印制导线连接成电路。在布线时,"走通"是最起码的要求,"走好"是经验和技巧的表现。由于印制导线本身可能承受附加的机械应力,以及局部高电压引起的放电作用,因此在实际设计时,要根据具体电路选择如图 4-28(b)所示的印制导线形状。

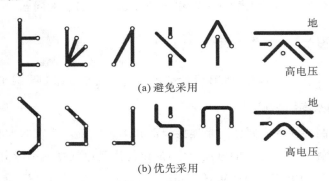

图 4-28　印制导线的形状

3. 印制导线的屏蔽与接地

印制导线中的公共地线应尽量布置在 PCB 边缘。在高频电路中,PCB 上应尽可能多地保留铜箔作为地线,最好形成环路或网状,这样不但屏蔽效果好,还可减少分布电容。多层PCB 可选取其中若干层作屏蔽层。电源层、地线层均可视为屏蔽层。一般地线层和电源层设计在多层 PCB 的内层,信号线设计在内层和外层。

4. 跨接线的使用

在单面 PCB 的设计中,当有些电路无法连接时,常会用到跨接线(也称飞线)。

跨接线的长度不是特定的,有长有短,这会给生产带来不便。放置跨接线时,其种类越少越好,通常情况下只设 6 mm、8 mm、10 mm 三种,超出此范围会给生产带来不便。

4.3.8　禁止布线层和机械层

Altium Designer 系列软件在绘制电路板边框时,可以使用禁止布线层,也可以使用机械层。建议读者优先使用机械层来绘制。

如果既使用了禁止布线层(Keep Out),又使用了机械层(Mechanical),那么大多数 PCB生产厂家一般就会以机械层为准,禁止布线层会被忽略,如图 4-29 所示。如果在绘制边框的时候使用了多个机械层,PCB 厂家就会以最小的机械层为准。例如,如图 4-30 所示,当同时使用了机械 1 层和机械 2 层,厂家就以机械 2 层为准。

绘制 PCB 板内的非金属化孔和槽时,要和边框所使用的层一致,使用其他层绘制的会被忽略。总之,在绘制边框和板内非金属化孔和槽时,建议只使用机械层。

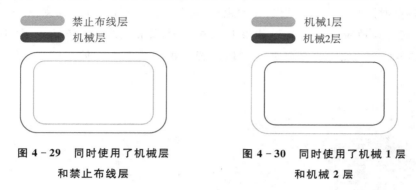

图 4-29　同时使用了机械层　　　　图 4-30　同时使用了机械 1 层
和禁止布线层　　　　　　　　　　　和机械 2 层

4.3.9　导线与焊盘及其与板边的最小间距

每一张 PCB 上几乎都有焊盘、导线、过孔、机械孔这四种元素,其中焊盘和导线更是每一张 PCB 上不可或缺的元素。为了降低成本,或者是为了使产品更加微型化和美观,设计者总是习惯把 PCB 的面积设计得尽可能小,这种情况下就不可避免地让焊盘和导线的间距变得更小,也让它们与板边的间距变得更小,如图 4-31 所示。然而,由于制造工艺水平的限制,它们之间的距离不能太小。

焊盘与导线的最小间距及它们与板边的最小间距会根据不同 PCB 生产厂家的工艺水平而不同,常见的工艺参数要求为:焊盘与导线的间距要大于 5 mil(约 0.127 mm),它们与板边的间距要大于 8 mil(约 0.2032 mm),如果是拼板 V 割,它们与板边的间距要大于 16 mil(约 0.4064 mm)。

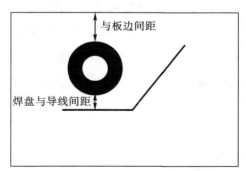

图 4-31　焊盘与导线的间距及与板边的间距

4.3.10　PCB 拼板工艺

为了提高电路板的 SMT 加工制造效率,往往需要对小型的 PCB 采用拼板设计。最简单的拼板方式是无间隙拼板,即板与板之间的距离为零,另外还需要在拼好的板两边加上工艺边,用来在 SMT 贴片或焊接时固定电路板,方便在机器轨道上走板,如图 4-32 所示。常见工艺中对工艺边的宽度尺寸要求为 3~10 mm,一般采用 5 mm。

如果是有间隙拼板,那板与板之间的距离最好不小于 1.6 mm。如果采用邮票孔连接,需要在电路板边缘放置 5 到 8 个孔,并采用双排放置,孔径要求为 0.6 mm,孔与孔的间距要设置在 0.25~0.35 mm 之间,邮票孔可以放置于板框线中心或伸至板内 1/3,如图 4-33 所示。

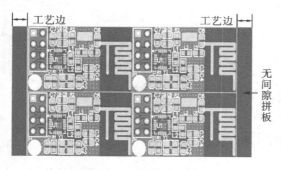

图 4-32 无间隙拼板

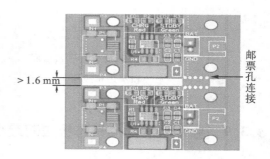

图 4-33 有间隙拼板

4.3.11 半孔工艺

半孔,顾名思义就是只有一半的孔,放置在板子边缘。其特点是孔径小且孔内金属化导通。比如在物联网产品中常见的半孔设计出现在蓝牙模块、NB-IoT(narrow band internet of things,窄带物联网)模组等通信模组中,如图 4-34 所示。这些通信模组使用了半孔工艺后,就可以很方便地焊接到其他的 PCB 上。除了这些通信模组,还有大量的核心板也使用半孔工艺。

目前常见的半孔工艺要求:PCB 边缘放置的焊盘内径要不小于 0.6 mm,孔边到孔边的距离也要不小于 0.6 mm。另外还需要注意,焊盘最少有一半置于 PCB 内才满足生产工艺要求。

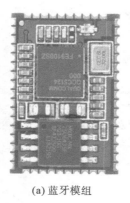

(a) 蓝牙模组　　　　　　(b) NB-IoT模组

图 4-34 采用半孔工艺的 PCB

4.3.12　阻焊油墨

使 PCB 呈现不同颜色的物质就是阻焊油墨,如图 4 - 35 所示。阻焊油墨的基本作用是保护电路板上需要保护的铜箔,不让其裸露在外面。阻焊油墨有很多种,比较常见的是感光油墨,它与器材的结合力更强且更有光泽,耐腐蚀性也更优。

阻焊油墨有很多种颜色,常见的有绿、蓝、黄、红、紫、白、黑,如果不受功能性要求,例如有的板子必须要用黑色及白色,通常建议选择常用色——绿色,因为绿色更容易生产,也更容易看清线路,方便样品调试。

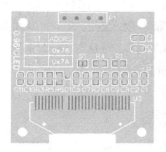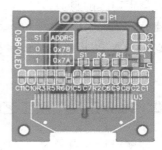

图 4 - 35　采用不同颜色阻焊油墨的 PCB

4.3.13　PCB 工艺公差

电阻器、电容器等元器件有公差,PCB 也有工艺公差,在设计 PCB 时一定要予以考虑。一般常见的 PCB 生产工艺公差如下。

板厚公差:当板厚大于等于 1 mm 时,公差为±10%,比如 1.6 mm 厚的板子,实际尺寸在1.44～1.76 mm 之间;当板厚小于 1 mm 时,公差为±0.1 mm,比如 0.8 mm 厚的板子,实际尺寸在 0.7～0.9 mm 之间。

金属化孔孔径公差:+0.13～-0.08 mm 之间,比如设计为0.6 mm 的孔,实物板的孔径在 0.52mm～0.73mm 之间。

板子锣边外形公差:±0.2mm。板子 V 割外形公差:±0.4 mm。比如设计为 5 cm 宽的PCB,锣边后的实际宽度在 4.98～5.02 cm 之间,V 割拼板生产后,实际的宽度在 4.96～5.04 cm 之间。

4.4　PCB 行业现状及常见生产工序

4.4.1　PCB 行业现状

从二十世纪八九十年代开始,随着家用电器的普及,PCB 产业迅速发展。一大批的企业迅速地涌入到这个行业中,PCB 行业迅速起步;进入信息时代,电子产品更多地应用到日常生活中,计算机、笔记本电脑、手机等电子产品用量迸发,PCB 行业逐年发展,利润持续增长。

近十年以来,随着互联网的不断发展和完善,PCB 产业趋于平稳增长,电子产品也逐渐向智能化、轻薄化、多功能、高性能的方向发展。

从全球角度看,PCB 行业下游应用领域广泛,2021 年全球 PCB 市场规模约为 804.49 亿美元。当前,我国已成为全球最大 PCB 生产国,占全球 PCB 行业总产值的比例超过 50%。2020 年,中国大陆 PCB 行业产值整体规模达 350.09 亿美元,占全球 PCB 行业总产值的53.68%;2021 年,中国大陆 PCB 市场增长迅速,规模达到了 436.16 亿美元,增幅 24.59%。

但是中国大陆目前仍然是以中低端 PCB 产品生产为主,议价能力比较弱,高端的高密度互连(high density interconnector,HDI)板和柔性板占比很有限。2020 年,中国大陆内资厂商高频高速 PCB 的产值仅占全球高频高速 PCB 产值的 7.3%,而这部分市场基本由美国、日本、韩国、中国台湾占据。中国大陆 PCB 产业发展任重道远。

4.4.2　PCB 正片干膜工艺的生产工序

下面就以行业内最为常见的正片干膜工艺为例,简单介绍 PCB 生产的完整过程。

PCB 生产工程师在收到客户提交的制作和打样方案之后,首先会对其进行检查与优化。检查的目的,一是为了确认设计上的合理性;二是为了根据厂家自身的工艺水平,对方案进行进一步的优化。检测合格后的方案会继续根据厚度、层数、颜色等属性进行分类。具有相同属性的方案会被同时规划到一张尺寸为 520 mm×620 mm 的大线路板上,这个过程叫作拼板。方案确定之后,便可以进入下一步的生产制作过程了。

1. 开料

制作 PCB 的原始材料是一张尺寸为 2089 mm×1246 mm 的双面覆铜板,开料机会根据设计方案的要求,将双面覆铜板裁切成需要的大小,即为开料。同时,开料机传输线还会对裁切好的覆铜板边缘进行打磨处理。

如果单板或拼板的尺寸不合适,PCB 生产过程中就会产生很多的原料废边,PCB 厂家会把这些废料的成本都加到板子上,这样生产出来的 PCB 单位价格就贵一些。如果板子大小设计得好,单板或拼板的尺寸是原材料的 n 等分,那么原材料的利用率就最高,PCB 厂也好开料,一样的原材料尺寸,能做出更多的板子,单板价格也就更加便宜。

2. 钻孔

第二个工序就是钻孔,孔的位置及大小均需满足客户需求。机器按照设计文件中过孔的尺寸和坐标在 PCB 上钻孔,自动钻孔机在工作时会根据方案的要求,自动选择并更换不同规格的钻头进行钻孔操作,在基板上钻出客户需要的孔。

板材通常需要钻出各种不同类型的孔,比如用于固定的螺丝孔、客户要求的预留孔、用于线路导通的过孔等,用以实现层与层之间的电气连接、元件插焊、安装固定等功能;在板边需要增加一些工具孔;在板材的两端需要打定位孔,定位孔的目的是为了在后续的加工过程中设备对板材的相对位置进行固定和识别(这时候的孔里是没有铜的)。

3. 沉铜

钻孔后孔内壁是没有铜的,那么用于导电的过孔是如何将上下两层铜箔导通的呢? 正是通过这一步——沉铜工艺。沉铜工艺的原理其实并不复杂,首先,经过钻孔的板材会被浸泡在特殊的溶液中,浸泡的目的就是为了使孔壁的材质被活化,活化后可以更容易地吸附铜离子;然后,把活化好的板材浸泡在含有铜离子的化学试剂中,这样试剂中的铜离子便可以沉积在孔壁表面,形成导电层,达到使上下层铜箔导电的效果。

4. 压膜

做完上述工序,下面就要做 PCB 上的线路图形了。做线路图形的第一步需要在整张板材上覆盖一层蓝色的感光薄膜,也叫干膜,干膜制程也因它而得名,如图 4 - 36 所示。干膜跟湿膜相比,稳定性更高,品质更好,可直接做非金属化过孔。

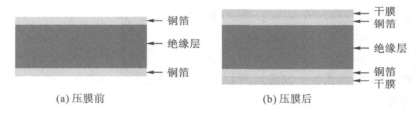

(a) 压膜前　　　　　　　　　　(b) 压膜后

图 4 - 36　压膜

5. 曝光

先将线路菲林跟压好干膜的电路板对好位,然后放在曝光机上进行曝光。干膜在曝光机灯管的照射下,把菲林没有线路的地方(正片菲林有线路的地方是黑色的,没有线路的地方是透明的)进行充分曝光。经过这步后,线路就转移到了干膜上了。此时的状态是,干膜上有线路的地方没有被曝光硬化,没有线路的地方则被曝光,如图 4 - 37 所示。

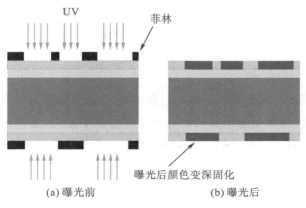

(a) 曝光前　　　　　　　　　　(b) 曝光后

图 4 - 37　曝光

这里所说的菲林就是胶片,即银盐感光胶片,由 PC/PP/PET/PVC 材料制作而成。厂家把客户提供的 PCB 图形文件通过软件进行导入和修改,并最终把图形输出在菲林上。这样就把客户给厂家的 GERBER 文件变成胶片。

6. 显影

显影机里的显影液会使板子上没有被曝光硬化的部分干膜溶解,而对被曝光硬化的干膜部分不起作用。所以最终线路部分露出了黄色(铜),而没有线路的部分则还是蓝色(被曝光过的干膜),如图 4 - 38 所示。

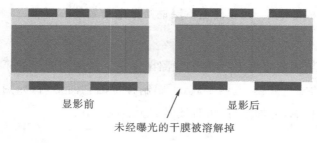

显影前　　　　　显影后

未经曝光的干膜被溶解掉

图 4 - 38　显影

7. 镀铜

镀铜也叫加厚铜,即把板子放进镀铜设备里,露出铜的线路部分又被电镀上了一层铜,被干膜挡住的部分则没有反应。

8. 镀锡

镀锡就是把板子放进镀锡设备里,露出铜的线路部分被电镀上了一层锡,这是为了去掉那部分被干膜保护的铜做准备工作,图 4 - 39 所示为镀铜、镀锡示意图。

锡
铜

图 4 - 39　镀铜、镀锡

9. 退膜

就是要退掉板子上还剩的那部分曝光过的蓝色干膜。因为此时线路部分已经有锡,所以只需用一种退膜液,与曝光硬化过的那部分干膜起化学反应,这样把板子放在退膜机中,很容易就把这部分干膜去掉了,如图 4 - 40 所示。

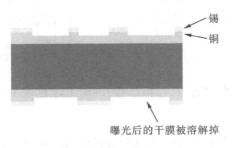

图 4 - 40　退膜

10. 蚀刻

蚀刻是用一种腐蚀剂(与铜起反应,对锡没作用)腐蚀掉电路板中不要的铜,留下需要的部分,如图 4 - 41 所示。这时候 PCB 已经初露雏形了。

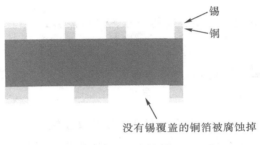

图 4 - 41　蚀刻

11. 退锡

退锡是用一种药水(退锡水)去掉线路上的锡,使线路恢复本色——铜,如图 4 - 42 所示。

图 4 - 42　退锡

12. AOI

在 PCB 生产中,因各方面的原因,不良品在所难免,怎样才能保证线路的品质? 一般有两种检测方法,一种是用肉眼观察,第二种就是自动光学检测(automated optical inspection,AOI),是基于光学原理对 PCB 生产中遇到的常见缺陷进行检测。AOI 是一种新兴的测试技术,但发展迅速,很多厂家都推出了 AOI 测试设备。当自动检测时,机器通过摄像头自动扫描 PCB,采集图像、测试 PCB 的实际参数,并与数据库中的合格的参数进行比较,经过图像处理,检查出 PCB 上的缺陷,并通过显示器或自动标识把缺陷显示/标示出来,供维修人员参考。

13. 印阻焊油墨

这一工序是将板子所有的地方(包括焊盘)都印上阻焊油墨,然后烘干。

14. 阻焊曝光、显影

这一工序的目的就是为了把焊盘等地方的阻焊油墨去掉。先把阻焊菲林放在全部盖上阻焊油墨的板子上,要开窗的地方(需要焊接的焊点、焊盘)的阻焊菲林是黑色,不要开窗的地方(不能焊接的部分)是透明的,然后放在曝光机上进行曝光。要开窗的那部分阻焊油墨因为黑色阻挡了光线没有被曝光,而其他部分的阻焊油墨被曝光硬化。然后再用特殊的药水洗掉这部分没有曝光的阻焊油墨,就可以把焊点和焊盘露出来。

15. 印字符(烤板)

这一工序是在电路板上印上元器件的编号、边框、板名等字符。

16. 表面处理

这一工序是对焊盘进行喷锡、沉金等表面处理。

17. 锣板

PCB 锣板是指按照客户的 PCB 设计外形,利用数控铣床将 PCB 拼板分割成相应的独立单元。也就是把拼的大板分成小板,并进行相应的外形处理等。

18. 测试

PCB 板在生产过程中难免因各种因素而造成短路、断路及漏电等电气上的瑕疵,所以电路板出厂前必须进行严格的检测。检测方式主要有飞针测试和测试架测试两种。飞针测试由 4～8 个探针对线路板进行高压绝缘和低阻值导通测试,测试线路的开路和短路,如图 4 - 43 所示。飞针测试不需要制作测试夹具,直接装上 PCB 运行测试程序即可,节约了测试成本,省去了制作测试架的时间,提高了出货的效率,适合测试小批量板或样板。测试架是针对量产的 PCB 进行通断测试而做的专门的测试夹具,制作成本较高,但测试效率高。

图 4 - 43 飞针测试

19. FQC

成品质量控制(final quality control，FQC)，是指产品在出货之前为保证出货产品满足客户品质要求所进行的检验。这是最后的品质控制工序，需要人工对品质、数量等进行检验。

20. 包装出货

这一工序是将测试好、检验合格的产品包装好后出货。

思考题

(1)简述常用覆铜板的种类和使用方法。

(2)过孔有哪些类型？它们的作用是什么？

(3)简述 PCB 常见的干扰类型和抑制措施。

(4)在 PCB 设计中，什么是飞线？

(5)PCB 正片干膜工艺的生产工序有哪些？

第5章 使用 Altium Designer 20 进行 PCB 设计

印制电路的计算机辅助设计软件有多种,目前在国内常用的软件主要有 Protel、Altium Designer、PADS、OrCAD、Power PCB 等几种,其中 Altium Designer 继承了 Protel 系列软件一贯的开放性和兼容性,是具有强大功能的"一体化"设计工具。本章将对 Altium Designer 的基本功能及使用方法进行简单介绍。

学习目标

(1)了解 Altium Designer 20 软件的特点及功能;

(2)掌握 Altium Designer 20 中工程的创建及工程文件的管理方法;

(3)熟悉原理图的设计流程和常用参数设置;

(4)掌握绘制原理图的方法及原理图编译功能的使用;

(5)熟悉 PCB 常用系统参数的设置;

(6)掌握 PCB 常用规则设置和布局布线方法及操作技巧;

(7)了解原理图库和 PCB 元件库的基本操作方法;

(8)掌握原理图符号和 PCB 元件封装的制作方法;

(9)了解集成库的制作方法。

能力目标

(1)能够创建 PCB 工程,并对工程文件进行管理。

(2)能够绘制电路原理图并通过 ERC 发现和解决常见问题。

(3)能够根据需求完成 PCB 规划、布局、布线等设计工作。

(4)能够根据需求绘制原理图符号和制作 PCB 封装。

思政目标

(1)提升电子实践与开发能力,有效塑造科学精神。养成一丝不苟、精益求精的工匠精神。

(2)通过学习国外先进的电子设计软件,认识到我国与其他国家在电子设计软件领域的差距和国产化替代的难度,激发自立自强、科技创新的动力。

（3）结合电子信息技术专业的各类专业竞赛,如全国大学生电子设计竞赛、"挑战杯"竞赛等中涉及的"PCB 设计"相关知识,运用所学勇于创新。

（4）养成良好的意志品质和敬业、诚信等良好的职业品质。

5.1　Altium Designer 20 软件介绍

Altium Designer 是原 Protel 软件开发商 Altium 公司推出的一体化的电子产品开发系统,主要运行在 Windows 操作系统上。这套软件通过把原理图设计、电路仿真、PCB 绘制编辑、拓扑逻辑自动布线、信号完整性分析和设计输出等技术完美融合,为使用者提供了全新的设计解决方案。使用者可以通过该软件轻松进行 PCB 设计,熟练使用这一软件将使电路设计的质量和效率大大提高。Altium Designer 除了全面继承包括 Protel 99SE、Protel DXP 在内的一系列版本的功能和优点外,还增加了许多改进和高端功能。该平台拓宽了板级设计的传统界面,全面集成了 FPGA 设计功能和 SOPC 设计实现功能,从而允许工程设计人员将系统设计中的 FPGA 与 PCB 设计及嵌入式设计集成在一起。本章将以 Altium Designer 20 为例,讲解 Altium Designer 的基本功能和使用。

5.1.1　PCB 总体设计流程

为了让读者对电路设计过程有一个整体的认识和理解,下面介绍 PCB 的总体设计流程。

通常情况下,从接到设计要求到最终制作出 PCB,主要经历以下几个流程。

1. 案例分析

这个步骤严格说来并不是 PCB 设计的内容,但是对后面的 PCB 设计又是必不可少的。案例分析的主要任务是决定如何设计电路原理图,这也会影响到 PCB 如何规划。

2. 电路仿真

在设计电路原理图之前,有时候对某一部分电路设计并不十分确定,因此需要通过电路仿真来验证。电路仿真还可以用于确定电路中某些重要元器件的参数。

3. 绘制元器件原理图

Altium Designer 20 虽然提供了丰富的元器件原理图库,但不可能包含所有元器件,必要时需要使用者自己动手绘制元器件原理图符号,建立自己的元器件原理图库。

4. 绘制元器件封装

与元器件原理图库一样,Altium Designer 20 也不可能提供所有元器件的封装,需要时使用者也要自行设计并建立新的元器件封装库。

5. 绘制电路原理图

找到所有需要的元器件原理图后,就可以开始绘制电路原理图了,根据电路复杂程度决定是否需要使用层次原理图。完成原理图后,用 ERC(electrical rule checking,电气规则检查)工具查错,如果发现错误,则找到出错原因并修改电路原理图,然后重新查错直到没有原则性错误为止。

6. 设计 PCB

确认原理图没有错误之后,开始绘制 PCB 图。首先绘制 PCB 的轮廓,确定工艺要求、使用几层板等,然后将原理图导入到 PCB 图中,在网络表、设计规则和原理图的引导下布局和布线,最后利用 DRC(design rule checking,设计规则检查)工具查错。这一步是 PCB 设计的一个关键步骤,它将决定产品的实用性能,需要考虑的因素很多。

7. 文档整理

最后对原理图、PCB 图以及元器件清单等文件予以保存,以便于日后的维护和修改。

5.1.2 Altium Designer 20 的主窗口

Altium Designer 20 成功启动后便可以进入主窗口,如图 5-1 所示。用户可以使用该窗口进行项目文件的操作,如创建新项目、打开文件等。

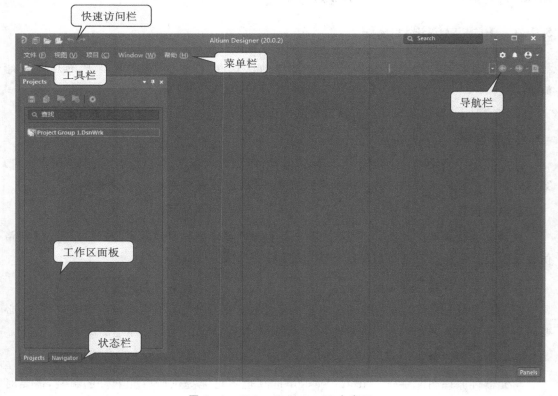

图 5-1 Altium Designer 20 主窗口

主窗口类似于 Windows 的界面风格,主要包括 6 个部分:快速访问栏、菜单栏、工具栏、工作区面板、状态栏、导航栏。

1. 快速访问栏

快速访问栏位于工作区的左上角,允许快速访问常用的命令,包括保存当前的活动文档、使用相应的按钮打开任何现有的文档,以及撤销和重做功能,还能单击"保存"按钮来一键保存所有的文档。

2. 菜单栏

菜单栏包括"文件""视图""项目""Windows"以及"帮助"5 个菜单按钮。

1) 文件

"文件"菜单主要用于文件的新建、打开和保存等,如图 5-2 所示。下面详细介绍"文件"菜单中的各命令及其功能。

图 5-2　"文件"菜单命令

新的:用于新建文件。

打开:用于打开已有的 Altium Designer 20 可以识别的各种文件。

打开工程:用于打开各种工程文件。

打开设计工作区:用于打开设计工作区。

保存工程:用于保存当前的工程文件。

保存工程为:用于另存当前的工程文件。

保存设计工作区:用于保存当前的设计工作区。

保存设计工作区为:用于另存当前设计工作区。

全部保存:用于保存所有文件。

智能 PDF:用于生成 PDF 格式设计文件的向导。

导入向导:是将其他 EDA 软件的设计文档及库文件导入 Altium Designer 的导入向导,

如 Protel 99 SE、CADSTAR、OrCAD、PCAD 等软件生成的设计文件。

运行脚本:用于运行各种脚本文件,如用 Delphi、VB、Java 等语言编写的脚本文件。

最近的文档:用于列出最近打开过的文件。

最近的工程:用于列出最近打开过的工程文件。

最近的工作区:用于列出最近打开过的设计工作区。

退出:用于退出 Altium Designer 20。

2)视图

"视图"菜单主要用于工具栏、工作区面板、命令行以及状态栏的显示和隐藏,如图 5-3 所示。

工具栏:用于控制工具栏的显示和隐藏。单击一次开启,再单击一次则关闭打开的工具栏。

面板:用于控制工作区面板的打开与关闭,其子菜单如图 5-4 所示。

状态栏:用于控制工作窗口下方的状态栏的显示与隐藏。

命令状态:用于控制命令行的显示与隐藏。

图 5-3 "视图"菜单命令

图 5-4 "面板"子菜单

3)项目

"项目"菜单主要用于项目文件的管理,如图 5-5 所示,包括项目文件的编译、添加、删除以及显示工程文件的不同点和版本控制等菜单选项,这里主要介绍"显示差异"和"版本控制"两个菜单选项。

图 5-5 "项目"菜单命令

显示差异：单击该菜单选项将弹出如图 5－6 所示的"选择比较文档"对话框。选中"高级模式"复选框，可以进行文件之间、文件与工程文件之间的比较。

版本控制：单击该菜单选项可以查看版本信息，将文件添加到"版本控制"数据库中，并对数据库中的各种文件进行管理。

图 5－6　"选择比较文档"对话框

4）Windows

"Windows"菜单用于对窗口进行纵铺、横铺、打开、隐藏以及关闭等操作。

5）帮 助

"帮助"菜单用于打开各种帮助信息。

3. 工具栏

工具栏包含两种——系统默认基本设置不可移动与关闭的固定工具栏、可打开与关闭的灵活工具栏。右上角固定工具栏只有 三个按钮。

4. Altium Designer 20 的工作区面板

在 Altium Designer 20 中，可以使用系统型面板和编辑器面板两种类型的面板。系统型面板在任何时候都可以使用，而编辑器面板只有在相应的文件被打开时才可以使用。

使用工作区面板是为了便于设计过程中的便捷操作。Altium Designer 20 被启动后，系统将自动激活 Projects 面板和 Navigator 面板，可以单击面板底部的选项卡在不同面板之间进行切换。这里对 Projects 面板做简单地介绍，其他面板将

图 5－7　展开的 Projects 面板

在后面的原理图设计和 PCB 设计中讲解。展开的Projects面板如图 5-7 所示。

　　工作区面板有三种显示方式，分别是自动隐藏显示、浮动显示和锁定显示。在每个面板的右上角都有 3 个图标▾ ♯ ×，可以在各种面板之间进行切换操作、改变面板的显示方式，以及关闭当前面板。

5.2　工程的创建及文件的管理

5.2.1　创建新的工程

　　在进行工程设计时，通常需要先创建一个工程文件，这样有利于对文件的管理。选择"文件"→"新的"→"项目"菜单命令，打开"Create Project"对话框，如图 5-8 所示。

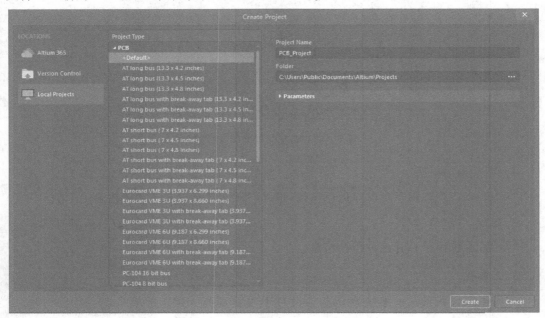

图 5-8　"Create Project"对话框

　　默认选择 Local Projects 选项及 Default 选项，在 Project Name 文本框中输入项目文件的名称，默认名称为"PCB_ Project"，后面新建的项目名称会依次添加数字后缀，如"PCB_ Project_1""PCB_Project_2"等。

　　在"Folder"文本框下显示要创建的项目文件的路径，完成设置后，单击 Create 按钮，在 Projects 面板中可以看到其中出现了新建的工程文件，如图 5-9 所示。

图 5-9　新建的工程文件

5.2.2　Altium Designer 20 的文件管理系统

评价一个软件的好坏,文件的管理系统是很重要的一个方
面。Altium Designer 20 的"工程"面板提供了两种文件:工程文件和设计时生成的自由文
件。设计时生成的文件可以放在工程文件中,也可以移出放入自由文件中。下面简单介绍
一下这两种文件类型。

1. 工程文件

Altium Designer 20 支持工程级别的文件管理,在一个工
程文件里包括设计中生成的所有文件。例如,要设计一个电
话机电路板,可以将电话机的电路图文件、PCB 图文件、设计
中生成的各种报表文件及元器件的集成库文件等放在一个工
程文件中,这样非常便于文件管理。工程文件类似于
Windows 系统中的"文件夹",在工程文件中可以执行对文件
的各种操作,如新建、打开、关闭、复制与删除等。工程文件只
负责管理,在保存文件时,工程中的各个文件是以单个文件的
形式保存的。图 5 - 10 所示为打开的一个工程文件,从图中可
以看出,工程文件中包含了与设计相关的所有文件。

2. 自由文件

自由文件是指独立于工程文件之外的文件,Altium
Designer 20 通常将这些文件存放在唯一的"Free Documents"
文件夹中。自由文件有以下两个来源:一是当把某文件从工
程文件夹中删除时,该文件并没有从 Projects(工程)面板中消
失,而是出现在 Free Documents 中,成为自由文件;另一种是
打开 Altium Designer 20 的存盘文件(非工程文件)时,该文件
将出现在 Free Documents 中而成为自由文件。

图 5 - 10　工程文件

5.3　原理图设计基础

5.3.1　原理图设计的一般流程

原理图设计是电路设计的第一步,是仿真、制板等后续步骤的基础。因而原理图的正确
与否,直接关系到整个设计的成功与失败。另外,为了方便自己和他人读图,原理图的美观、
清晰和规范也是十分重要的。

Altium Designer 20 的原理图设计大致可以分成 9 个步骤,如图 5 - 11 所示。

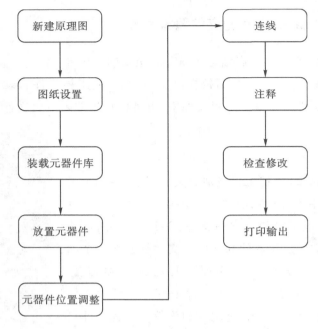

图 5 - 11　原理图设计的一般流程

（1）新建原理图：这是设计一幅原理图的第一个步骤。

（2）图纸设置：就是设置图纸的大小、方向等属性。图纸设置要根据电路图的内容和标准化要求来进行。

（3）装载元器件库：就是将需要用到的元器件库添加到工程中。

（4）放置元器件：从装入的元器件库中选择需要用到的元器件放置到原理图中。

（5）元器件位置调整：根据设计的要求，将已经放置在原理图上的元器件调整到合适的位置，以便于连线。

（6）连线：根据所要设计的电气连接关系，用导线和网络将各个元器件连接起来。

（7）注释：为了设计的美观、清晰，可以对原理图进行必要的文字注释和图片修饰，这些都对后面的 PCB 设计没有影响，只是为了方便自己和他人读图。

（8）检查修改：设计基本完成后，应该使用 Altium Designer 20 提供的各种校验工具，根据校验规则对设计进行检查，发现错误后及时修改。

（9）打印输出：设计完成后，根据需要可以对原理图进行打印，或者制作各种输出文件。

5.3.2　原理图设计步骤

1.新建原理图文件

新建原理图文件即可同时打开原理图编辑器。新建原理图文件有两种方式，具体操作步骤如下。

(1)菜单创建。选择"文件"→"新的"→"原理图"菜单命令,Projects 面板中将出现一个新的原理图文件,新建原理图文件的默认名称为"Sheet1.SchDoc",系统将其自动保存在已经打开的工程文件中,同时整个窗口新添加了许多菜单选项和工具选项,如图 5－12 所示。

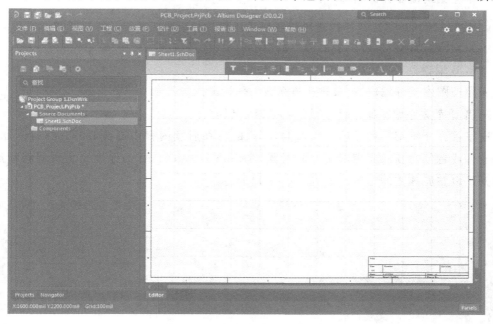

图 5－12　新建电路原理图文件

(2)右键命令创建。在新建工程文件上单击鼠标右键,弹出快捷菜单,选择"添加新的…到工程"→"Schematic"命令即可创建原理图文件,如图 5－13 所示。

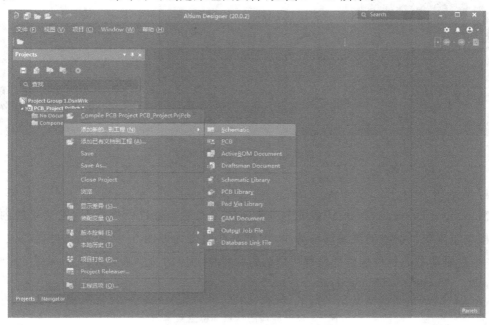

图 5－13　利用右键快捷菜单创建原理图文件

在新建的原理图文件处单击鼠标右键,在弹出的快捷菜单中选择"保存"命令,然后在系统弹出的"保存"对话框中输入原理图文件的文件名,即可保存新创建的原理图文件。

2. 原理图编辑器界面简介

Altium Designer 20 的常用编辑器有以下 4 种:
- 原理图编辑器,文件扩展名为". SchDoc"。
- PCB 编辑器,文件扩展名为". PcbDoc"。
- 原理图库文件编辑器,文件扩展名为". SchLib"。
- PCB 库文件编辑器,文件扩展名为". PcbLib"。

这里首先介绍第一种原理图编辑器,其余的将在后续内容中逐步讲解。在打开原理图设计文件或者创建新的原理图文件的时候,Altium Designer 20 的原理图编辑器将被启动,即打开了电路原理图的编辑环境,如图 5-14 所示。

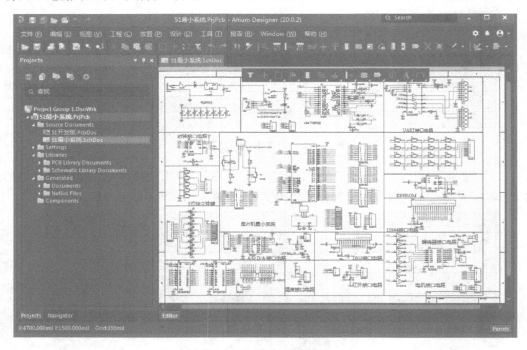

图 5-14 原理图编辑环境

1)主菜单栏

在 Altium Designer 20 设计系统中对于不同类型的文件进行操作时,主菜单的内容会发生相应的改变。在原理图编辑环境中,主菜单会改变为如图 5-15 所示的样式。在设计过程中,对原理图的各种编辑操作都可以通过菜单中相应的命令来完成。

文件(F) 编辑(E) 视图(V) 工程(C) 放置(P) 设计(D) 工具(T) 报告(R) Window(W) 帮助(H)

图 5-15 原理图编辑环境主菜单栏

（1）文件：主要用于文件的新建、打开、关闭、保存与打印等操作。

（2）编辑：用于对象的选取、复制、粘贴与查找等编辑操作。

（3）视图：用于视图的各种管理，如工作窗口的放大与缩小，各种工具、面板、状态栏及节点的显示与隐藏等。

（4）工程：用于与工程有关的各种操作，如工程文件的打开与关闭、工程的编译与比较等。

（5）放置：用于放置原理图中的各种组成部分。

（6）设计：对元器件库进行操作，生成网络报表等操作。

（7）工具：可为原理图设计提供各种工具，如元器件快速定位等操作。

（8）报告：可生成原理图中各种报表。

（9）Windows：可对窗口进行各种操作。

（10）帮助：帮助菜单。

2）工具栏

Altium Designer 20 在原理图设计界面中提供了丰富的工具栏，其中绘制原理图常用的工具栏具体介绍如下。

（1）标准工具栏。标准工具栏中为用户提供了一些常用的文件操作快捷方式，如打印、缩放、复制、粘贴等，以按钮图标的形式表示出来，如图 5 - 16 所示。如果将光标悬停在某个按钮图标上，则该图标按钮所要完成的功能就会在图标下方显示出来，便于用户操作。

图 5 - 16　原理图编辑环境中的标准工具栏

（2）布线工具栏。布线工具栏主要用于放置原理图中的元器件、电源、接地、端口、图纸符号、未用管脚标志等，同时完成布线操作，如图 5 - 17 所示。

图 5 - 17　原理图编辑环境中的布线工具栏

（3）"应用工具"工具栏。"应用工具"工具栏用于在原理图中绘制所需要的标注信息，不代表电气连接，如图 5 - 18 所示。

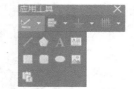

使用者可以尝试操作其他的工具栏。在"视图"菜单下"工具栏"命令的子菜单中列出了所有原理图设计中的工具栏，在工具栏名称左侧有"√"标记的表示该工具栏已经被打开了，否则该工具栏是被关闭的，如图 5 - 19 所示。

图 5 - 18　原理图编辑环境中的"应用工具"工具栏

图 5 - 19　"工具栏"命令子菜单

（4）快捷工具栏。在原理图和 PCB 界面设计工作区的中上部分增加了新的工具栏——Active Bar（快捷工具栏），用来访问一些常用的放置和走线命令，如图 5-20 所示。通过快捷工具栏可轻松地将对象放置在原理图、PCB、库文档中，并且可以在 PCB 文档中一键执行布线，而无须使用主菜单。

工具栏的控件依赖于当前正在工作的编辑器。当快捷工具栏中的某个对象最近被使用后，该对象就变成了活动/可见按钮。按钮的右下方有一个小三角形，单击小三角形，即可弹出下拉菜单。

图 5-20　原理图编辑环境中的快捷工具栏

3）工作窗口和工作面板

工作窗口是进行电路原理图设计的工作平台。在该窗口中，用户可以绘制一个新的原理图，也可以对现有的原理图进行编辑和修改。在原理图设计中经常用到的工作面板有 Projects 面板、Components 面板及 Navigator 面板，如图 5-21 和 5-22 所示。

图 5-21　Projects 面板

图 5-22　Components 面板

（1）Projects 面板。Projects 面板如图 5-21 所示，在该面板中列出了当前打开工程的文件列表及所有的临时文件，提供了所有关于工程的操作功能，如打开、关闭和新建各种文件，以及在工程中导入文件、比较工程中的文件等。

（2）Components 面板。Components 面板如图 5-22 所示，是一个浮动面板，当光标移动到其选项卡上时，就会显示该面板，也可以通过单击选项卡在几个浮动面板之间进行切换。在该面板中可以浏览当前加载的所有元器件库，也可以在原理图上放置元器件，还可以对元器件的封装、3D 模型、SPICE 模型和 SI 模型进行预览，同时还能够查看元器件供应商、单价、生产厂商等信息。

（3）Navigator 面板。Navigator 面板能够在分析和编译原理图后显示关于原理图的所有信息，通常用于检查原理图。

3. 原理图图纸设置

Altium Designer 20 的原理图绘制过程中，可以根据所要设计的电路图的复杂程度先对图纸进行设置。虽然在打开电路原理图的编辑环境时，Altium Designer 20 系统会自动给出相关的图纸默认参数，但是这些默认参数不一定适合使用者的需求，比如图纸尺寸，使用者可以根据设计电路的复杂程度来对图纸的尺寸及其他相关参数进行重新定义。

在原理图编辑器界面右下角单击 Panels 按钮，弹出如图 5-23 所示的快捷菜单。

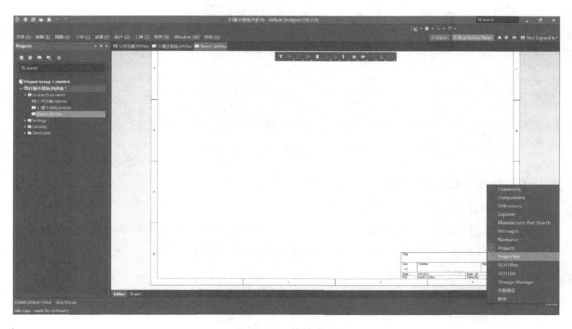

图 5-23　快捷菜单

选择"Properties"命令，打开"Properties"面板，如图 5-24 所示。

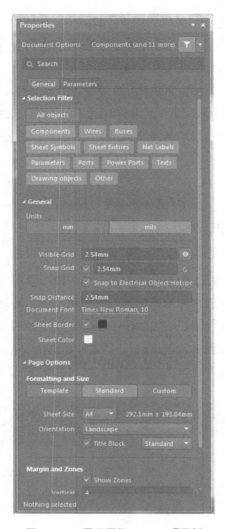

图 5 - 24　原理图"Properties"面板

下面简单介绍一下该面板的功能。

（1）Search。允许在面板中搜索所需的条目。

（2）设置过滤对象。在"Document Options"选项组中单击 中的下拉菜单，弹出对象选择过滤器。单击"All objects"，表示在原理图中选中所有类别的对象。也可以单独选中其中某些选项，如图 5 - 25 所示。

图 5 - 25　对象选择过滤器

（3）设置图纸大小。在"Properties"面板中找到"Page Options"选项卡，"Formatting and Size"选项为图纸尺寸的设置区域。Altium Designer 20 给出了 3 种图纸尺寸的设置方式。

第一种是"Template"，模板方式。单击"Template"下拉按钮，如图 5-26 所示，在下拉列表框中可以选中已经定义好的图纸标准尺寸，包括典型图纸尺寸、公制图纸尺寸、英制图纸尺寸、CAD 标准尺寸及其他格式的尺寸。当将一个模板设置为默认模板后，每次创建一个新文件时，系统会自动套用该模板，这种设置方式适用于固定使用某个模板的情况。若不需要模板文件，则"Template"文本框中显示空白。在"Template"选项组的下拉列表框中选择 A、A0 等模板，单击 🔄 按钮，弹出如图 5-27 所示对话框，提示是否更新模板文件。

第二种是"Standard"，标准方式。单击"Sheet Size"右侧的下拉菜单按钮，在下拉列表框中可以选中已经定义好的图纸标准尺寸，包括典型图纸尺寸、公制图纸尺寸、英制图纸尺寸、CAD 标准尺寸及其他格式的尺寸，如图 5-28 所示。

第三种是"Custom"，自定义方式。在"Width""Height"输入框中输入相应数值来确定图纸尺寸。

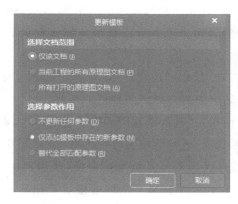

图 5-26　Template 下拉列表　　　图 5-27　"更新模板"对话框　　　图 5-28　Sheet Size 下拉列表

在设计过程中，除了对图纸的尺寸进行设置外，往往还需要对图纸的其他选项进行设置，如图纸的方向、标题栏样式和图纸的颜色等。这些设置都可以在"Page Options"选项组中完成。

（4）设置图纸方向。图纸方向通过"Orientation"右侧的下拉菜单设置，可以设置为水平方向（即横向），也可以设置为垂直方向（即纵向）。一般在绘制及显示时设置为横向，在打印输出时可根据需要另行设置为横向或纵向。

（5）设置图纸标题栏。图纸标题栏（明细表）是对设计图纸的附加说明，可以在该标题栏中对图纸进行简单的描述，也可以作为日后图纸标准化时的信息。在 Altium Designer 20 中提供了两种预先定义好的标题栏格式，即 Standard 格式和 ANSI（American National Standerds Institute，美国国家标准学会）格式。选中"Title Block"复选框即可进行格式设计，相应的图纸编号功能被激活，可以对图纸进行编号。

（6）设置图纸参考说明区域。在"Margin and Zones"选项组中，通过"Show Zones"复选框可以设置是否显示参考坐标。选中该复选框表示显示参考坐标，否则不显示参考坐标。一般情况下应选中显示参考坐标。

（7）设置图纸边界区域。在"Margin and Zones"选项组中可显示图纸边界尺寸，如图5-29所示。在"Vertical""Horizontal"两个方向上设置边框与边界的间距。在"Origin"下拉列表中选择原点位置是"Upper Left"或者"Bottom Right"。

图 5-29　原理图图纸边界与区域

（8）设置图纸边框。在"Units"选项组中，单击"Sheet Border"复选框可以设置是否显示边框。选中该复选框表示显示边框，否则不显示边框。

（9）设置边框颜色。在"Units"选项组中，单击"Sheet Border"显示框中的"颜色选择"，然后在弹出的对话框中选择边框的颜色，如图5-30所示。

（10）设置图纸颜色。在"Units"选项组中，单击"Sheet Color"颜色显示框，在弹出的对话框中选择图纸的颜色。

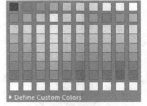

图 5-30　原理图图纸边框颜色选择

（11）设置图纸栅格（格点）。进入原理图编辑环境后，可以看到编辑窗口的背景是网格形状的，这种网格为可视栅格，是可改变的。栅格为元器件的放置和线路连接带来了极大的方便，使用户可以轻松地排列元器件和整齐地走线。在Altium Designer 20中提供了三种栅格："Visible Grid""Snap Grid"和"Snap to Electrical Object Hotspots"，对栅格进行具体的设置，如图5-31所示。

图 5-31　原理图图纸栅格设置

选择"视图"→"栅格"菜单命令，系统弹出的菜单用于切换栅格的启用状态，如图5-32所示。执行"设置捕捉栅格"菜单命令，打开"Choose a snap grid size"（选择捕捉栅格尺寸）对话框，可以输入捕获栅格的数值，如图5-33所示。

图 5-32　"栅格"菜单

图 5-33　"Choose a snap grid size"对话框

(12)设置图纸字体。在"Units"选项组中单击"Document Font"下的 Times New Roman, 10 字体按钮,系统将弹出如图 5-34 所示对话框,在该对话框中对字体进行设置,将会改变整个原理图中的所有文字,包括原理图上的元器件管脚文字和原理图的注释文字等,采用默认设置即可。

图 5-34　原理图图纸字体设置

(13)设置图纸参数信息。图纸的参数信息记录了电路原理图的参数信息和更新记录。可以使使用者更系统、更有效地对自己设计的图纸进行管理。特别是当设计项目中包含很多图纸时,这个功能显得尤为突用。

在"Properties"面板中,选择"Parameters"选项卡,即可对图纸参数信息进行设置,如图 5-35 所示。在要填写或修改的参数上双击,或选中要修改的参数后,在文本框中修改各个设定值。单击 Add 按钮,系统添加相应的参数属性。比如使用者可以找到"Title"参数,在"Value"中填入标题名称,完成对该参数的设置,如图 5-36 所示。

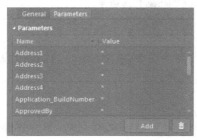

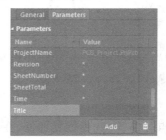

图 5-35　"Parameters"选项卡

图 5-36　原理图图纸标题设置

5.3.3　原理图工作环境和常用参数设置

在 Altium Designer 20 中,原理图编辑器的工作环境是通过原理图"Preferences"设定对话框来完成的。执行"工具"→"原理图优先项"菜单命令,或者在编辑窗口内单击鼠标右键,在弹出的快捷菜单中执行"原理图优先项"命令,将会打开原理图"优选项"窗口。该窗口中主要有 8 个选项卡,下面以"General"和"Graphical Editing"两个选项卡中的具体设置为例介绍这些参数的设置。

1. 设置原理图的常规环境参数

电路原理图的常规环境参数设置可以通过 General 选项卡来实现，如图 5 - 37 所示。

图 5 - 37 原理图优选项窗口"General"选项卡

1）单位

图纸单位可通过"单位"选项组来设置，可以设置为公制单位（mm），也可以设置为英制单位（mil），由使用者自行选择设置。

2）选项

（1）在结点处断线：选中该复选框，在两条交叉线处自动添加节点后，节点两侧的导线将被分割成两段。

（2）优化走线和总线：选中该复选框后，在进行导线和总线的连接时，系统将自动选择最优路径，并且可以避免各种电气连线和非电气连线的相互重叠（此时，"元件割线"复选框也呈现可选状态）。若不选中该复选框，则使用者可以自己进行连线路径的选择。

（3）元件割线：选中该复选框后，会启动使用元器件切割导线的功能，即当放置一个元器件时，若元器件的两个管脚同时落在一根导线上，则该导线将被切割成两段，两个端点自动分别与元器件的两个管脚相连。

（4）使能 In-Place 编辑：选中该复选框之后，在选中原理图中的文本对象，如元器件的序号、标注等时，双击后可以直接进行编辑、修改，而不必打开相应的对话框。

（5）转换十字结点：选中该复选框后，用户在绘制导线时，在相交的导线处自动连接并产生结点，同时终止本次操作。若没有选中该复选框，使用者则可以任意覆盖已经存在的连线，并可以继续进行绘制导线的操作。

（6）显示 Cross-Overs：选中此复选框后，则非电气连线的交叉处会以半圆弧表示横跨状态。

（7）Pin 方向：选中该复选框后，单击元器件某一管脚时，会自动显示该管脚的编号及输入输出特性等。

（8）图纸入口方向：选中该复选框后，在顶层原理图的图纸符号中会根据子图中设置的端口属性显示是输出端口、输入端口或其他性质的端口。图纸符号中相互连接的端口部分则不跟随此项设置改变。

（9）端口方向：选中该复选框后，端口的样式会根据用户设置的端口属性显示是输出端口、输入端口或其他性质的端口。

（10）未连接的从左到右：选中该复选框后，由子图生成顶层原理图时，左右可以不进行物理连接。

（11）拖动步进：在原理图上拖动元器件时，拖动步长包括 4 种，即 Large、Medium、Small、Smallest。

（12）使用 GDI＋渲染文本＋：选中该复选框后，可使用 GDI 字体渲染功能，可精细到字体的粗细、大小等。

（13）垂直拖拽：选中该复选框后，在原理图上拖动元器件时，与元器件相连接的导线只能保持直角。若不选中该复选框，则与元器件相连接的导线可以呈现任意的角度。

3）包括剪贴板

（1）No-ERC 标记：选中该复选框后，在复制、剪切到剪贴板或打印时，均包含图纸的 No-ERC 检查符号。

（2）参数集：选中该复选框后，使用剪贴板进行复制操作或打印时，包含元器件的参数信息。

（3）注释：选中该复选框后，使用剪贴板进行复制操作或打印时，包含注释说明信息。

4）Alpha 数字后缀

用来设置某些元器件中包含多个相同子部件的标识后缀，每个子部件都具有独立的物理功能。在放置这种复合元器件时，其内部的多个子部件通常采用"元器件标识：后缀"的形式来加以区别。

5）管脚余量

（1）名称：设置元器件的管脚名称与元器件符号边缘间的距离，默认值为 50 mil(约1.27 mm)。

（2）数量：设置元器件的管脚编号与元器件符号边缘间的距离，默认值为 80 mil(约2.032 mm)。

6）放置时自动增加

该选项组用于设置元件标识序号及管脚号的自动增量数。

（1）首要的：用于设定在原理图上连续放置同一种元器件时，元器件标识序号的自动增量数，系统默认值为1。

（2）次要的：用于设定创建原理图符号时管脚号的自动增量数，系统默认值为1。

（3）移除前导零：选中该复选框，元件标识序号及管脚号去掉前面的0。

7）端口交叉参考

（1）图纸类型：用于设置图纸中端口类型，包括"Name"和"Number"。

（2）位置类型：用于设置图纸中端口放置位置依据，系统设置包括"Zone"和"Location X,Y"。

8）默认空白纸张模板及尺寸

该选项组用于设置默认的模板文件。可以在"模板"下拉列表中选择模板文件，之后模板文件名称将出现在"模板"文本框中。每次创建一个新文件时，系统将自动套用该模板。如果不需要模板文件，则"模板"列表框中显示"No Default Template File"。

在"图纸尺寸"下拉列表中选择模板文件，之后模板文件名称将出现在"图纸尺寸"文本框中，在文本框下将显示具体的尺寸。

2.设置图形编辑的环境参数

图形编辑的环境参数设置通过"Graphical Editing"选项卡来完成，如图5-38所示，主要用来设置与绘图有关的一些参数。

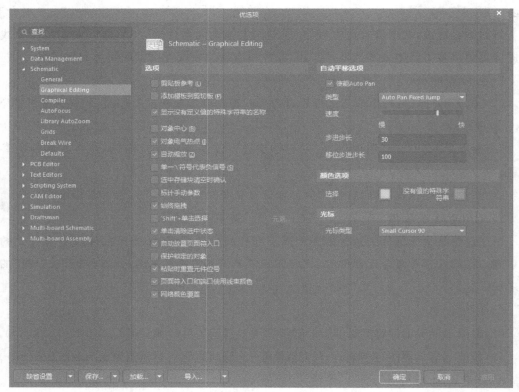

图5-38 原理图优选项窗口"Graphical Editing"选项卡

1)选项

(1)剪贴板参考:选中该复选框后,在复制或剪切选中的对象时,系统将提示确定一个参考点。建议用户选中。

(2)添加模板到剪切板:选中该复选框后,用户在执行复制或剪切操作时,系统将会把当前文档所使用的模板一起添加到剪贴板中,所复制的原理图包含整个图纸。建议用户不必选中。

(3)显示没有定义值的特殊字符串的名称:用于将特殊字符串转换成相应的内容。若选定此复选项,则当在电路原理图中使用特殊字符串时,显示时会转换成实际字符;否则将保持原样。

(4)对象中心:若选中该复选框,移动元器件时光标将自动跳到元器件的参考点上(元器件具有参考点时)或对象的中心处(对象不具有参考点时)。若不选中该复选框,移动对象时光标将自动滑到元器件的电气节点上。

(5)对象电气热点:选中该复选框后,当用户移动或拖动某一对象时,光标自动滑动到离对象最近的电气节点处。建议用户选中。

(6)自动缩放:选中该复选框后,在插入元器件时,电路原理图可以自动地实现缩放,调整出最佳的视图比例。建议用户选中。

(7)单一'\'符号代表负信号:一般在电路设计中,习惯在管脚的说明文字顶部加一条横线,表示该管脚低电平有效,在网络选项卡上也采用此种标识方法。Altium Designer 20 允许使用者通过"\"为文字顶部加一条横线,例如,"RESET 低有效",可以采用"\R\E\S\E\T"的方式为该字符串顶部加一条横线。选中该复选框后,只要在网络选项卡名称的第一个字符前加一个"\",该网络选项卡名将全部被加上横线。

(8)选中存储块清空时确认:选中该复选框后,在清除选定的存储器时,将出现一个确认对话框。通过这项功能的设定可以防止由于疏忽而清除选定的存储器。建议用户选中。

(9)标计手动参数:用于设置是否显示参数自动定位被取消的标记点。选中该复选框后,如果对象的某个参数已取消了自动定位属性,那么在该参数的旁边会出现一个点状标记,提示用户该参数不能自动定位,需手动定位,即应该与该参数所属的对象一起移动或旋转。

(10)始终拖拽:选中该复选框后,移动某一选中的图元时,与其相连的导线也随之被拖动,以保持连接关系。若不选中该复选框,则移动图元时,与其相连的导线不会被拖动。

(11)'Shift'+单击选择:选中该复选框后,只有在按下 Shift 键时单击才能选中图元。此时,右侧的"Primitives"按钮被激活。单击"元素"按钮,弹出如图 5 - 39 所示的"必须按住 Shift 选择"对话框,可以

图 5 - 39　"必须按住 Shift 选择"对话框

设置哪些图元只有在按下 Shift 键时单击才能选择。使用这项功能会使原理图的编辑很不方便,建议用户不必选中该复选框,直接单击选择图元即可。

（12）单击清除选中状态:选中该复选框后,通过单击原理图编辑窗口中的任意位置,即可解除对某一对象的选中状态,不需要再使用菜单命令或者"原理图标准工具栏"中的 按钮。建议用户选中该复选框。

（13）自动放置页面符入口:选中该复选框后,系统会自动放置图纸入口。

（14）保护锁定的对象:选中该复选框后,系统会对锁定的图元进行保护。若不选中该复选框,则锁定对象不会被保护。

（15）粘贴时重置元件位号:选中该复选框后,将复制粘贴后的元器件标号进行重置。

（16）页面符入口和端口使用线束颜色:选中该复选框后,将原理图中的图纸入口与电路按端口颜色设置为线束颜色。

（17）网络颜色覆盖:选中该复选框后,原理图中的网络显示对应的颜色。

2）自动平移选项

该选项组主要用来设置系统的自动移动功能,即当光标在原理图上移动时,系统会自动移动原理图,以保证光标指向的位置进入可视区域。

（1）类型:有 3 种选项（Auto Pan Off、Auto Pan Fixed Jump、Auto Pan Recenter）可以供用户选择。系统默认为 Auto Pan Fixed Jump。

（2）速度:通过拖动滑块,可以设定原理图移动的速度。滑块越向右,速度越快。

（3）步进步长:设置原理图每次移动时的步长。系统默认值为 30,即每次移动 30 个像素点。数值越大,图纸移动越快。

（4）移位步进步长:用来设置在按住 Shift 键的情况下,原理图自动移动时的步长。一般该栏的值要大于"步进步长"的值,这样在按住 Shift 键时可以加快图纸的移动速度,系统默认值为 100。

3）颜色选项

该选项组用来设置所选中对象的颜色。单击"选择"选项中的颜色显示框,在弹出的"选择颜色"对话框中选择对象的颜色,如图 5 - 40 所示。

4）光标

该选项主要用来设置光标的类型。光标的类型有 4 种,即 Large Cursor 90、Small Cursor 90、Small Cursor 45、Tiny Cursor 45。系统默认为 Small Cursor 90。

其他参数的设置使用者可以参照帮助文档,这里不再一一赘述。

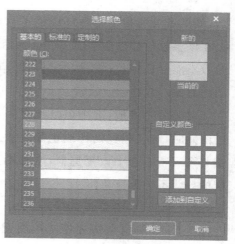

图 5 - 40　"选择颜色"对话框

5.3.4　加载元件库

在绘制电路原理图时,首先要在图纸上放置需要的元器件符号。Altium Designer 20 作为专业的电子电路计算机辅助设计软件,一般常用的电子元器件符号都可以在它的元件库中找到,用户只需在 Altium Designer 20 元件库中查找所需的元器件符号,并将其放置在图纸适当的位置上即可。

1. 打开"Components"面板

将鼠标箭头放置在工作区右侧的"Components"标签上,此时会自动弹出一个"Components"面板。如果在工作区右侧没有"Components"标签,只要单击底部面板控制栏的 Panels 图标,选中"Components",即可在工作区右侧出现"Components"标签,并自动弹出一个"Components"面板,如图 5 - 41 所示。在"Components"面板中,Altium Designer 20 系统已经装入两个默认的元器件库:通用元器件库(Miscellaneous Devices. IntLib)以及通用接插件库(Miscellaneous Connectors. IntLib)。用户可以根据需要选择合适的库。

2. 加载和卸载元件库

加载绘图所需的元件库常见的方法如下。

(1)单击图 5 - 41 所示的"Components"面板右上角的 ■ 按钮,在弹出的快捷菜单中选择"File-based Libraries Preferences"命令,如图 5 - 42 所示,则系统将弹出"Available File-based Libraries"对话框,如图 5 - 43 所示。

可以看到此时系统已经装入的元器件库,包括通用元器件库(Miscellaneous Devices. IntLib)以及通用接插件库(Miscellaneous Connectors. IntLib),如图 5 - 43 所示。"上移"按钮和"下移"按钮是用来改变元器件库排列顺序的。

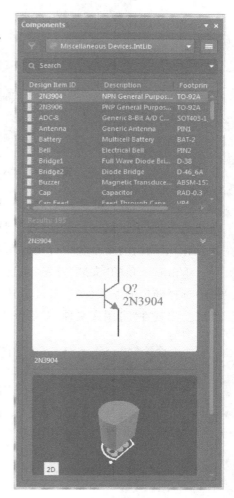

图 5 - 41　原理图"Components"面板

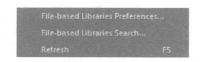

图 5 - 42　快捷菜单

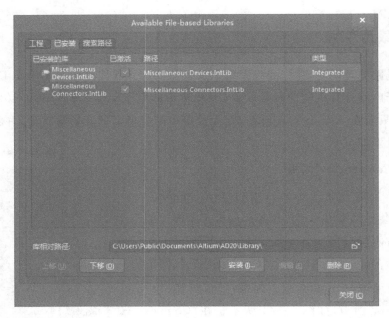

图 5 - 43　"Available File-based Libraries"对话框

（2）在如图 5 - 43 所示的对话框中有 3 个选项卡："工程"选项卡、"已安装"选项卡和"搜索路经"选项卡。其中，"工程"选项卡列出的是使用者为当前工程自行创建的库文件，"已安装"选项卡列出的是系统中可用的库文件。

单击右下角的"安装"按钮，系统弹出如图 5 - 44 所示的选择库文件对话框。在该对话框中选择确定的库文件夹，打开后选择相应的库文件，然后单击"打开"按钮，所选中的库文件就会出现在"可用库文件"对话框中。

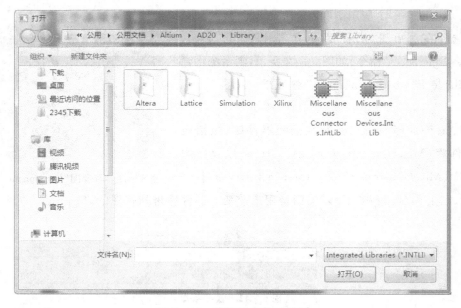

图 5 - 44　选择库文件对话框

重复操作可以把所需要的各种库文件添加到工程中,成为当前可用的库文件。加载完毕后,单击"关闭"按钮,关闭对话框。这时所有加载的"Components"都出现在元件库面板中,用户可以选择使用。

在"Available File-based Libraries"对话框中选中一个库文件,单击"删除"按钮,即可将该元件库删除。

5.3.5　元器件的放置

原理图中有两个基本要素:元器件符号和线路连接。绘制原理图的主要操作就是将元器件符号放置在原理图图纸上,然后用线将元器件符号中的管脚连接起来,建立正确的电气连接。在放置元器件符号前,需要知道元器件符号在哪一个元器件库中,并需要载入该元器件库。

1. 元器件的搜索

Altium Designer 20 提供了强大的元器件搜索功能,可以帮助使用者在元器件库中定位元器件。

1)查找元器件

单击"Components"面板右上角的 ■ 按钮,在弹出的快捷菜单中选择"File-based Libraries Search"命令,则系统将弹出如图 5 - 45 所示的"File-based Libraries Search"对话框。在该对话框中用户可以搜索需要的元器件。搜索元器件需要进行一系列的参数设置。

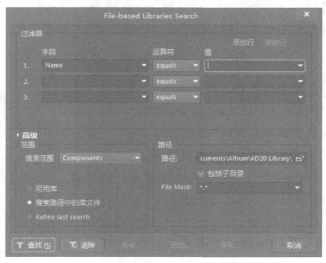

图 5 - 45　"File-based Libraries Search"对话框

(1)范围:用于设置查找范围。若选中"可用库"单选按钮,则在目前已经加载的元器件库中查找;若选中"搜索路径中的库文件"单选按钮,则按照设置的路径进行查找。

(2)搜索范围:用于选择查找类型,有 Components、Footprints、3D Models 和 Database Components 四种查找类型。

(3)路径:用于设置查找元器件的路径,主要由"路径"和"File Mask"选项组成。单击

"路径"文本框右侧的按钮 ⬜，系统将弹出"浏览文件夹"对话框，可以选中相应的搜索路径。一般情况下，选中"路径"文本框下方的"包括子目录"复选框。"File Mask"是文件过滤器，默认采用通配符。如果对搜索的库比较了解，可以输入相应的符号以缩小搜索范围。

（4）文本框：用来输入需要查询的元器件名称或者部分名称。输入当前查询内容后，必要时可以点击 助手... 按钮进入系统提供的"Query Helper"对话框，如图 5-46 所示。在该对话框中可以输入一些与查询有关的过滤语句表达式，有助于系统更快捷、更准确地查找。

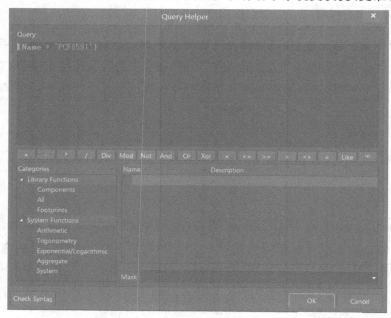

图 5-46 "Query Helper"对话框

单击 历史... 按钮，则会打开表达式管理器，里面存放了所有的查询记录。对于需要保存的内容，单击 常用... 按钮，可放在收藏夹内，便于下次查询时直接调用。

2）显示找到的元器件及所在的元器件库

查找后在元器件库面板可以看到，符合搜索条件的元器件名、描述、所在的库及封装形式在面板上被一一列出，如图5-47所示。

3）加载找到的元器件所在元器件库

选中需要的元器件（不在工程当前可用的库文件中），单击鼠标右键，在弹出的右键快捷菜单中执行放置元件命令，或者单击元器件库面板右上方的按钮，系统弹出是否加载库文件的提示框。单击"Yes"按钮，则元器件所在的库文件被加载。单击"No"按钮，则只使用该元器件而不加载其元器件库。

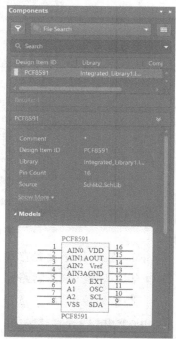

图 5-47 显示找到的元器件

2. 元器件的放置

在元器件库中找到元器件后,加载该元器件库,就可以在原理图上放置元件了。在 Altium Designer 20 中有两种方法放置元器件,分别是通过"Components"面板放置和通过菜单放置,下面介绍这两种放置方法。

在放置元器件之前,应该对所需要的元器件加以选择,并且确认所需要的元器件所在的库文件已经加载,若没有加载库文件,请按照前面介绍的方法进行装载,否则系统会提示所需要的元器件不存在。

1)通过"Components"面板放置元器件

具体步骤如下。

(1)单击右下角 Panels 按钮,在弹出的快捷菜单中选择"Components"命令,打开其面板,载入所要放置元器件所在的库文件,如图 5-48 所示,在下拉选项中选择该文件,该元器件库出现在文本框中,成为当前库。同时,库中的元器件列表显示在库的下方,在元器件列表中将显示库中所有的元器件,可以放置其中的所有元器件。

(2)在元器件列表中选中所要放置的元器件,该元器件将以高亮显示,此时可以放置该元器件的符号。若元器件库中的元器件很多,为了快速定位元器件,可以在上面的文本框中输入所要放置元器件的名称或元器件名称的一部分,输入后只有包含输入内容的元器件才会出现在元器件列表中。

(3)选中元器件后,在"Components"面板中将出现元器件符号的预览以及元器件的模型预览,确定是想要放置的元器件后,鼠标左键双击元器件名,鼠标将变成十字形状并附带着元器件的符号出现在工作窗口中。

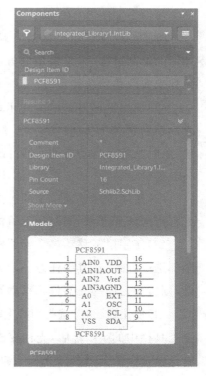

图 5-48　选中需要的元器件

(4)移动鼠标到原理图图纸的合适位置,单击鼠标左键,元器件将被放置在鼠标停留的地方。此时系统仍处于放置元器件状态,单击鼠标左键可以继续放置该元器件。在完成放置选中的元器件后,单击鼠标右键或者按 Esc 键退出元器件放置的状态,结束元器件的放置。

(5)完成一些元器件的放置后,可以对元器件位置进行调整,设置这些元器件的属性。然后重复刚才的步骤,放置其他的元器件。

2)通过菜单命令放置元器件

执行"放置"→"器件"菜单命令,打开"Components"面板,载入所要放置元器件所在的库文件,后面步骤同上,这里不再赘述。

3. 元器件位置的调整

1）元器件的移动

在 Altium Designer 20 中，元器件的移动有两种情况，一种是在同一平面内移动，称为"平移"；另一种是一个元器件将另一个元器件遮住的时候，同样需要移动位置来调整它们之间的上下关系，这种元器件间的上下移动称为"层移"。

对于元器件的移动，系统提供了相应的菜单命令。选择"编辑"→"移动"菜单命令，相应的移动菜单命令如图 5-49 所示。

除了使用菜单命令移动元器件外，在实际原理图的绘制过程中，最常用的方法就是直接使用鼠标来实现移动功能。

（1）使用鼠标移动单个的未选取元器件。将光标指向需要移动的元器件，按下鼠标左键不

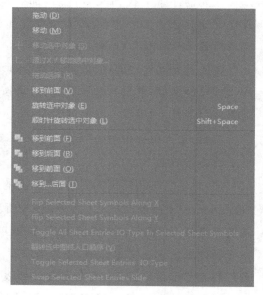

图 5-49 "移动"菜单命令

放，此时光标会自动滑到元器件的电气节点上（显示红色星形标记）。拖动鼠标，元器件随之一起移动，到达合适位置后，松开鼠标左键，元器件即被移动到当前位置。

（2）使用鼠标移动单个的已选取元器件。如果需要移动的元器件已经处于选中状态，将光标指向该元器件，同时按下鼠标左键不放，拖动元器件到指定位置。

（3）使用鼠标移动多个元器件。需要同时移动多个元器件时，首先应将要移动的元器件全部选中，然后在其中任意一个元器件上按下鼠标左键并拖动，到适当位置后，松开鼠标左键，则所有选中的元器件都移动到了当前的位置。

（4）使用 ■（移动选择对象）图标移动元器件。对于单个或多个已经选中的元器件，单击主工具栏中的 ■ 图标后，光标变成十字形，移动光标到已经选中的元器件附近，单击鼠标，所有已经选中的元器件随光标一起移动到正确位置，在此单击鼠标，完成移动。

2）元器件的旋转

（1）单个元器件的旋转。单击要旋转的元器件并按住不放，将出现十字光标，此时按下面的功能键即可实现旋转。

- Space 键：每按一次，被选中的元器件逆时针旋转 90°。
- X 键：被选中的元器件左右对调。
- Y 键：被选中的元器件上下对调。

旋转至合适的位置后放开鼠标左键，即可完成元器件的旋转。

（2）多个元器件的旋转。在 Altium Designer 20 中还可以将多个元器件同时旋转。方法是：先选定要旋转的元器件，然后单击其中任何一个元器件并按住不放，再按功能键将选

定的元器件旋转,最后放开鼠标左键完成操作。

4. 元器件的排列与对齐

选择"编辑"→"对齐"菜单命令,系统弹出如图 5-50 所示的"对齐"菜单。其中各个命令的说明如下。

(1)左对齐:将选定的元器件向最左边的元器件对齐。

(2)右对齐:将选定的元器件向最右边的元器件对齐。

(3)水平中心对齐:将选定的元器件向最左边元器件和最右边元器件的中间位置对齐。

(4)水平分布:将选定的元器件在最左边元器件和最右边元器件之间等间距对齐。

图 5-50　"对齐"菜单命令

(5)顶对齐:将选定的元器件向最上面的元器件对齐。

(6)底对齐:将选定的元器件向最下面的元器件对齐。

(7)垂直中心对齐:将选定的元器件向最上面元器件和最下面元器件的中间位置对齐。

(8)垂直分布:将选定的元器件在最上面元器件和最下面元器件之间等间距放置。

(9)对齐到栅格上:选中的元器件对齐在网格点上,这样便于电路连接。

也可通过选择"编辑"→"对齐"→"对齐"菜单命令,将弹出的图5-51所示的"排列对象"对话框中进行元器件的排列与对齐操作。

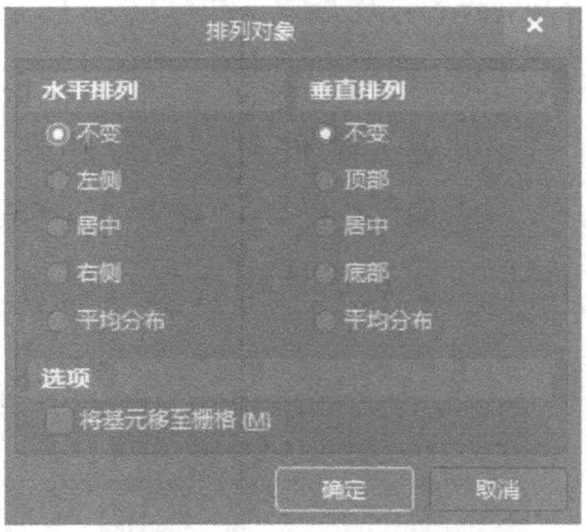

其他对话框中的各选项说明如下。

(1)水平排列,包括了以下选项:

· 不变:选择该项,则保持不变。

· 左侧:选择该项,作用同"左对齐"。

· 居中:选择该项,作用同"水平中心对齐"。

· 右侧:选择该项,作用同"右对齐"。

图 5-51　"排列对象"对话框

· 平均分布:选择该项,作用同"水平分布"。

(2)垂直排列,包括了以下选项。

· 不变:选择该项,则保持不变。

· 顶部:选择该项,作用同"顶对齐"。

· 居中:选择该项,作用同"垂直中心对齐"。

· 底部:选择该项,作用同"底对齐"。

· 平均分布:选择该项,作用同"垂直分布"。

(3)将基元移至栅格:选择该项,对齐后,元器件将被放到网格点上。

5. 元器件属性的编辑

在原理图上放置的所有元器件都具有自身的特定属性,在放置好每一个元器件后,应该对其属性进行正确的编辑和设置,以免在 PCB 板制作时产生错误。

元器件属性设置具体包含以下 5 个方面的内容:元器件的基本属性设置、元器件的外观属性设置、元器件的扩展属性设置、元器件的模型设置、元器件管脚的编辑。

1)手动方式编辑

在原理图编辑窗口内,将光标移到需要编辑属性的元器件上双击,系统会弹出相应的属性编辑面板,如图 5-52 所示(三极管 2N3904 的属性编辑对话框)。

使用者可以根据自己的实际情况设置面板参数,完成设置后,按"Enter"键确认。

2)自动编辑

在电路原理图比较复杂、有很多元器件的情况下,如果用手工方式逐个编辑元器件的标识,不但效率低,而且容易出现遗漏、跳号等现象。此时,可以使用 Altium Designer 20 所提供的自动标识功能来轻松完成对元器件的编辑。

设置元器件自动标号的方式如下:

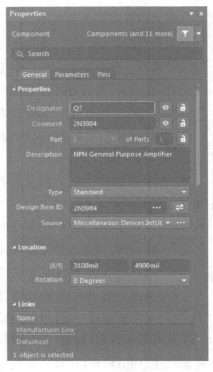

图 5-52 元器件属性编辑

选择"工具"→"标注"→"原理图标注"菜单命令,系统会弹出"标注"对话框,如图 5-53 所示。该对话框中各选项的含义如下。

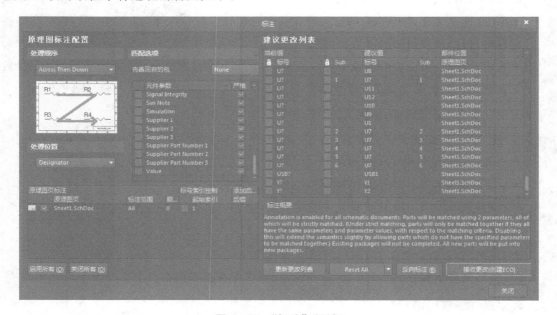

图 5-53 "标注"对话框

(1)处理顺序:用来设置元器件标号的处理顺序,有以下 4 种选择方案。

①Up Then Across:按照元器件在原理图上的排列位置,先按自下而上再按自左到右的顺序自动标识。

②Down Then Across:按照元器件在原理图上的排列位置,先按自上而下再按自左到右的顺序自动标识。

③Across Then Up:按照元器件在原理图上的排列位置,先按自左到右再按自下而上的顺序自动标识。

④Across Then Down:按照元器件在原理图上的排列位置,先按自左到右再按自上而下的顺序自动标识。

(2)匹配选项:从该列表框选择元器件的匹配参数,在对话框的右下方有对该项的注释概要。

(3)原理图页标注:该区域用来选择要标识的原理图,并确定注释范围、起始索引值及后缀字符等。

①原理图页:用来选择要标识的原理图文件。可以直接单击"启用所有"按钮选中所有文件,也可以单击"关闭所有"按钮取消选择所有文件,然后单击所需的文件前面的复选框进行选中。

②标注范围:用来设置选中的原理图要标注的元器件范围(有 3 种选择,即 All、Ignore Selected Parts、Only Selected Parts)。

③顺序:用来设置同类型元器件标识序号的增量数。

④起始索引:用来设置起始索引值。

⑤后缀:用来设置标识的后缀。

(4)建议更改列表:用来显示元器件的标号在改变前后的情况,并指明元器件在哪个原理图文件中。

执行元器件自动标号操作:

• 单击对话框中的 Reset All 按钮,然后在弹出的对话框中单击 OK 按钮确定复位,系统会使元器件的标号复位,即变成标识符加上问号的形式。

• 单击"更新更改列表"按钮,系统会根据配置的注释方式更新标号,并且显示在"建议更改列表"列表框中。

• 单击"接受更改"按钮,系统将弹出"工程变更指令"对话框,显示出标号的变化情况,如图 5-54 所示。

• 单击图 5-54 所示对话框中的"验证变更"按钮,可以使标号变化有效,但此时原理图中的元器件标号并没有显示出变化,单击"执行变更"按钮,原理图中元器件标号即显示出变化。

• 单击"报告变更"按钮,会以预览表的方式报告有哪些变化,如图 5-55 所示。

图 5 - 54 "工程变更指令"对话框

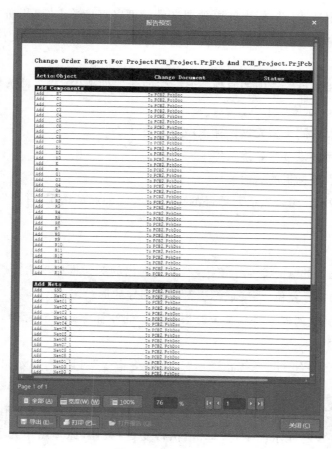

图 5 - 55 报告预览

5.3.6　元器件的删除

删除多余的元器件可以用不同的操作方法,这里介绍两种简单的方法。

一种是首先将鼠标箭头移至要删除的元器件,然后单击该元器件,使元器件处于被选中的状态,按键盘上的 Delete 键即可删除该元器件。

另一种方法是在 Altium Designer 20 原理图编辑环境中执行"编辑"→"删除"菜单命令,鼠标箭头上会悬浮现一个十字叉,将鼠标箭头移至要删除元器件的中心单击即可删除该元器件。如果还有其他元器件需要删除,只需要重复上述操作即可。如果没有其他元器件需要删除,可以通过单击鼠标右键或者按 Esc 键退出删除元器件的操作。

上述两种删除元器件的操作方法各有所长,第一种方法适合删除单个元器件,第二种方法适合删除多个元器件。

5.3.7　元器件的连接

元器件之间电气连接的主要方式是通过导线来连接。导线是电路原理图中最重要也是用得最多的图元。导线不同于一般的绘图工具绘制的线,它具有电气连接的意义,绘图工具绘制的线没有电气连接的意义。

1. 用导线连接元器件

导线是电气连接中最基本的组成单位,放置导线的详细步骤如下。

(1)执行"放置"→"线"菜单命令,或单击"布线"工具栏中的"放置线"按钮▆,也可以使用快捷键 P＋W 操作,这时鼠标指针变成十字形并附加一个叉记号,如图 5 - 56 所示。

(2)将鼠标指针移动到想要完成电气连接的元器件的管脚上,单击放置导线的起点。由于设置了系统电气捕捉节点(electrical snap),因此电气连接很容易完成。出现高亮叉号表示电气连接成功,如图 5 - 57 所示。移动鼠标时多次单击可以确定多个固定点,最后放置线的终点,完成两个元器件之间的电气连接。此时鼠标仍处于放置线的状态,重复上面的操作可以继续放置其他导线。

图 5 - 56　绘制导线时的鼠标指针　　　　　图 5 - 57　导线的绘制

（3）导线的拐弯模式。如果要连接的两个管脚不在同一水平线或同一垂直线上，则绘制导线的过程中需要单击鼠标确定导线的拐弯位置，而且可以通过按 Shift＋空格键来切换选择导线的拐弯模式（共有 3 种——直角、45°角、任意角），如图 5－58 所示，注意此操作需要在英文输入模式下。导线绘制完毕，单击鼠标右键或按 Esc 键即可退出绘制导线操作。

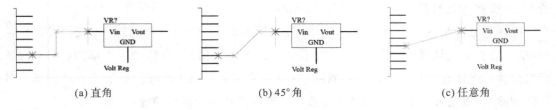

（a）直角　　　　　　　　　（b）45°角　　　　　　　　　（c）任意角

图 5－58　导线的三种拐弯模式

（4）设置导线的属性。任何一个建立起来的电气连接都被称为一个网络（net），每个网络都有自己唯一的名称，系统为每一个网络设置默认的名称，用户也可以自己进行设置。原理图绘制完成且编译结束后，在导航栏中即可看到各种网络的名称。在绘制导线的过程中，使用者就可以对导线的属性进行编辑。双击导线或者在鼠标处于放置导线的状态时，按 Tab 键即可打开"Properties"面板，如图 5－59 所示。

该面板中主要是对导线的颜色、线宽参数进行设置。

（1）颜色：单击对话框中的颜色块■，即可在弹出的下拉对话框中选择需要的导线颜色。系统默认为深蓝色。

（2）Width：在下拉列表框中有 4 个选项，即 Smallest、Small、Medium 和 Large，系统默认为 Small。实际中应该参照与其相连的元器件管脚线宽度进行选择。

2.总线及分支的绘制

总线是一组具有相同性质的并行信号线的组合，如数据总线、地址总线、控制总线等。在大规模的原理图设计，

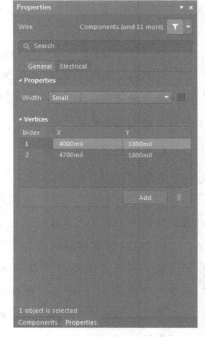

图 5－59　导线属性设置

尤其是数字电路的设计中，若只用导线来完成各元器件之间的电气连接，则整个原理图的连线会显得细碎而烦琐。总线的运用可以大大简化原理图的连线操作，使原理图更加整洁、美观。

原理图编辑环境下的总线没有任何实质的电气连接意义，仅仅是为了绘图和读图的方便而采取的一种简化连线的表现形式。

1）总线的绘制

总线的绘制与导线的绘制基本相同，具体操作步骤如下。

(1)选择"放置"→"总线"菜单命令,或单击工具栏中的▥按钮,也可以按下快捷键 P＋B 进行操作,这时鼠标指针变成十字形。

(2)将鼠标指针移动到想要放置总线的起点位置,单击鼠标确定总线的起点,然后拖动鼠标,单击确定多个固定点和终点,如图 5－60 所示。总线的绘制不必与元器件的管脚相连,它只是为了方便接下来对总线分支线的绘制而设定的。

(3)设置总线的属性。在绘制总线的过程中,用户可以对总线的属性进行编辑。双击总线或者在鼠标处于放置总线的状态时按 Tab 键即可打开总线"Properties"面板,如图 5－61 所示。

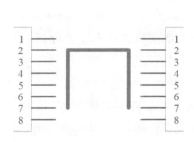

图 5－60　绘制总线

图 5－61　总线属性设置

2)绘制总线分支线

总线分支线是单一导线与总线的连接线。使用总线分支线把总线和具有电气连接关系的导线连接起来,可以使电路原理图更为美观、清晰且专业。与总线一样,总线分支线也不具有任何电气连接的意义,而且它的存在也不是必需的,即使不通过总线分支线,直接把导线与总线连接也是正确的。

放置总线分支线的操作步骤如下:

(1)选择"放置"→"总线入口"菜单命令,或单击工具栏中的▥按钮,也可以使用快捷键 P＋U进行操作,这时鼠标指针变成十字形。

(2)在导线与总线之间单击鼠标,即可放置一段总线分支线。同时,在该命令状态下按空格键可以调整总线分支线的方向,如图 5－62 所示。

(3)设置总线分支线的属性。在绘制总线分支线的过程中,用户便可以对总线分支线的属性进行编辑。双击总线分支线,或者在鼠标处于放置总线分支线的状态时,按 Tab 键即可打开总线分支线的"Properties"面板,如图 5－63 所示。

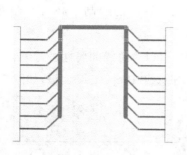

图 5 - 62 绘制总线分支线图

图 5 - 63 总线分支线属性设置

3. 放置电源和接地符号

电源和接地符号是电路原理图中必不可少的组成部分。在 Altium Designer 20 中提供了多种电源和接地符号供用户选择,每种形状都有相应的网络选项卡作为标识。

放置电源和接地符号的步骤如下:

(1)选择"放置"→"电源端口"菜单命令,或单击工具栏中的▇或▇按钮,也可以使用快捷键 P+O 进行操作,这时鼠标指针变成十字形,并带有一个电源或接地符号。

(2)移动鼠标指针到需要放置电源或接地符号的地方,单击即可完成放置,如图 5 - 64 所示。此时鼠标指针仍处于放置电源或接地的状态,重复操作即可放置更多的电源或接地符号。

图 5 - 64 放置电源和接地符号

(3)设置电源和接地符号的属性。在放置电源和接地符号的过程中,用户便可以对电源和接地符号的属性进行编辑。双击电源和接地符号,或者在鼠标处于放置电源和接地符号的状态时,按下 Tab 键即可打开电源和接地符号的"Properties"面板,如图 5 - 65 所示。在该面板中可以对电源端口的颜色、风格、位置、旋转角度及所在网络的属性进行设置。属性编辑结束后按 Enter 键即可。

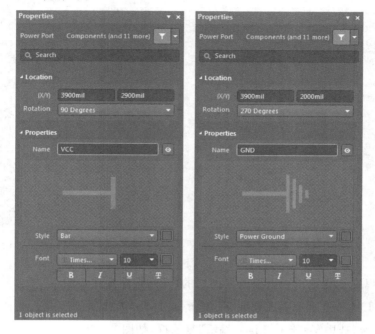

图 5-65　电源和接地属性设置

4. 放置网络标签

在原理图绘制过程中,元器件之间的电气连接除了使用导线外,还可以通过设置网络标签的方法来实现。

网络标签具有实际的电气连接意义,具有相同网络标签的导线或元器件管脚无论在图上是否连接在一起,其电气关系上都是连接在一起的。特别是在连接的线路比较远,或者线路过于复杂而使走线比较困难时,使用网络标签代替实际走线可以大大简化原理图。

下面以放置电源网络标签为例介绍网络标签的放置,具体步骤如下。

(1)选择"放置"→"网络标签"菜单命令,或单击工具栏中的█按钮,也可以使用快捷键 P+N,这时鼠标指针变成十字形,并带有一个初始标签"NetLabel1"。

(2)移动鼠标指针到需要放置网络标签的导线上,当出现红色米字标志时,单击即可完成放置,如图 5-66 所示。此时鼠标指针仍处于放置网络标签的状态,重复操作即可放置其他的网络标签。单击鼠标右键或者按下 Esc 键便可退出操作。

(3)设置网络标签的属性。在放置网络标签的过程中,用户便可以对网络标签的属性进行编辑。双击网络标签或者在鼠标处于放置网络标签的状态时,按 Tab 键即可打开标签的属性编辑面板,如图 5-67 所示。在该面板中可以对网络标签的颜色、位置、旋转角度、名称及字体等属性进设置。

图 5 - 66　放置网络标签　　　　　　**图 5 - 67　网络标签属性设置**

　　用户也可以在工作窗口中直接改变网络的名称,具体操作步骤下。

　　(1)选择"工具"→"原理图优先项"菜单命令,打开"优选项"对话框,选择"Schematic"→"General"选项卡,选中"使能 In-Place 编辑"复选框,如图 5 - 68 所示。

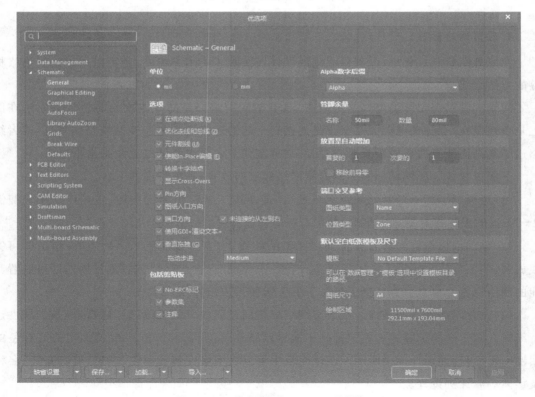

图 5 - 68　选中"使能 In-Place 编辑"

（2）此时在工作窗口中单击网络标签的名称，过一段时间后再一次单击网络标签的名称即可对该网络标签的名称进行编辑。

5. 放置输入/输出端口

通过上面的学习可以知道，使用者在设计原理图时，两点之间的电气连接，可以直接使用导线连接，也可以通过设置相同的网络标签来完成。还有一种方法，即使用电路的输入输出端口，能同样实现两点之间（一般是两个电路之间）的电气连接。相同名称的输入输出端口在电气关系上是连接在一起的，一般情况下在一张图纸中是不使用端口连接的，层次电路原理图的绘制过程中常用到这种电气连接方式。

放置输入输出端口的具体步骤如下。

（1）选择"放置"→"端口"菜单命令，或单击工具栏中的 按钮，也可以使用快捷键 P＋R 操作，这时鼠标指针变成十字形，并带有一个输入输出端口符号。

（2）移动鼠标指针到需要放置输入输出端口的元器件管脚末端或导线上，当出现红色米字标志时，单击鼠标确定端口的一端位置。然后拖动鼠标使端口的大小合适，再次单击鼠标确定端口的另一端位置，即可完成输入输出端口的一次放置，如图 5－69 所示。此时鼠标仍处于放置输入输出端口的状态，重复操作即可放置其他的输入输出端口。

（3）设置输入输出端口的属性。在放置输入输出端口的过程中，用户便可以对输入输出端口的属性进行编辑。双击输入输出端口，或者在鼠标处于放置输入输出端口的状态时，按 Tab 键即可打开输入输出端口的属性编辑面板，如图 5－70 所示。

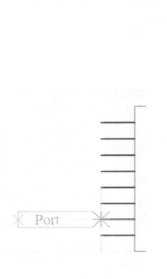

图 5－69　放置输入输出端口　　　　图 5－70　输入输出端口属性设置

①Name：用于设置端口名称。这是端口最重要的属性之一，具有相同名称的端口在电气上是连通的。

②I/O Type：用于设置端口的电气特性，为电气规则检查提供一定的依据，有 Unspecified、Output、Input 和 Bidirectional 四种类型。

③Harness Type：设置线束的类型。

④Font：用于设置端口名称的字体类型、字体大小、字体颜色，同时可为字体添加加粗、斜体、下划线、横线等效果。

⑤Border：用于设置端口边界的线宽和颜色。

⑥Fill：用于设置端口内填充颜色。

6. 放置通用 No ERC 标号

在电路设计过程中，系统进行电气规则检查（ERC）时，有时会产生一些不希望的错误报告。例如，出于电路设计的需要，一些元器件的个别输入管脚有可能被悬空，但在系统默认情况下，所有的输入管脚都必须进行连接，这样在进行 ERC 检查时，系统会认为悬空的输入管脚是使用错误的，并在管脚处放置一个错误标记。

为了避免用户为检查这种"错误"而浪费时间，可以使用通用 No ERC 标号，让系统忽略对此处的 ERC 测试，不再产生错误报告。

放置通用 No ERC 标号的具体步骤如下。

（1）选择"放置"→"指示"→"通用 No ERC 标号"菜单命令，或单击工具栏中的▨按钮，也可以使用快捷键 P＋I＋N 进行操作，这时鼠标指针变成十字形状，并带有一个红色的小叉（通用 No ERC 标号）。

（2）移动鼠标指针到需要放置通用 No ERC 标号的位置处，单击即可完成放置，如图 5-71所示。此时鼠标仍处于放置通用 No ERC 标号的状态，重复操作即可放置其他的忽略 ERC 测试点。单击鼠标右键或者按下 Esc 键便可退出操作。

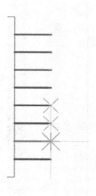

图 5-71　放置通用 No ERC 标号

（3）设置通用 No ERC 标号的属性。在放置通用 No ERC 标号的过程中，用户便可以对其属性进行编辑。双击通用 No ERC 标号或者在鼠标处于放置通用 No ERC 标号的状态时，按 Tab 键即可打开通用 No ERC 标号的属性编辑面板，在该面板中可以对 No ERC 的颜色及位置属性进行设置，如图 5－72 所示。

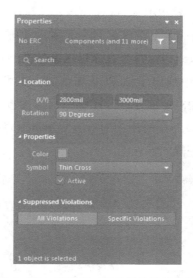

图 5－72　通用 No ERC 标号属性设置

7. 放置 PCB 布线指示

用户绘制原理图的时候，可以在电路的某些位置放置 PCB 布线指示，以便预先规划指定处的 PCB 布线规则，包括铜箔的厚度、线宽、布线的策略、布线优先权及布线板层等。这样在由原理图创建 PCBPCB 的过程中，系统就会自动引入这些特殊的设计规则。

放置 PCB 布线指示的具体步骤如下。

（1）选择"放置"→"指示"→"参数设置"菜单命令，这时鼠标指针变成十字形状，并带有一个 PCB 布线指示符号。

（2）移动鼠标指针到需要放置 PCB 布线指示的位置处，单击即可完成放置，如图 5－73 所示。此时鼠标仍处于放置 PCB 布线指示的状态，重复操作即可放置其他的 PCB 布线指示符号，单击鼠标右键或者按下 Esc 键便可退出操作。

图 5－73　放置 PCB 布线指示

(3)设置 PCB 布线指示的属性。在放置 PCB 布线指示的过程中,用户便可以对 PCB 布线指示的属性进行编辑。双击 PCB 布线指示或者在鼠标处于放置 PCB 布线指示的状态时,按下 Tab 键即可打开 PCB 布线指示的属性编辑面板,在该面板中可以对 PCB 布线指示的名称、位置、旋转角度及布线规则进行设置,如图 5-74 所示。

• Label:用来输入 PCB 布线指示的名称。

• (X/Y):设定 PCB 布线指示在原理图上的 X 轴和 Y 轴坐标。

• Style:用于设定 PCB 布线指示符号在原理图上的类型,包括"Large"和"Tiny"。

"Rules"和"Classes"窗口中列出了该 PCB 布线指示的相关参数,包括名称、数值及类型。选中任意一个参数值,单击"Add"按钮,系统弹出如图 5-75 所示的"选择设计规则类型"对话框,窗口内列出了 PCB 布线时用到的所有规则类型供用户选择。

图 5-74　PCB 布线指示属性设置

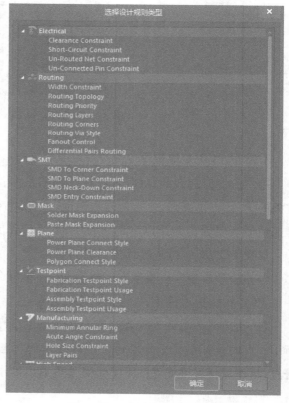

图 5-75　选择设计规则类型

例如,选中 Width Constraint,单击"确定"按钮后,打开相应的铜箔线宽度设置对话框,如图 5-76 所示。该对话框分为两部分,上面是图形显示部分,下面是列表显示部分。对于铜箔线的宽度,既可以在上面设置,也可以在下面设置。属性编辑结束后单击"确定"按钮即可关闭该对话框。

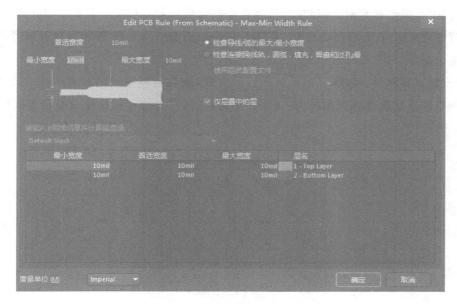

图 5 - 76　铜箔线宽度设置

5.3.8　图形工具栏的使用

在原理图编辑环境中有一个图形工具栏,用于在原理图中绘制各种标注信息,使电路原理图更清晰、数据更完整、可读性更强。该图形工具栏中的各种图元均不具有电气连接特性,所以系统在做 ERC 检查及转换成网络表时,它们不会产生任何影响,也不会附加在网络表数据中。

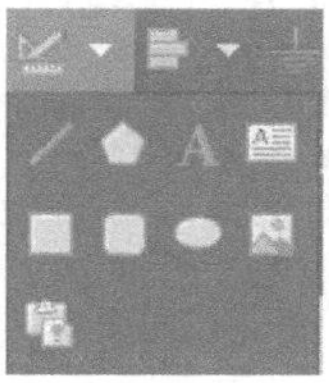

1. 绘图工具

单击图形工具图标,各种绘图工具按钮如图 5 - 77 所示,它与选择"放置"→"绘图工具"菜单命令后菜单中的各项命令具有对应的关系。

图 5 - 77　图形工具

2. 绘制直线

在原理图中,直线可以用来绘制一些注释性的图形,如表格、箭头、虚线等,或者在编辑元器件时绘制元器件的外形。直线在功能上完全不同于导线,它不具有电气连接特性,不会影响到电路的电气结构。

直线的绘制步骤如下。

(1)选择"放置"→"绘图工具"→"线"菜单命令,或者单击工具栏的 ▨(放置线)按钮,这时鼠标变成十字形状。

(2)移动鼠标到需要放置线的位置处,单击确定直线的起点,多次单击确定多个固定点,一条直线绘制完毕后单击鼠标右键退出当前直线的绘制。

(3)此时鼠标仍处于绘制直线的状态,重复步骤(2)的操作即可绘制其他的直线。在直线绘制过程中,需要拐弯时,可以单击鼠标确定拐弯的位置,同时通过使用 Shift＋空格键来切换拐弯的模式。在 T 形交叉点处,系统不会自动添加节点。单击鼠标右键或者按下 Esc 键便可退出操作。

（4）设置直线属性。双击需要设置属性的直线,或在绘制直线的状态下按 Tab 键,系统将弹出相应的直线属性编辑面板,在该面板中可以对线宽、线型和直线的颜色等属性进行设置,如图 5－78 所示。

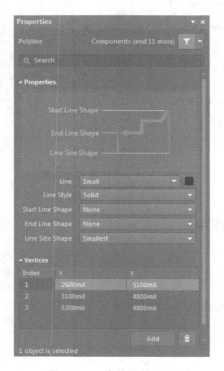

图 5－78　直线属性设置

（1）Line：有 Smallest、Small、Medium 和 Large 四种线宽可供用户选择。

（2）颜色设置：单击颜色显示框■,可设置直线的颜色。

（3）Line Style：有 Solid、Dashed 和 Dotted 3 种线型可供选择。

（4）Start Line Shape：用于设置直线起始端的线型。

（5）End Line Shape：用于设置直线截止端的线型。

（6）Line Size Shape：用于设置所有直线的线型。

属性设置完毕后按 Enter 键结束操作。

其他绘制工具与绘制直线工具使用方法相类似,这里不再一一赘述。

5.3.9　原理图的查错及编译

Altium Designer 20 可以对原理图的电气连接特性进行自动检查,检查后的错误信息将在 Messages 工作面板中列出，同时也在原理图中标注出来。用户可以对检测规则进行设置，然后根据面板中所列出的错误信息对原理图进行修改。

　　原理图的自动检测机制只是按照用户所绘制原理图中的连接进行检测，系统并不知道原理图到底要设计成什么样子，所以如果检测后的 Messages 工作面板中并无错误信息出现，并不表示该原理图的设计完全正确。用户还需将原理图中的内容与所要求的设计反复对照和修改，直到完全正确为止。

1. 原理图的自动检测设置

　　原理图的自动检测可在"工程选项"中设置。选择"工程"→"工程选项"菜单命令，系统打开"Options for PCB Project"对话框，如图 5-79 所示。所有与工程有关的选项都可以在此对话框中设置。

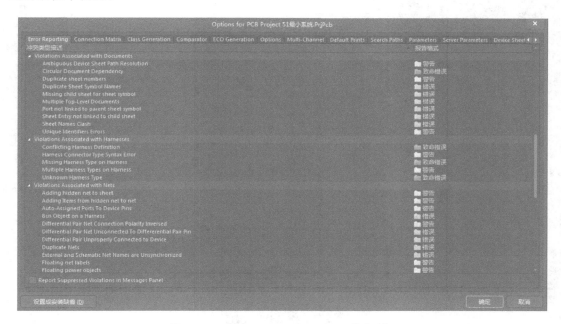

图 5-79　"Options for PCB Project"对话框

　　在该对话框的各项设置中，与原理图检测有关的主要是"Error Reporting"选项卡和"Connection Matrix"选项卡。当对工程进行编译操作时，系统会根据该对话框中的设置进行原理图的检测，系统检测出的错误信息将在"Messages"工作面板中列出。

2. 原理图的编译

　　对原理图各种电气错误等级设置完毕后，用户便可以对原理图进行编译操作，随即进入原理图的调试阶段。选择"工程"→"Compile…"菜单命令即可进行文件的编译。文件编译后，系统的自动检测结果将出现在"Messages"面板中。

　　打开"Messages"面板有以下两种方法。

　　(1)选择"视图"→"面板"→"Messages"菜单命令，如图 5-80 所示。

（2）单击工作窗口右下角的 Panels 按钮，然后选择"Messages"菜单选项，如图 5 - 81 所示。

3. 原理图的修正

当原理图绘制无错误时，"Messages"面板中内容为空。当出现错误的等级为 Error 或 Fatal Error 时，"Messages"面板将自动弹出；错误等级为 Warning 时，用户需自己打开 "Messages"面板对错误进行修改。

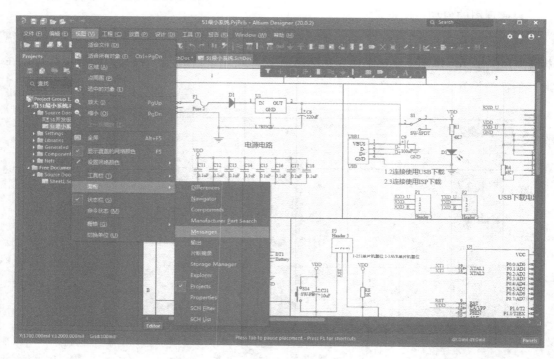

图 5 - 80　打开"Messages"面板的菜单操作

图 5 - 81　用选项卡打开"Messages"面板

5.3.10　打印输出

为方便使用者对原理图进行浏览、交流,经常需要将原理图打印到图纸上。Altium Designer 20 提供了直接将原理图打印输出的功能。

在打印之前首先要进行页面设置。选择"文件"→"页面设置"菜单命令,即可弹出 "Schematic Print Properties"对话框,如图 5 – 82 所示。

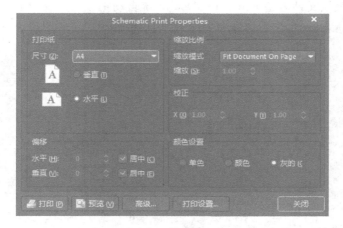

图 5 – 82　"Schematic Print Properties"对话框

其中各项设置说明如下。

(1)打印纸:在该选项组中设置纸张尺寸和方向等。

(2)偏移:设置页边距。

(3)缩放比例:设置打印比例。

(4)校正:修正打印比例。

(5)颜色设置:设置打印的颜色。

设置、预览完成后,即可单击 打印 按钮,打印原理图。此外,选择"文件"→"打印"菜单命令,或单击工具栏中的 ,也可以实现打印原理图的功能。

5.4　PCB 设计流程

设计 PCB 是整个工程设计的目的,原理图设计得再完美,如果 PCB 设计得不合理,则性能将大打折扣,严重时甚至不能正常工作。制板商要参照用户所设计的 PCB 图来进行电路板的生产。由于要满足功能上的需要,PCB 设计往往有很多的规则要求(如要考虑到实际的散热和干扰等问题),因此相对于原理图的设计来说,对 PCB 的设计则要求设计者更细心和耐心。

5.4.1 新建 PCB 文件

新建 PCB 文件即可同时打开 PCB 编辑器,具体操作步骤如下。

1. 菜单创建

选择"文件"→"新的"→"PCB"菜单命令,"Projects"面板中将出现一个新的 PCB 文件,如图 5-83 所示。

新建文件的默认文件名是 PCB1. PcbDoc,系统自动把该文件保存在已经打开的工程文件中,同时整个窗口新添加了许多菜单选项和工具选项。

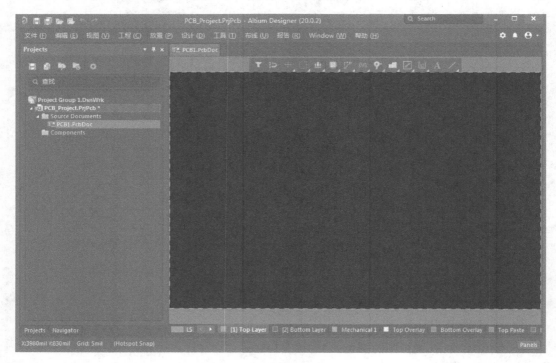

图 5-83 新建 PCB 文件

2. 右键命令创建

在新建的工程文件上单击鼠标右键,弹出快捷菜单,选择"添加新的…到工程"→"PCB"命令即可创建 PCB 文件。

在新建的 PCB 文件处单击鼠标右键,在弹出的快捷菜单中选择"保存"命令,然后在系统弹出的"保存"对话框中输入 PCB 文件的文件名,即可保存新创建的 PCB 文件。

5.4.2 PCB 设计界面简介

PCB 设计界面主要包括 3 个部分:菜单栏、主工具栏和工作面板,如图 5-84 所示。与原理图设计的界面一样,PCB 设计界面也是在软件主界面的基础上添加了一系列菜单选项和工具栏,这些菜单选项和工具栏主要用于 PCB 设计中的板设置、布局、布线以及工程操作等。菜单选项与工具栏基本上是对应的,能用菜单选项来完成的操作几乎都能通过工具栏中的相应工具按钮完成。用鼠标右键单击工作窗口,将弹出一个快捷菜单,其中包括一些 PCB 设计中常用的菜单选项。

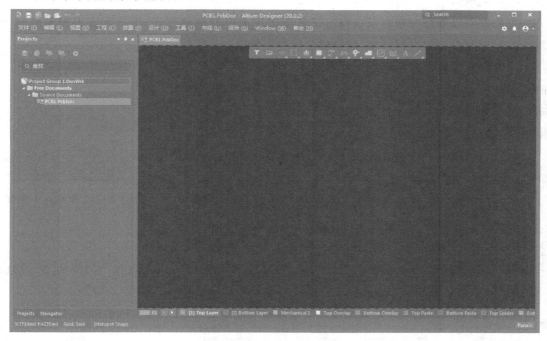

图 5 - 84　PCB 设计界面

1. 菜单栏

在 PCB 设计过程中,各项操作都可以使用菜单栏中的相应菜单命令来完成,各项菜单中的具体命令如下。

(1)文件:主要用于文件的新建、打开、关闭、保存与打印等操作。

(2)编辑:用于对象的选取、复制、粘贴与查找等编辑操作。

(3)视图:用于视图的各种管理,如工作窗口的放大与缩小,各种工具、面板、状态栏及节点的显示与隐藏等。

(4)工程:用于与工程有关的各种操作,如工程文件的打开与关闭、工程的编译与比较等。

(5)放置:包含了在 PCB 中放置对象的各种菜单选项。

(6)设计:用于添加或删除元器件库、网络报表导入、原理图与 PCB 间的同步更新以及 PCB 的定义等操作。

(7)工具:可为 PCB 设计提供各种工具,如 DRC 检查、元器件的手动或自动布局、PCB 图的密度分析以及信号完整性分析等操作。

(8)布线:可进行与 PCB 布线相关的操作。

（9）报告：可进行生成 PCB 设计报表及 PCB 测量操作。

（10）Windows：可对窗口进行各种操作。

（11）帮助：帮助菜单。

2. 主工具栏

工具栏中以图标按钮的形式列出了常用菜单命令的快捷方式，用户可以根据需要对工具栏中包含的命令项进行选择，对摆放位置进行调整。

用鼠标右键单击菜单栏或工具栏的空白区域即可弹出工具栏的命令菜单，如图 5-85 所示，它包含 6 个菜单选项，有 √ 标志的菜单选项将被选中而出现在工作窗口上方的工具栏中，每一个菜单选项都代表一系列工具选项。

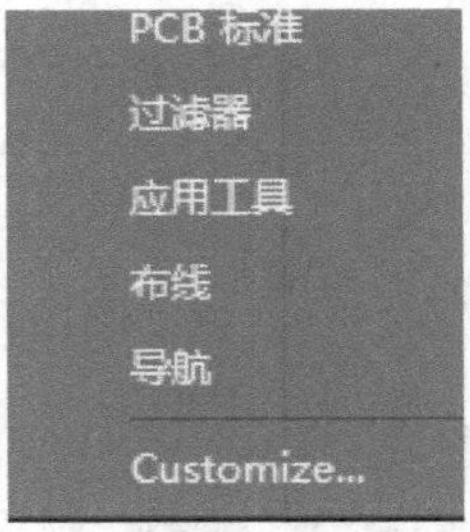

（1）PCB 标准：用于控制 PCB 标准工具栏的打开与关闭，如图 5-86 所示。

（2）过滤器：用于控制过滤器工具栏的打开与关闭。

图 5-85　工具栏命令菜单

（3）应用工具：控制应用工具工具栏的打开与关闭。

（4）布线：控制布线工具栏的打开与关闭。

（5）导航：控制导航工具栏的打开与关闭，通过这些按钮，可以实现在不同界面之间的快速跳转。

（6）Customize：用户自定义设置。

图 5-86　标准工具栏

5.4.3　PCB 工作环境和常用参数设置

对于手动生成的 PCB，在进行 PCB 设计前，首先要对板的各种属性进行详细的设置，主要包括板形的设置、PCB 图纸的设置、电路板层的设置、层的显示、颜色的设置、布线框的设置、PCB 系统参数的设置以及 PCB 设计工具栏的设置等。

1. 电路板物理边框及原点的设置

1）边框线的设置

电路板的物理边界即为 PCB 的实际大小和形状，板形的设置是在机械层 Mechanical 1 上进行的，根据所设计的 PCB 在产品中的位置、空间的大小、形状以及与其他部件的配合来确定 PCB 的外形与尺寸。具体操作步骤如下。

（1）新建 PCB 文件，使之处于当前的工作窗口。默认的 PCB 图为带有栅格的黑色区域，包括 13 个工作层面。

• Top Layer 和 Bottom Layer：主要用于建立电气连接的层，能放置元器件，也能布置走线。

- Mechanical 1：用于定义 PCB 的物理边框大小。
- Top Overlay 和 Bottom Overlay：用于定义顶层和底层丝印字符。
- Top Paste 和 Bottom Paste：用于添加露在电路板外的铜箔。
- Top Solder 和 Bottom Solder：用于添加电路板的覆盖，定义顶层和底层不可焊的区域。
- Drill Guide：用于显示设置的钻孔信息。
- Keep-Out Layer：用于定义电气特性的布线边界，此边界外的其他区域不能有具有电气特性的布线。
- Drill Drawing：用于查看钻孔孔径。
- Multi-Layer：通孔层，横跨所有的信号板层。

（2）单击工作窗口下方的 Mechanical 1 选项卡，使该层处于当前的工作窗口中。

（3）选择"放置"→"线条"菜单命令，鼠标将变成十字形状。将鼠标移动到工作窗口的合适位置，单击即可进行线的放置操作，每单击一次鼠标就确定一个固定点。通常将板的形状定义成矩形，在特殊情况下，为了满足电路的某些特殊要求，也可以将板形定义成圆形、椭圆形或者不规则的多边形。这些都可以通过"放置"菜单来完成。

（4）当绘制的线组成了一个封闭的边框时，即可结束边框的绘制。单击鼠标右键或者按下 Esc 键即可退出该操作。

（5）设置边框线属性。用鼠标左键双击任一边框线即可打开该线的"Properties"面板，如图 5-87 所示。

为了确保 PCB 图中边框线为封闭状态，可以在此对话框中对线的起始和结束点进行设置，使一根线的终点为下一根线的起点。

2）板形的修改

对边框线进行设置主要是给制板商提供制作板形的依据。用户也可以在设计时直接修改板形，即在工作窗口中直接看到自己所设计板子的外观形状，然后对板形进行修改。板形的设置与修改主要通过"设计"→"板子形状"子菜单来完成。

（1）按照选择对象定义。在机械层或其他层利用线条或圆弧定义一个内嵌的边界，以新建对象为参考重新定义板形，具体的操作步骤如下。

①选择"放置"→"圆弧"菜单命令，在电路板上绘制一个圆。

②选中刚才绘制的圆，然后选择"设计"→"板子形

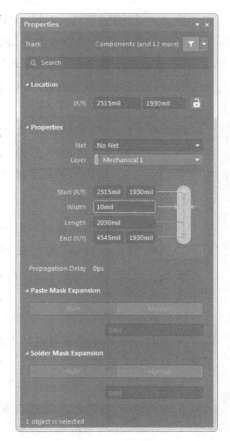

图 5-87　PCB 边框线属性设置

状"→"按照选择对象定义"菜单命令,电路板将变成圆形。

（2）根据板子外形生成线条。在机械层或其他层将板的边界转换为线条。具体操作方法为：执行"设计"→"板子形状"→"根据板子外形生成线条"命令,弹出"从板外形而来的线/弧原始数据"对话框,如图 5 - 88 所示。按照需要设置参数,单击"确定"按钮,退出对话框,板边界自动转换为线条。

图 5 - 88 "从板外形而来的线/弧原始数据"对话框

3）设置 PCB 图的原点

在 PCB 编辑环境中,系统提供了坐标系,使用者在定义 PCB 的边框后,还可根据自己的需要设置 PCB 图的原点。具体步骤如下。

首先启动放置坐标原点命令,操作方法有下面几种：

（1）依次选中菜单栏中的"编辑"→"原点"→"设置"命令。

（2）单击应用工具工具栏中的 按钮,弹出下拉菜单,选择设置原点选项 。

（3）使用快捷键 E＋O＋S。

启动放置坐标原点命令后,光标变成十字形,将光标移动到要设置为原点的地方单击即可。一般将原点放置在 PCB 图的左下角位置,这样元件的 X、Y 坐标都是正值。若要恢复为原来的坐标系,则依次选择菜单栏中的"编辑"→"原点"→"复位"命令即可。

2. PCB 图纸的设置

与原理图一样,用户也可以对 PCB 图纸进行设置,图纸的设置主要有以下两种方法。

1）通过"Properties"进行设置

单击"Properties"按钮,就打开了"Properties"面板"Board"属性编辑,如图 5 - 89 所示。其中主要选项组的功能如下。

• Search：允许在面板中搜索所需的条目。

• Selection Filter：设置过滤对象。也可单击右上角的下拉按钮 ,弹出如图 5 - 90 所示的对象选择过滤器。

• Snap Options：设置图纸是否启用捕获功能。

• Snapping：捕获的对象热点所在层包括"All Layers""Current Layer"和"Off"。

• Objects for snapping：设置捕获对象。

• Board Information：显示 PCB 文件中元器件和网络的完整细节信息。

• Grid Manager：定义捕获栅格。

• Guide Manager：定义电路板的向导线，添加或放置横向、竖向、＋45°、－45°和捕获栅格的向导线，在未选定对象时进行定义。

• Other：设置其余选项。

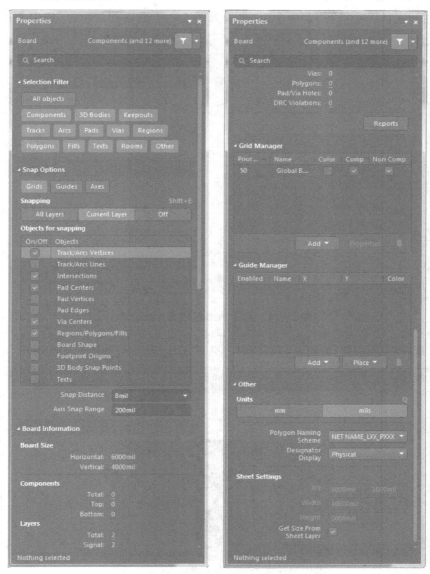

图 5 - 89　"Board"属性编辑

图 5 - 90　对象选择过滤器

2）从 PCB 模板中添加新图纸

Altium Designer 20 拥有一系列预定义的 PCB 模板，主要存放在安装目录"AD20\Templates"下。添加新图纸的操作步骤如下。

（1）单击需要进行图纸操作的 PCB 文件，使之处于当前的工作窗口中。

（2）选择"文件"→"打开"菜单命令，进入如图 5-91 所示的对话框，选中上述路径下的一个模板文件。

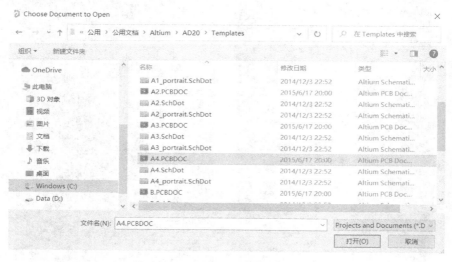

图 5-91　打开 PCB 模板文件对话框

（3）单击 打开(O) 按钮，即可将模板文件导入到工作窗口中，如图 5-92 所示。

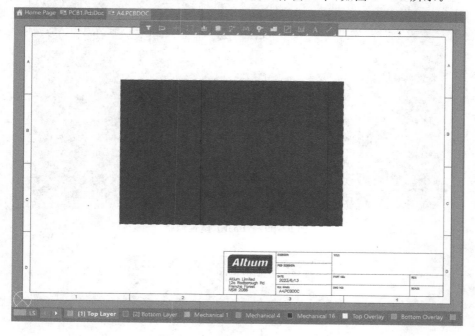

图 5-92　导入 PCB 模板文件

（4）用鼠标拉出一个矩形框，选中该模板文件，选择"编辑"→"复制"菜单命令，进行复制操作。然后切换到要添加图纸的 PCB 文件，选择"编辑"→"粘贴"菜单命令，进行粘贴操作，此时鼠标变成十字形，同时图纸边框悬浮在鼠标上。

（5）选择合适的位置，然后单击鼠标即可放置该模板文件。新页面的内容将被放置到 Mechanical 1 层，但此时并不可见。

（6）在界面右下角单击 Panels 按钮，弹出快捷菜单，选择"View Configuration"命令，打开 "View Configuration"面板，可在该面板中进行设置，如图 5 - 93 所示。

图 5 - 93　"View Configuration"面板

（7）选择"视图"→"适合板子"菜单命令，此时图纸被重新定义了尺寸，与导入的 PCB 图纸边界范围正好相匹配。

这时如果使用"V＋S"或"Z＋S"快捷键重新观察图纸，可以看见新的页面格式已经启用了。

3. PCB 的层面设置

1）PCB 的分层

PCB 一般包括很多层，不同的层包含不同的设计信息。制板商通常是将各层分开做，然后经过压制、处理，最后生成各种功能的电路板。

Altium Designer 20 提供了以下 6 种类型的工作层面。

（1）Signal Layers：信号层即为铜箔层，主要完成电气连接。Altium Designer 20 提供了 32 层信号层，分别为 Top Layer、Mid Layer 1、Mid Layer 2、……、Mid Layer 30 和 Bottom Layer，各层以不同的颜色显示。

（2）Internal Planes：内部电源与地层也属于铜箔层，主要用于建立电源和地网络。Altium Designer 20 提供 16 层 Internal Planes，分别为 Internal Layer 1、Internal Layer 2、……、Internal Layer 16，各层以不同的颜色显示。

（3）Mechanical Layers：机械层是用于描述电路板机械结构、标注及加工等说明所使用的层面，不能完成电气连接。Altium Designer 20 提供有 16 层机械层分别为 Mechanical Layer 1、Mechanical Layer 2、……、Mechanical Layer 16，各层以不同的颜色显示。

（4）Mask Layers：掩模层主要用于保护铜线，也可以防止元器件被焊到不正确的地方。Altium Designer 20 提供有 4 层掩模层，分别为 Top Paste、Bottom Paster、Top Solder 和 Bottom Solder，分别用不同的颜色显示出来。

（5）Silkscreen Layers：通常在丝印层上面会印上文字与符号，以标示各元器件在板子上的位置。丝印层也被称作图标面，Altium Designer 20 提供有两层丝印层，分别为 Top Overlay 和 Bottom Overlay。

（6）Other Layers：其他层。

• Drill Guides：用于描述钻孔图和钻孔位置。

• Keep-Out Layer：只有在这里设置了布线框，才能启动系统的自动布局和自动布线功能。

• Multi-Layer：设置多层，横跨所有的信号板层。

2）PCB 的显示

在界面右下角单击 Panels 按钮，弹出快捷菜单，选择"View Configuration"命令，打开其面板，在"Layer Sets"下拉列表中选择"All Layers"，即可看到系统提供的所有层，如图 5-94 所示。

同时还可以选择"Signal Layers""Plane Layers""Non Signal Layers"和"Mechanical Layers"选项，分别在电路板中单独显示对应的层。

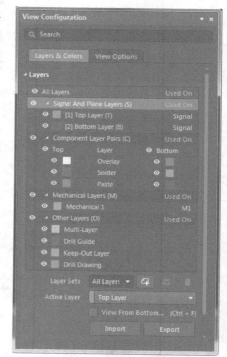

图 5-94 系统所有层的显示

3）常见的不同层数 PCB

（1）单面板（single-sided boards）：在最基本的 PCB 上元器件集中在其中的一面，走线集中在另一面。因为走线只出现在其中的一面，所以就称这种 PCB 为单面板。在单面板上通常只有底面（也就是 bottom layer）覆铜箔，元器件的管脚焊在这一面，完成电气连接，所以这层也称为"焊接面"。顶层，也就是 Top Layer 是空的，元器件安装在这一面，所以又称为"元件面"。因为单面板在设计线路上有许多严格的限制（因为只有一面，所以导线间不能交叉而必须绕走独自的路径），布通率往往很低，所以只有早期的电路及一些比较简单的电路才使用这类板子。

（2）双面板（double-sided boards）：这种电路板的两面都有布线，两面的布线之间由适当的电路连接，这种电路间的"桥梁"叫作过孔（via）。过孔是 PCB 上充满或涂上金属的小洞，它可以与两面的导线相连接。双面板通常无所谓元件面和焊接面，因为两个面都可以焊接或安装元器件。习惯上称 Bottom Layer 为焊接面、TopLayer 为元件面。因为双面板的铜箔面积比单面板大了一倍，所以它适合用在比单面板复杂的电路上。相对于多层板而言，双面板的制作成本不高，在给定一定面积的时候布通率比较高，因此一般的 PCB 都采用双面板。

（3）多层板（multi-layer boards）：常用的多层板有 4 层板、6 层板、8 层板和 10 层板等。简单的 4 层板是在 Top Layer 和 Bottom Layer 的基础上增加了电源层和地线层，一方面极大地解决了电磁干扰问题，提高了系统的可靠性；另一方面可以提高布通率，缩小 PCB 的面积。6 层板通常是在 4 层板的基础上增加两个信号层：Mid-Layer 1 和 Mid-Layer 2。8 层板则通常包括一个电源层、两个地线层、5 个信号层（Top Layer、Bottom Layer、Mid-Layer 1、Mid-Layer 2 和 Mid-Layer 3）。

4）PCB 层数设置

在对电路板进行设计前可以对板的层数及属性进行详细设置，这里所说的层主要是指 Signal Layers、Internal Planes 和 Insulation（Substrate）Layers。

电路板层的具体设置步骤如下。

（1）选择"设计"→"层叠管理器"菜单命令，系统将打开后缀名为".PcbDoc"的文件，如图5-95所示。在该对话框中可以增加层、删除层、移动层所处的位置以及对各层的属性进行编辑。

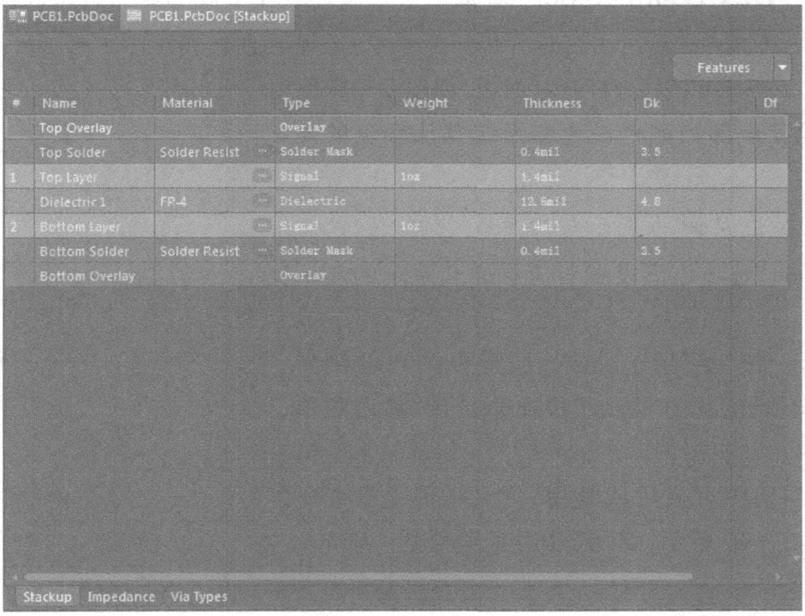

图 5 - 95　后缀为".PcbDoc"的文件

（2）该文件的中心显示了当前 PCB 的层结构。默认的设置为双层，即只包括"Top Layer"和"Bottom Layer"两层，右键单击其中一个层，弹出快捷菜单，如图 5-96 所示，用户可以在快捷菜单中插入、删除或移动新的层。

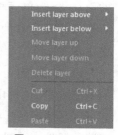

图 5-96　PCB 层的快捷菜单

（3）双击某一层的名称可以直接修改该层的属性，并可对该层的名称及厚度进行设置。

（4）PCB 设计中最多可添加 32 个信号层、16 个电源层和地线层。各层的显示可在"View Configuration"面板中进行设置，选中各层中的"显示"按钮 即可。

（5）电路板的层叠结构中不仅包括拥有电气特性的信号层，还包括无电气特性的绝缘层，两种典型的绝缘层主要是指"Core"和"Prepreg"。

层的堆叠类型主要是指绝缘层在电路板中的排列顺序，默认的 3 种堆叠类型包括 Layer Pairs（Core 层和 Prepreg 层自上而下间隔排列）、Internal Layer Pairs（Prepreg 层和 Core 层自上而下间隔排列）和 Build-up（顶层和底层为 Core 层，中间全部为 Prepreg 层）。改变层的堆叠类型将会改变 Core 层和 Prepreg 层在层叠中的分布，只有在信号完整性分析和需要用到盲孔或埋孔时，才需要进行层的堆叠类型的设置。

4. 工作层面与颜色设置

PCB 编辑器内显示的各个板层具有不同的颜色，以便于区分。用户可以根据个人习惯进行设置，并且可以决定该层是否在编辑器内显示出来。

1）打开"View Configuration"面板

在界面右下角单击 Panels 按钮，弹出快捷菜单，选择"View Configuration"命令，打开其面板，如图 5-97 所示，该面板包括电路板颜色设置和系统默认颜色的显示两部分。

2）设置对应层面的显示与颜色

在"Layers"选项组下设置对应层面和系统的显示颜色。

（1）"显示"按钮 用于决定此层是否在 PCB 编辑器内显示。不同位置的"显示"按钮 启用/禁用的层不同。

• 每个层组中可启用或禁用一个层、多个层或所有层。如图 5-98 所示，启用/禁用了全部的 Component Layers。

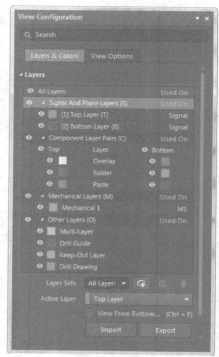

图 5-97　"View Configuration"设置

图 5 - 98　启用/禁用了全部的 Component Layers

- 启用/禁用整个层组，如图 5 - 99 所示，将所有的 Top Layers 启用/禁用。

图 5 - 99　启用/禁用 Top Layers

- 启用/禁用每个组中的单个条目，如图 5 - 100 所示，突出显示的个别条目已禁用。

图 5 - 100　启用/禁用单个条目

（2）如果要修改某层的颜色或系统的颜色，单击其对应的"颜色"栏内的色块，即可在弹出的选择颜色列表中进行修改，如图 5 - 101 所示。

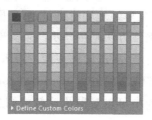

图 5 - 101　选择颜色列表

（3）在"Layers"设置栏中，有"All Layers""Signal and Plane Layers""Component Layer Pairs""Mechanical Layers"和"Other Layers"选项。一般地，为使面板简洁明了，默认选择"All Layers"，单击"Used On"按钮，即可选中该层的"显示" 按钮，清除其余所有层的选中状态。

3）显示系统的颜色

在"System Color"栏中可以对系统的两种类型可视格点的显示或隐藏进行设置，还可以对不同的系统对象进行设置。

在各个设置区域中，"颜色"设置栏用于设置对应电路板层的显示颜色。"展示"复选框用于决定此层是否在 PCB 编辑器内显示。如果要修改某层的颜色，单击其对应的"颜色"设置栏中的颜色显示框，即可在弹出的"2D 系统颜色"对话框中进行修改。

5. PCB 布线框的设置

对布线框进行设置主要是为自动布局和自动布线打基础的。选择"文件"→"新的"→"PCB"菜单命令或通过模板创建的 PCB 文件只有一个默认的板形,并无布线框,因此用户如果要使用 Altium Designer 20 系统提供的自动布局和自动布线功能就需要自己创建布线框。

创建布线框的具体步骤如下:

(1)单击 Keep-Out Layer 选项卡,使该层处于当前的工作窗口。

(2)选择"放置"→"Keep Out"→"线径"菜单命令,这时鼠标变成十字形。移动鼠标到工作窗口,在禁止布线层上创建封闭的多边形。

(3)完成布线框的设置后,单击鼠标右键或者按下 Esc 键即可退出布线框的操作。

布线框设置完毕后,进行自动布局操作时元器件自动导入到该布线框中。

5.4.4 同步电路原理图数据

原理图的信息可以通过更新或导入原理图数据的形式完成与 PCB 之间的同步。在进行数据同步之前,需要装载元器件的封装库及对同步比较器的比较规则进行设置。

1. 设置同步比较规则

同步设计是一个非常重要的概念,对同步设计概念的简单理解是原理图文件和 PCB 文件在任何情况下都保持同步。也就是说,不管是先绘制原理图再绘制 PCB,还是原理图和 PCB 同时绘制,最终要保证原理图上元器件的电气连接关系必须和 PCB 上的电气连接关系完全相同,这就是同步。同步并不是单纯地同时进行,而是原理图和 PCB 两者之间电气连接关系的完全相同。实现这个目的的最终方法是用同步器来实现,这个概念就称为同步设计。

要实现原理图与 PCB 图的同步,同步比较规则的设置是非常重要的。

单击"工程"→"工程选项"菜单选项进入"Options for PCB Project"对话框,然后单击"Comparator"选项卡,在该选项卡中可以对同步比较规则进行设置,如图 5-102 所示。

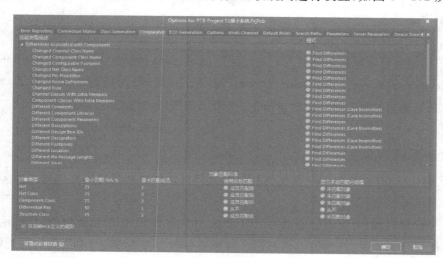

图 5-102 "Options for PCB Project"对话框

单击 设置成安装缺省 (D) 按钮将恢复该对话框中原来的设置。单击 确定 按钮即可完成同步比较规则的设置。

2. 导入原理图数据

完成比较规则的同步设置后就可以进行原理图数据的导入工作了。

将如图 5 - 103 所示原理图导入到 PCB 文件中,步骤如下。

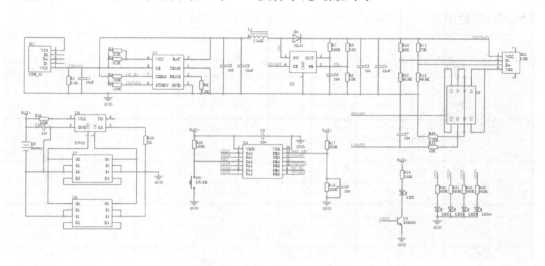

图 5 - 103　要导入的电路原理图

(1)打开需要导入的原理图文件,使之处于当前的工作窗口中,同时新建的 PCB 文件也处于打开状态,将文件保存并命名,此处就将文件命名为 PCB1。

(2)绘制电气边框。单击编辑区下方的 Keep-Out Layer 选项卡,选择"放置"→"Keep Out"→"线径"菜单命令,在物理边界内部绘制适当大小的矩形作为电气边界。

(3)在原理图编辑环境下选择"设计"→"Update PCB Document PCB1. PcbDoc"菜单命令,系统将对原理图和 PCB 图的网络报表进行比较并弹出"工程变更指令"对话框,如图 5 - 104 所示。

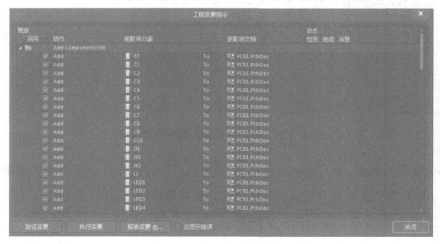

图 5 - 104　"工程变更指令"对话框

(4)单击 ▢验证变更 按钮,系统将扫描所有的改变,看能否在 PCB 上执行所有的改变。随后在每项所对应的"检测"栏中将显示"√"和"×"标记。"√"标记说明这些改变都是合法的;"×"标记说明此改变是不可执行的,需要回到以前的步骤中进行修改,然后重新进行更新。

(5)进行合法性校验后单击 ▢执行变更 按钮,系统将完成原理图数据的导入,同时在每一项的"完成"栏中显示"√"标记,提示导入成功,如图 5 - 105 所示。

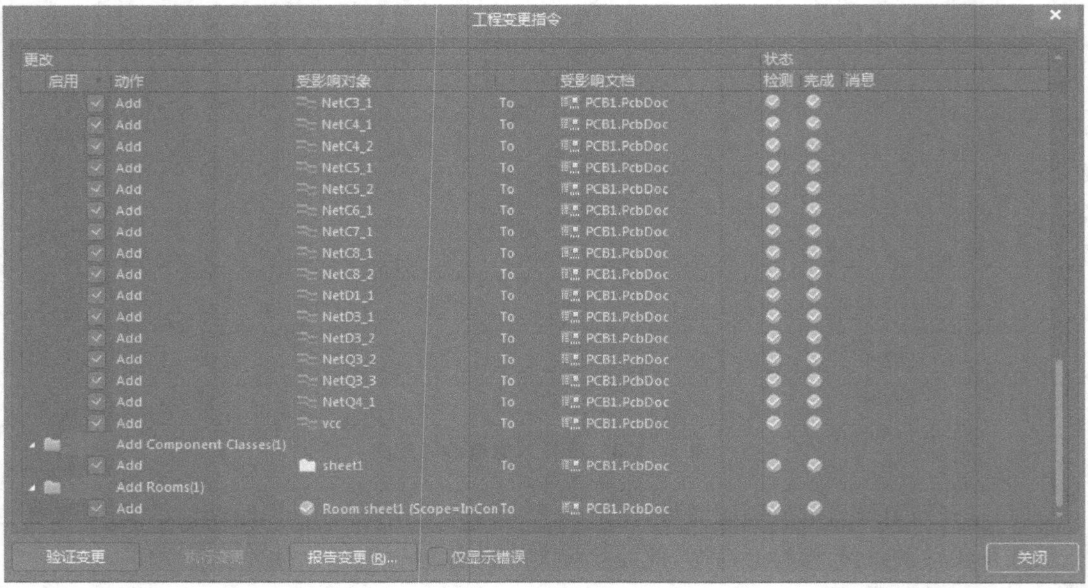

图 5 - 105　执行工程变更命令

(6)单击 ▢关闭 按钮关闭该对话框,即可完成原理图与 PCB 的同步更新,在 PCB 图布线框的右侧出现导入的所有元器件的封装模型,如图 5 - 106 所示。

图 5 - 106　导入原理图数据后的 PCB 图

用户需要注意的是,导入原理图数据时,原理图中的元器件并不直接导入到用户绘制的布线框中,而是位于布线框的外面。通过之后的布局操作,将元器件放置在布线框内。

3. 原理图与 PCB 图的双向同步更新

当第一次导入时,进行以上操作即可完成原理图与 PCB 图之间的同步更新。如果导入后又对原理图或者 PCB 图进行了修改,那么要快速完成原理图与 PCB 图设计之间的双向同步更新则可采用以下方法实现。

首先,打开电路原理图文件及 PCB 图文件,在 PCB 编辑环境下选择"设计"→"Import Changes From…"菜单命令,系统将对原理图和 PCB 图进行比较,并弹出一个对话框,提示使用者原理图中修改的元器件,如图 5 - 107 所示。

图 5 - 107　导入原理图变更数据

后续步骤和第一次导入是相同的。

使用者可以看到,采用"设计"→"Import Changes From…"菜单命令是将原理图的变更导入到 PCB 图中,如果是 PCB 图做了修改,可以使用"Update Schematics in…"菜单命令,将 PCB 图变化的数据同步至原理图中。

5.4.5　元器件的布局

在导入了电路原理图数据后,所有的元器件的封装已经加载在 PCB 上了,下面就需要对这些元器件进行布局,合理的布局是实现 PCB 正确布线的关键。如果元器件布局不合理,会使得 PCB 布线复杂,甚至可能无法完成 PCB 布线操作。

1. 交互式布局和模块化布局

1)交互式布局

为了方便布局时快速找到元器件所在的位置,需要将原理图与 PCB 对应起来,使两者之间能相互映射,简称交互。利用交互式布局可以快速地解决元器件的布局问题,大大提高工作效率。

交互式布局的使用方法如下。

(1)打开交叉选择模式。需要在原理图编辑界面和 PCB 编辑界面都执行菜单栏中"工具"→"交叉选择模式"命令,或者使用快捷键 Shift+Ctrl+X,如图 5 - 108 所示。

(2)打开交叉选择模式后,在原理图上选择元器件,PCB 上相对应的元器件会被同步选中;反之,在 PCB 中选中元器件,原理图上相对应的元器件也会被选中。

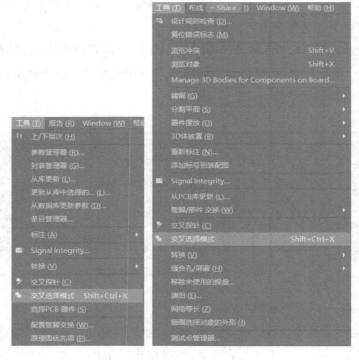

图 5 - 108　打开交叉选择模式

2）模块化布局

在介绍模块化布局之前，先介绍一个在区域内排列元器件的功能。单击工具栏中应用工具里面的"排列工具" 按钮，在弹出的下拉列表中单击"在区域内排列器件"按钮，如图5-109所示，可以在预布局之前将一堆杂乱无章的元器件进行划分并排列整齐。

图 5 - 109　"在区域内排列器件"按钮

所谓模块化布局，就是结合交互式布局与"在区域内排列器件"功能，将同一个模块的电路布局在一起，然后根据电源流向和信号流向对整个电路进行模块划分。布局的时候应按照信号流向关系，保证整个布局的合理性，要求模拟部分和数字部分分开，尽可能做到关键高速信号走线最短，其次考虑电路板的整齐、美观。

2. 就近集中原则

就近集中原则就是使用"在区域内排列器件"功能，将每个电路模块大致排列在 PCB 边框周围，以方便后面的布局工作。如图 5-110 所示，将每个模块放置在 PCB 的周边。

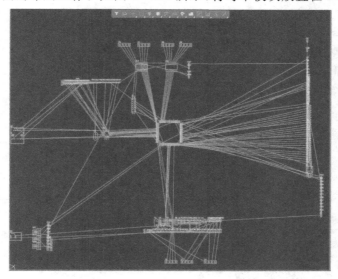

图 5-110　电路模块就近集中布局

3. 区域排列

区域排列就是前面所说的"在区域内排列器件"，它可以将选中的元器件按照用户所绘制的区域进行排列。这一功能在模块化布局操作中经常会用到。具体使用方法为：先选中需要排列的对象，然后单击工具栏中的"排列工具"　　按钮，在弹出的下拉列表中单击"在区域内排列器件"按钮，或者使用快捷键 I+L，在弹出的菜单中选择"在矩形区域排列"命令。

4. 元器件对齐操作

Altium Designer 20 提供了非常方便的对齐功能，可以对元器件进行左对齐、右对齐、顶对齐、底对齐、水平等间距、垂直等间距等操作。

元器件对齐方法如下。

(1)选中需要对齐的对象，使用快捷键 A+A，打开"排列对象"对话框，如图 5-111 所示。选择对应的选项，实现对齐功能。

图 5-111　排列对象

（2）选中需要对齐的对象，直接按快捷键 A，在弹出的菜单中执行相应的对齐命令，如图 5-112 所示。

（3）选中需要对齐的对象，然后单击工具栏中的"排列工具"按钮，在弹出的下拉列表中单击相应的对齐工具按钮，如图 5-113 所示。

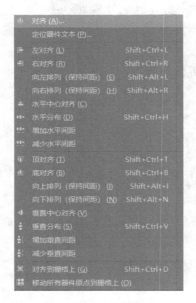

图 5-112　对齐功能

图 5-113　"排列工具"下拉菜单

5.4.6　PCB 的布线

布线是 PCB 设计的重要步骤之一。对于散热、电磁干扰及高频频率等要求较低的大型电路设计来说，采用自动布线操作可以大大降低布线的工作量，同时还能减少布线时的漏洞。如果自动布线不能够满足实际工程设计的要求，可以手动进行调整。

1. 常见的 PCB 布线规则设置

Altium Designer 20 的 PCB 编辑器为使用者提供了多种设计法则，覆盖了元器件的电气特性、走线宽度、走线拓扑布局、表贴焊盘、阻焊层、电源层、测试点、电路板制作、元器件布局、信号完整性等设计过程中的各个方面。在进行布线之前，用户首先应对布线规则进行详细的设置。选择"设计"→"规则"菜单命令，即可打开"PCB 规则及约束编辑器"对话框，如图 5-114 所示。

1）Electrical

"Electrical"规则为具有电气特性对象的布线规则，主要用于 DRC 电气校验。当布线过程中违反电气特性规则时，DRC 校验器将自动报警提示使用者。该类规则包括 4 种，单击"Electrical"选项，对话框右侧将显示该类设计规则，如图 5-115 所示。

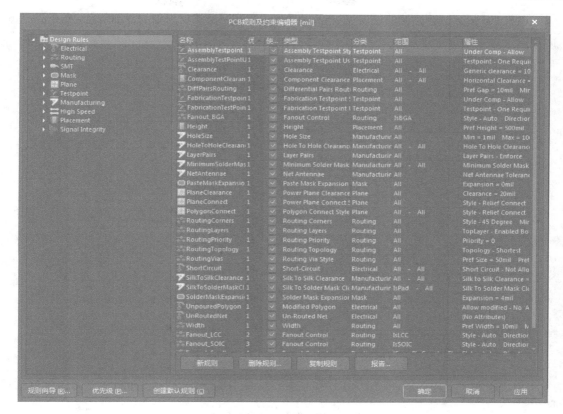

图 5 – 114　"PCB 规则及约束编辑器"对话框

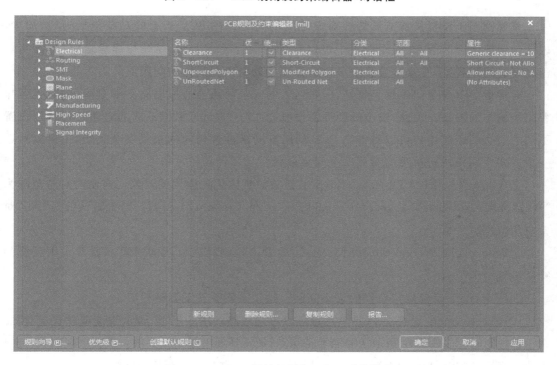

图 5 – 115　PCB 设计规则"Electrical"类选项

（1）Clearance：选中左侧的该项规则后，对话框右侧将列出该项规则的详细信息，如图 5 - 116 所示。

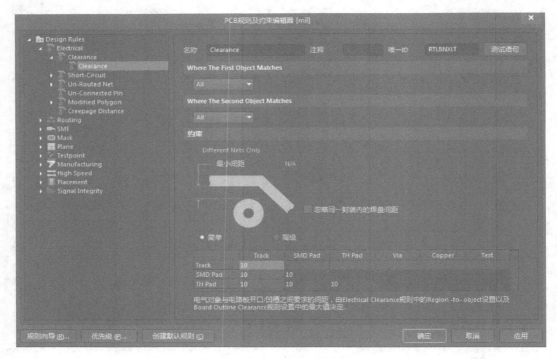

图 5 - 116　"Clearance"规则设置

该规则用于设置具有电气特性对象之间的间距。在 PCB 板上的对象包括导线、焊盘、过孔和铜箔填充区等，在间距设置中可以设置导线与导线之间、导线与焊盘之间、焊盘与焊盘之间的间距规则，在规则设置时可以选择规则的对象和具体的间距值。

通常情况下安全间距越大越好，但是太大的安全间距会造成电路不够紧凑，同时也意味着制板成本的提高。因此，安全间距通常设置在 10～20 mil，根据不同的电路结构可以设置不同的安全间距。用户可以对整个 PCB 的所有网络设置相同的布线安全间距，也可以对某一个或多个网络进行单独的布线安全间距设置。

①Where The First Objects Matches：设置该规则优先应用的对象。应用的对象范围为 "All""Net""Net Class""Layer""Net and Layer"和"Custom Query"。通常默认的是"All"对象应用范围。

②Where The Second Object Matches：设置该规则其次应用的对象。通常采用系统的默认设置"All"。

③约束：用于设置进行布线的最小间距。这里采用系统的默认设置。

（2）Short-Circuit：设置在 PCB 上是否可以出现短路。图 5 - 117 所示为该项设置示意图。在设置规则时可以选择在 PCB 上是否允许短路，通常情况下是不允许的。设置该规则后，拥有不同网络标号的对象相交时将违反该规则，系统将报警并拒绝执行该布线操作。

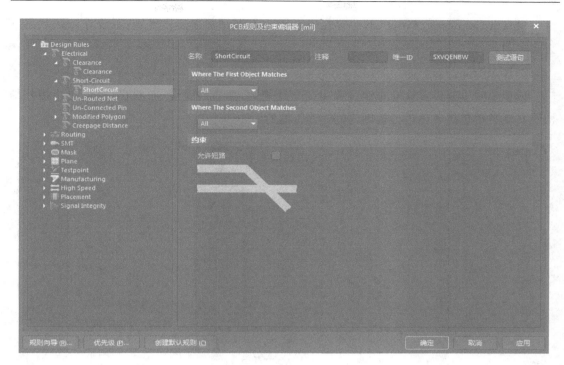

图 5 - 117　短路许可的设置

（3）Un-Routed Net：设置 PCB 上是否可以出现未连通的网络。图 5 - 118 所示为该项设置示意图。在设置规则时可以选择在 PCB 上是否允许未连接网络。

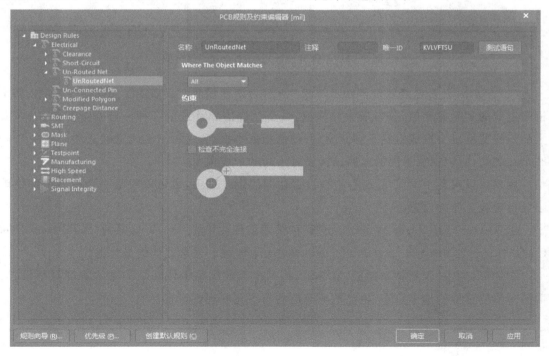

图 5 - 118　未连接网络的设置

（4）Un-Connected Pin：PCB 中存在未布线的管脚时将违反该规则，系统在默认状态下无此规则。

2）Routing

该项规则主要设置自动布线过程中的布线规则，如布线宽度、布线优先级、布线拓扑结构等。该类中包括 8 种设计规则，如图 5-119 所示。

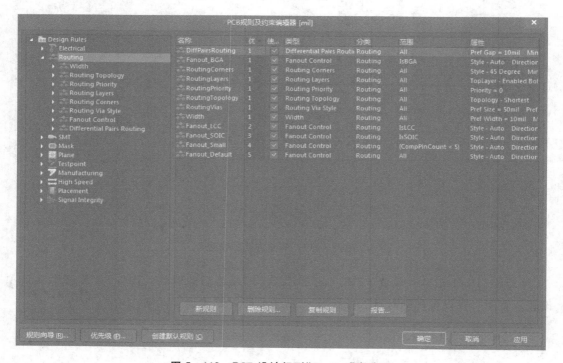

图 5-119　PCB 设计规则"Routing"类选项

（1）Width：设置走线宽度。图 5-120 所示为该项设置的示意图。走线宽度是指 PCB 铜箔走线的实际宽度值，分为最大允许值、最小允许值和首选值 3 种。与安全间距一样，太大的走线宽度也会造成电路不够紧凑，并使制板成本提高。因此，走线宽度通常设置在 10～20 mil 之间，应该根据不同的电路结构设置不同的走线宽度。

用户可以对整个 PCB 的所有走线设置相同的走线宽度，也可以对某一个或多个网络单独进行走线宽度的设置。

①Where The Object Matches：设置布线宽度使用的范围。其范围为"All""Net""Net Class""Layer""Net and Layer"和"Custom Query"6 种。通常默认的是"All"。

②约束：选中"仅层叠中的层"复选框，将列出当前层叠中使用层的布线宽度规则设置；取消对该复选框的选中状态，将显示所有层的布线宽度规则设置。

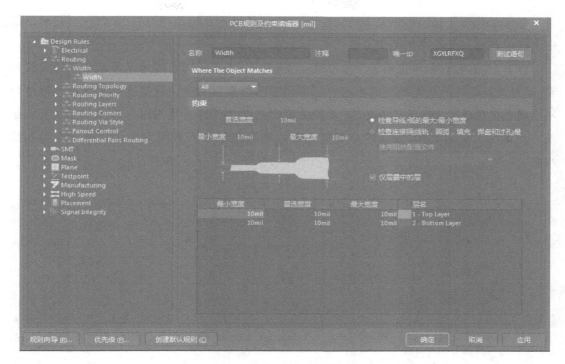

图 5 - 120　Width 规则设置

（2）Routing Topology：选择走线的拓扑结构。图 5 - 121 所示为该项设置的示意图。使用该项规则可以设置一个网络中走线采用的拓扑结构。

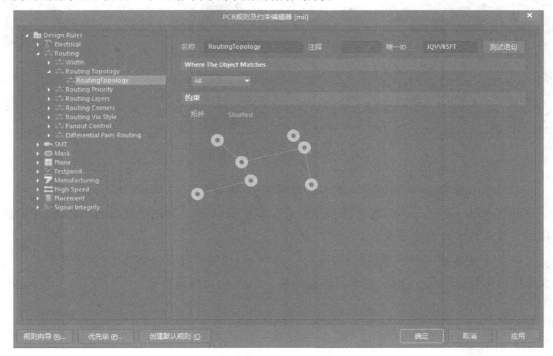

图 5 - 121　走线拓扑设置

（3）Routing Priority：设置布线优先级。图 5 - 122 所示为该项设置的对话框，在对话框中可以设置每一个网络走线优先级。

PCB 上空间有限，可能有若干根导线需要在同一块空间内走线才能得到最佳的走线效果，通过设置走线的优先级可以决定导线占用空间的先后顺序。设置规则时可以针对单个网络设置优先级。Altium Designer 20 提供了 0~100 共 101 种优先级选择，0 表示优先级最低，100 表示优先级最高，默认的布线优先级规则为应用于所有网络的优先级为 0 的布线规则。

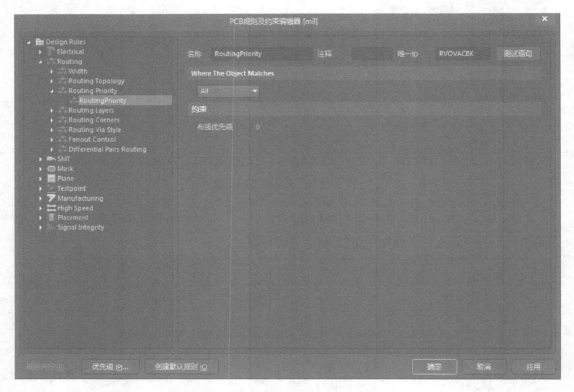

图 5 - 122　布线优先级规则设置

（4）Routing Layers：设置允许该布线规则的层，如图 5 - 123 所示。

（5）Routing Corners：设置导线拐角形式。图 5 - 124 所示为该项设置的示意图，在示意图中可以选择各种拐角形式。

PCB 上走线有 3 种拐角形式，如图 5 - 125 所示，通常情况下会采用 45°拐角的形式。设置规则时可以针对每个连接、每个网络直到整个 PCB 定义拐角形式。

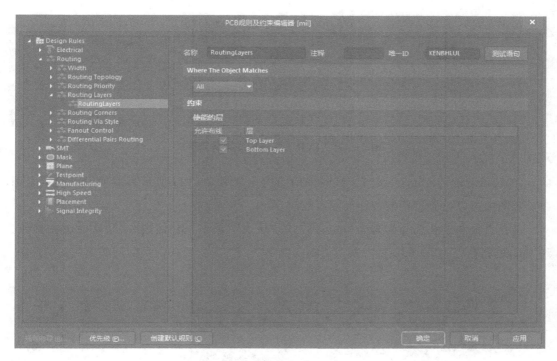

图 5 - 123　Routing Layers 规则设置

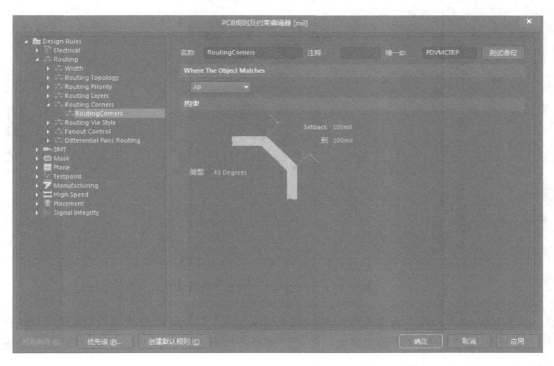

图 5 - 124　Routing Corners 规则设置

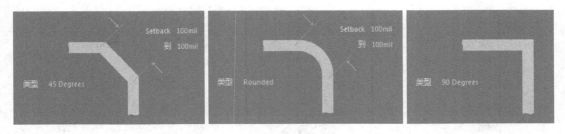

图 5 - 125　PCB 上走线的 3 种拐角形式

（6）Routing Via Style：设置走线时采用的过孔。图 5 - 126 所示为该项设置的示意图，在示意图中可以设置过孔的各种尺寸参数。

过孔直径和过孔孔径都有 3 种定义方式："最大""最小"和"优先"。默认的过孔直径为 50 mil，过孔孔径为 28 mil。

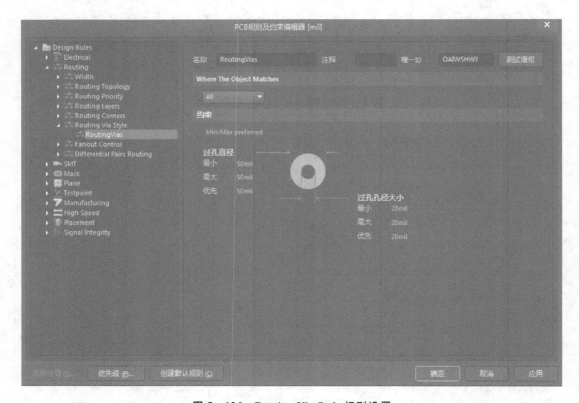

图 5 - 126　Routing Via Style 规则设置

（7）Fanout Control：设置布线时的扇出形式。图 5 - 127 所示为该项设置的对话框，在对话框中可以设置 PCB 中使用的扇出形式。在设置规则时可以针对每一个管脚、每一个元器件直到整个 PCB 设置扇出形式。

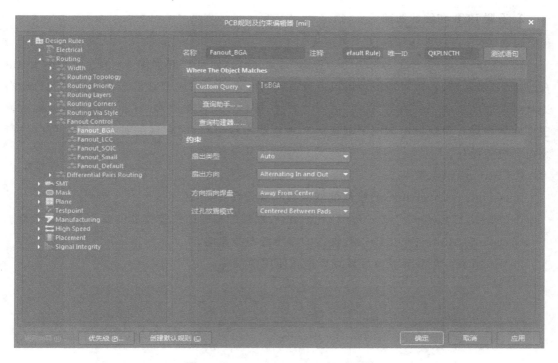

图 5 - 127　Fanout Control 规则设置

（8）Differential Pairs Routing：设置差分对布线宽度。图 5 - 128 所示为该项设置的对话框。

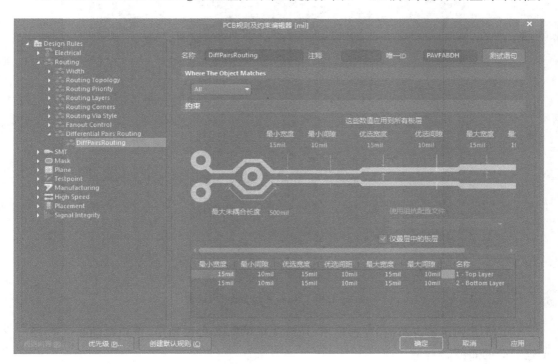

图 5 - 128　Differential Pairs Routing 规则设置

2. 设置 PCB 布线的策略

设置 PCB 自动布线策略的主要步骤如下。

(1)选择"布线"→"自动布线"→"设置"菜单命令,即可打开如图 5 - 129 所示的"Situs 布线策略"对话框,在该对话框中可以设置自动布线策略。布线策略是指在进行板的自动布线时所采取的策略,如探索式布线、迷宫式布线、推挤式拓扑布线等,自动布线的布通率依赖于良好的布局。对话框中列出了默认的 5 种自动布线策略,对默认的布线策略不可以进行编辑和删除操作。

①Cleanup:清除策略。

②Default 2 Layer Board:默认的双面板布线策略。

③Default 2 Layer With Edge Connectors:默认的具有边缘连接器的双面板布线策略。

④Default Multi Layer Board:默认的多层板布线策略。

⑤Via Miser:在多层板中尽量减少过孔使用的策略。

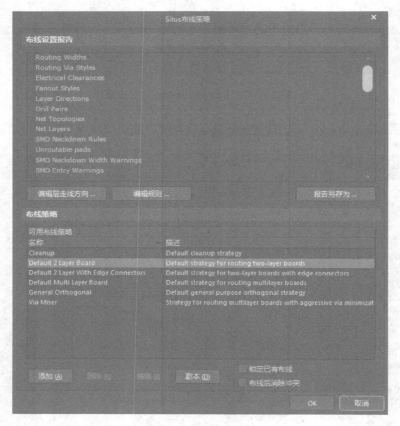

图 5 - 129 "Situs 布线策略"对话框

(2)选中"锁定已有布线"复选框后,所有先前的布线将被锁定,重新自动布线时将不改变这部分的布线。

(3)单击 添加(A) 按钮,系统将弹出如图 5 - 130 所示的对话框,在该对话框中可以添加新的布线策略。在"策略名称"文本框中填写添加的新建布线策略的名称,在"策略描述"框中填写对该布线策略的描述。在这两个文本框的下面可以拖动滑块改变此布线策略允许的过孔数目。过孔数目越多,自动布线越快。选中左边的 PCB 布线策略列表中的一项,然后单击 添加 (A) 按钮,此布线策略将被添加到右侧当前的 PCB 布线策略列表中,被作为新创建的布线策略中的一项。如果想要删除右栏中的某一项,则选中该项后单击 ‹移除 (R) 按钮。单击 上移 (U) 或 下移 (D) 按钮可改变各个布线策略的优先级,位于最上方的布线策略优先级最高。

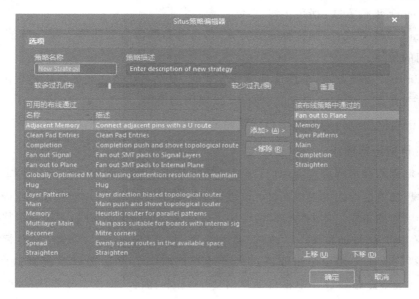

图 5－130　"Situs 策略编辑器"设置

Altium Designer 20 布线策略列表中主要有以下几种布线方式。

①Adjacent Memory 布线方式:U 型走线的布线方式。采用这种布线方式时,自动布线器对相邻的元器件管脚采用 U 型走线方式。

②Clean Pad Entries 布线方式:采用这种布线方式可以优化 PCB 的自动布线,清除焊盘上多余的走线。

③Completion 布线方式:竞争的推挤式拓扑布线。采用该布线方式时,布线器对布线完全进行推挤操作,以避开不在同一网络中的过孔和焊盘。

④Fan Out Signal 布线方式:表面安装型元器件焊盘采用扇出形式连接到信号层。当表面安装型元器件焊盘布线跨越不同的工作层面时,采用该布线方式可以先从焊盘引出一段导线,然后通过过孔与其他的工作层面连接。

⑤Fan Out to Plane 布线方式:表面安装型元器件焊盘采用扇出形式连接到电源层和接地网络中。

⑥Globally Optimized Main 布线方式:全局最优化拓扑布线方式。

⑦Hug 布线方式:包围式布线方式。采用该布线方式时,自动布线器将采取环绕的布线方式。

⑧Layer Patterns 布线方式:该布线方式将决定同一工作层面中的布线是否采用布线拓

扑结构进行自动布线。

⑨Main 布线方式：主推挤式拓扑驱动布线。采用该布线方式时，自动布线器对布线主要进行推挤操作，以避开不在同一网络中的过孔和焊盘。

⑩Memory 布线方式：启发式并行模式布线。采用该布线方式将对存储器元件上的走线方式进行最佳的评估。对地址线和数据线一般采用有规律的并行走线方式。

⑪Multilayer Main 布线方式：多层拓扑驱动布线方式。

⑫Recorner 步线方式：拐角步线方式。

⑬Spread 布线方式：采用这种布线方式时，自动布线器自动使位于两个焊盘之间的走线处于正中间的位置。

⑭Straighten 布线方式：采用这种布线方式时，自动布线器在布线时将尽量走直线。

（4）单击 编辑规则 ... 按钮，可以进行布线规则的设置。

（5）单击 OK 按钮，即可完成布线策略的设置。

3. PCB 自动布线操作

布线规则和布线策略设置完毕后，用户即可进行自动布线操作。自动布线操作主要是通过"自动布线"菜单进行的。用户不仅可以进行全局型的布局，也可以对指定的区域、网络以及元器件进行单独的布线。其中"全部"命令用于进行全局型的自动布线，下面介绍其操作方法：

选择"布线"→"自动布线"→"全部"菜单命令，打开"Situs 布线策略"对话框，选择一项布线策略，然后单击 Route All 按钮即可进入自动布线状态。这里选择系统默认的 Default 2 Layer Board 策略。布线过程中将自动弹出"Messages"面板，提供自动布线的状态信息。

当器件排列比较密集或者布线规则设置过于严格时，自动布线可能不能全部布通。即使完全布通的 PCB 也仍可能有部分网络线不合理，如绕线过多、走线过长等，这就需要手动调整。

其他的命令功能如下：

"网络"命令为指定的网络自动布线。"网络类"命令为指定的网络类自动布线。"Connection"命令为相互连接的焊盘进行自动布线。"区域"命令为完整包含在选定区域的连接自动布线。"Room"命令为指定 Room 空间内的连接自动布线。"器件"命令为指定元器件的所有连接自动布线。"器件类"命令为指定类内所有元器件的连接自动布线。"选中对象的连接"命令为所选元器件的所有连接自动布线。"选择对象之间的连接"命令为所选元器件之间的连接自动布线。"扇出"命令采用扇出布线方式，可将焊盘连接到其他网络中。

4. PCB 手动布线操作

自动布线会出现一些不合理的布线情况，例如有较多的绕线、走线不美观等。此时，可以通过手动布线对自动布线进行一定的修正，对于元器件网络较少的 PCB 也可以完全采用手动布线。下面就介绍手动布线的操作。

1）手动布线的步骤

手动布线也将遵循自动布线时设置的规则。具体的手动布线步骤如下：

（1）选择"放置"→"走线"菜单命令，鼠标指针将变成十字形。

（2）移动鼠标指针到元器件的一个焊盘上，然后单击放置布线的起点。手动布线拐角模式主要有 5 种：任意角度、90°拐角、90°弧形拐角、45°拐角和 45°弧形拐角。按快捷键 Shift＋空格即可在 5 种模式间切换，按空格键可以在每一种的开始和结束两种模式间切换。

（3）多次单击鼠标可确定多个不同的拐点，完成两个焊盘之间的布线。

2）手动布线中层的切换

在进行手动布线时，按"＊"键可以在不同的信号层之间切换，完成不同层之间的走线。在不同的层间进行走线时，系统将自动地为其添加一个过孔。

5.4.7　覆铜和补泪滴

1. 覆铜

覆铜是指在电路板中的空白位置放置铜箔，一般与电路的 GND 或电源网络相连，覆铜可以提高电路板的抗干扰能力，经过覆铜处理制作的 PCB 会显得十分美观，同时，过大电流的地方也可以采用覆铜的方法来加大过电流的能力。在 PCB 设计的布局、布线工作结束之后，就可以在 PCB 空白位置覆铜了。

（1）选择"放置"→"覆铜"菜单命令，或者单击"布线"工具条中的 "放置多边形平面"按钮，还可以使用快捷键 P＋G，执行放置覆铜命令。执行覆铜命令之后，或者双击已放置的覆铜，系统会弹出"Properties"面板，如图 5-131 所示。在 Fill Mode 栏中选择 Hatched（Tracks/Arcs）动态覆铜方式，即覆铜方式可根据自身需求来选择。

（2）在"Polygon Pour"面板中对覆铜属性进行设置。在 Net 下拉列表框中选择覆铜网络，在 Layer 下拉列表框中选择覆铜的层，在 Grid Size 和 Track Width 文本框中输入网格尺寸和轨迹宽度。在右下角的下拉列表框中选择"Pour Over All Same Net Objects"，并勾选"Remove Dead Copper"复选框。

（3）按 Enter 键，关闭该面板。此时光标变成十字形，准备开始覆铜操作。

（4）用鼠标沿着 PCB 边界线画一个闭合的矩形框。

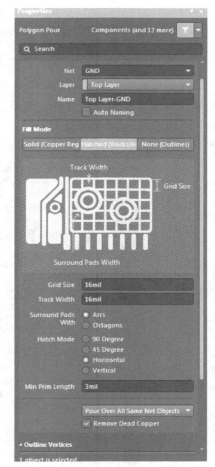

图 5-131　覆铜属性设置

单击鼠标左键确定起点，然后将光标移动至拐角处单击，直至确定板框的外形，单击鼠标右键退出，此时在框线内部自动生成了覆铜，如图 5-132 所示。

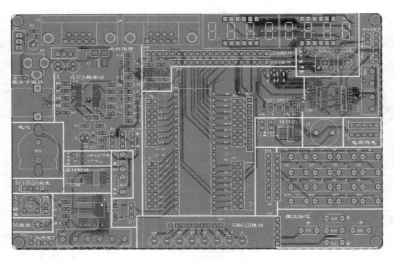

图 5 - 132　覆铜效果

2. 补泪滴

在导线和焊盘或者孔的连接处,通常需要补泪滴,以去除连接处的直角,加大连接面。这样做有两个好处:一是在 PCB 制作过程中避免因钻孔定位偏差导致焊盘与导线断裂;二是在安装和使用中可以避免因用力集中导致连接处断裂。

具体的操作步骤如下:

(1)选择"工具"→"滴泪"菜单命令,系统弹出"泪滴"对话框,如图 5 - 133 所示。

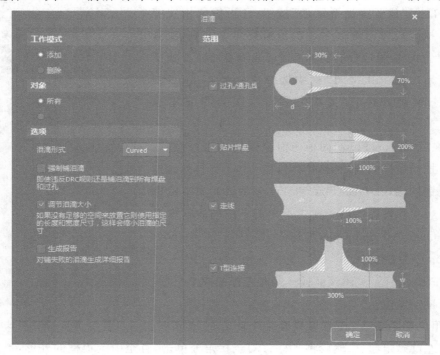

图 5 - 133　"泪滴"设置

①工作模式。

• 添加：用于添加泪滴。

• 删除：用于删除泪滴。

②对象。

• 所有：选中该单选按钮，将对所有的对象添加泪滴。

• 仅选择：选中该单选按钮，将对选中的对象添加泪滴。

③选项。

• 泪滴形式：在该下拉列表中选择"Curved"和"Line"，表示用不同的形式添加泪滴。

• 强制铺泪滴：选中该复选框，将强制对所有焊盘或过孔添加泪滴，这样可能导致在 DRC 检测时出现错误信息，取消对此复选框的选中，则对安全间距太小的焊盘不添加泪滴。

• 调节泪滴大小：选中该复选框，进行添加泪滴的操作时自动调整泪滴的大小。

• 生成报告：选中该复选框，进行添加泪滴的操作后将自动生成一个有关添加泪滴操作的报表文件，同时该报表也将在工作窗口显示出来。

（2）单击 确定 按钮即可完成设置对象的泪滴添加操作。

（3）按照此种方法，使用者还可以对某一个元器件的所有焊盘和过孔、某一个特定网络的焊盘和过孔进行添加泪滴操作。

5.4.8　PCB 的测量

Altium Designer 20 提供了电路板上的测量工具，方便设计电路时检查，测量功能在"报告"菜单中，如图 5 - 134 所示。

图 5 - 134　"报告"菜单

1. 测量 PCB 上两点间的距离

PCB 上两点之间的距离是通过"报告"菜单下的"测量距离"选项执行的，它测量的是 PCB 上任意两点间的距离，具体操作步骤如下。

（1）选择"报告"→"测量距离"菜单命令，此时鼠标指针变成十字形。

（2）移动指针到某个坐标点上，单击鼠标确定测量起点。如果将鼠标移动到了某个对象上，则系统将自动捕捉该对象的中心点。

（3）此时指针仍为十字形，重复步骤（2）确定测量终点。此时将弹出如图 5 - 135 所示的对话框，在对话框中给出了测量的结果。测量结果包含总距离、X 方向上的距离和 Y 方向上的距离 3 项。

（4）此时鼠标指针仍为十字形，重复步骤（2）和步骤（3）可以继续其他测量。

（5）完成测量后，单击鼠标右键或按 Esc 键即可退出该操作。

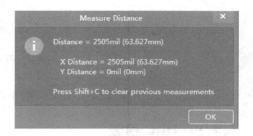

图 5 - 135　测量结果

2. 测量 PCB 上对象间的距离

这里的测量是专门针对 PCB 上的对象进行的，在测量过程中，鼠标将自动捕捉对象的中心位置，具体操作步骤如下。

(1)选择"报告"→"测量"菜单命令，此时鼠标指针变成十字形状。

(2)移动指针到某个对象(如焊盘、元件、导线、过孔等)上，单击鼠标确定测量的起点。

(3)此时鼠标指针仍为十字形，重复步骤(2)确定测量终点。此时将弹出如图 5－136 所示的对话框，在对话框中给出了对象的层属性、坐标和整个测量结果。

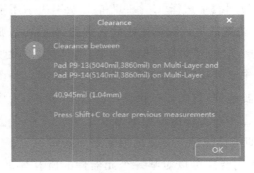

图 5－136 测量结果

(4)此时鼠标指针仍为十字形，重复步骤(2)和步骤(3)可以继续测量。

(5)完成测量后，单击鼠标右键或按 Esc 键即可退出该操作。

3. 测量 PCB 上导线的长度

这里的测量是专门针对 PCB 上的导线进行的，在测量过程中将给出选中导线的总长度。具体操作步骤如下。

(1)在工作窗口中选择想要测量的导线。

(2)选择"报告"→"测量选中对象"菜单命令，即可弹出如图 5－137 所示的对话框，在该对话框中给出了测量结果。

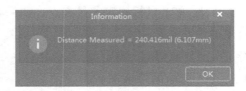

图 5－137 测量结果

在 PCB 上测量导线长度是一项相当实用的功能，在 PCB 设计中经常会用到。

5.4.9 DRC 检查

完成 PCB 的布局布线工作之后需要进行 DRC 检查。DRC 检查主要是检查 PCB 整板布局布线与使用者设置的规则约束是否一致，这也是 PCB 设计正确性和完整性的重要保证。DRC 的检查项目与规则设置的分类一样。

进行 DRC 检查时,并不需要检查所有的规则设置,只检查使用者需要比对的规则即可。常规的检查包括间距、开路及短路等电气性能检查,以及天线网络、布线规则检查等。

在 PCB 编辑界面下,执行菜单栏中"工具"→"设计规则检查"命令,或者使用快捷键 T+D,如图 5 - 138 所示。打开设计规则检查器,如图 5 - 139 所示。

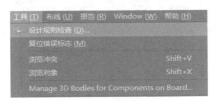

图 5 - 138 "设计规则检查"命令

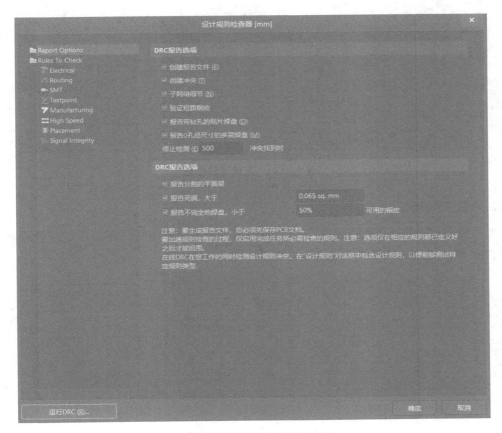

图 5 - 139 设计规则检查器

1. 电气规则检查

电气规则检查的内容包括间距、短路及开路设置,一般这几项都需要选中,如图 5 - 140 所示。

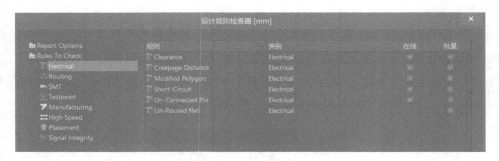

图 5 - 140　电气规则检查

2. 天线网络检查

对天线网络，在设计规则检查器中勾选"Net Antennae"检查项，如图 5 - 141 所示。

图 5 - 141　天线网络检查

3. 布线规则检查

布线规则检查的内容包括线宽、过孔、差分对布线等设置。可根据具体电路的需要选择是否进行 DRC 检查，如图 5 - 142 所示。

图 5 - 142　布线规则检查

4. DRC 检测报告

（1）勾选需要检查的选项后，单击左下角的 运行DRC (R)... 按钮，如图 5 - 143 所示。

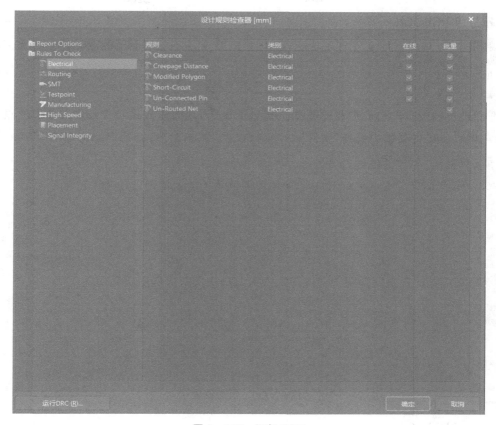

图 5 - 143　运行 DRC

（2）DRC 完成后，软件会自动弹出一个"Rule Verification Report"文件和"Messages"面板。关闭"Rule Verification Report"文件，打开右侧的"Messages"面板。如果 DRC 检查没有错误，则"Messages"面板内容为空，反之则会列出错误类型，如图 5 - 144 所示。

图 5 - 144　Messages 报告

（3）双击其中的错误报告，光标会自动跳到 PCB 中相应的错误位置，用户需要对错误项进行修改，直到错误修改完毕或者错误可以忽略为止。

5.4.10　PCB 的打印输出

PCB 设计完毕，就可以将其源文件、制作文件和各种报表文件按需要进行存档、打印、输出等。例如，将 PCB 文件打印作为焊接装配指导，将元器件报表打印作为采购清单，生成胶片光绘（Gerber）文件送交加工单位进行 PCB 加工，当然也可直接将 PCB 文件交给加工单位用以加工。

1. 打印 PCB 文件

利用 PCB 编辑器的文件打印功能，可以将 PCB 文件不同层面上的图元按一定比例打印输出，用以校验和存档。

1）页面设置

PCB 文件在打印之前，要根据需要进行页面设定，其操作方式与 Word 文档中的页面设置非常相似。在主菜单中选择"文件"→"页面设置"菜单命令，弹出"Composite Properties"对话框，如图 5 - 145 所示。

图 5 - 145　页面设置

该对话框内各个选项的作用如下。

（1）打印纸：选择打印纸大小、打印方向。

（2）缩放比例：用于设定打印内容与打印纸的匹配方法。系统提供了两种缩放匹配模式，即"Fit Document On Page"和"Scaled Print"。前者将打印内容缩放到适合图纸大小，后者由用户设定打印缩放的比例。如果选择了"Scaled Print"选项，则"缩放"文本框和"校正"选项组都将变为可用。在"缩放"文本框中填写比例因子设定图形的缩放比例，填写 1.0 时，将按实际大小打印 PCB 图形；"校正"选项组可以在 X、Y 方向上进行比例调整。

（3）偏移：勾选"居中"复选框时，打印图形将位于打印纸张中心，上、下边距和左、右边距分别对称。取消对"居中"复选框的勾选后，可以在"水平"和"垂直"文本框中进行参数设置，以改变页边距，即改变图形在图纸上的相对位置。选用不同的缩放比例因子和页边距参数而产生的打印效果可以通过打印预览来观察。

（4）高级：单击该按钮，系统将弹出如图 5 - 146 所示的"PCB 打印输出属性"对话框，在该对话框中可以设置要打印的工作层及其打印方式。

2）打印输出属性

（1）在图 5 - 146 所示的对话框中，双击"Multilayer Composite Print"前的页面图标，进入"打印输出特性"对话框，如图 5 - 147 所示。在该对话框内"层"列表中列出的层即为将要打印的层，系统默认列出所有图元的层。可通过底部的编辑按钮对打印层进行添加、删除等操作。

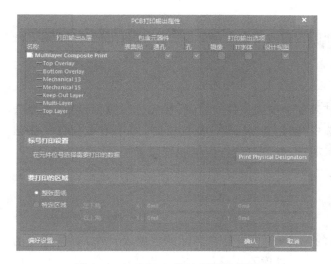

图 5 - 146　PCB 打印输出属性设置

图 5 - 147　打印输出特性设置

（2）单击"打印输出特性"对话框中的"添加"按钮或"编辑"按钮，系统将弹出"板层属性"对话框，如图 5 - 148 所示，在该对话框中可进行图层属性的设置。在各个图元的选择框内提供了 3 种类型的打印方案："全部""草图"和"隐藏"。"全部"即打印该类图元全部图形，"草图"只打印该类图元的外形轮廓，"隐藏"则隐藏该类图元、不打印。

（3）设置好"打印输出特性"和"板层属性"对话框的内容后，单击"确定"按钮，回到"PCB 打印输出属性"对话框。单击"偏好设置"按钮，进入"PCB 打印设置"对话框，如图 5 - 149 所示。在这里，用户可以分别设定黑白打印和彩色打印时各个图层的打印灰度和色彩。单击图层列表中各个图层的灰度条或彩色条，即可调整灰度和色彩。

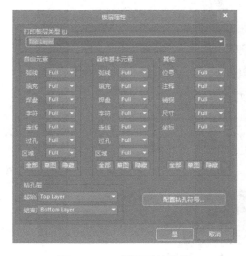

图 5 - 148　板层属性设置

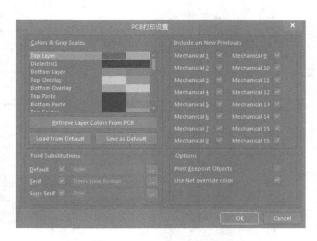

图 5 - 149　PCB 打印设置

（4）设置好"PCB 打印设置"对话框内容后，PCB 打印的页面设置就完成了。单击"OK"按钮，回到 PCB 工作区界面。

3）打印

单击"PCB标准"工具栏上的打印机按钮或者在主菜单中选择"文件"→"打印"菜单命令，即可打印设置好的 PCB 文件。

2. 打印报表文件

打印报表文件的操作更加简单。进入各个报表文件之后，同样先进行页面设定，且报表文件的"高级"属性设置也相对简单。选中"使用特殊字体"复选框时，即可单击"改变"按钮重新设置使用的字体和大小。设置好页面后，就可以进行预览和打印了。

5.5　创建元件库

虽然 Altium Designer 提供了丰富的元件资源，但是在实际的电路设计中，有些特定的元件仍需自行制作。随着软件的不断升级，元件库不再仅仅依靠安装系统自带，而是与互联网融合，在官网上提供了更丰富的元件封装库资源。另外，根据工程的需要，建立基于该工程的元件封装库，有利于在以后的设计中更加方便快速地调入元件封装，管理工程文件。

本节将对元件库的创建进行介绍，并介绍如何管理自己的元件封装库，从而更好地为设计服务。

5.5.1　创建原理图元件库

这里首先介绍制作原理图元件库的方法。打开或新建原理图库文件，即可进入原理图库文件编辑器，如图 5-150 所示。

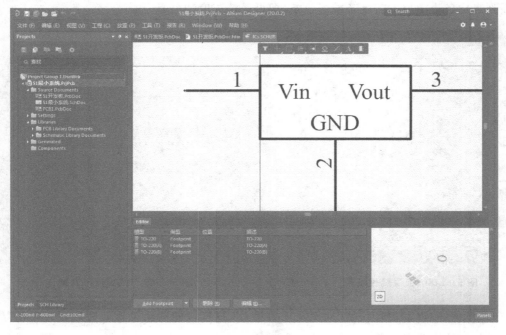

图 5-150　原理图库文件编辑器图

1. 原理图库文件编辑器

1) SCH Library 面板

进入原理图库文件编辑器之后，单击工作面板选项卡栏中的 SCH Library，即可显示 SCH Library 面板。SCH Library 面板是原理图库文件编辑环境中的专用面板，几乎包含了用户创建的库文件的所有信息，用来对库文件进行编辑管理，如图 5-151 所示。

在元件列表框中列出了当前所打开的原理图元件库文件中的所有库元件，包括原理图符号名称及相应的描述等。其中各按钮的功能如下。

放置：将选定的元件放置到当前原理图中。

添加：在该库文件中添加一个元件。

删除：删除选定的元件。

编辑：编辑选定元件的属性。

2) 工具栏

对于原理图库文件编辑环境中的主菜单栏及标准工具栏，由于功能和使用方法与原理图编辑环境基本一致，在此不再赘述。这里主要对实用工具中的原理图符号绘制工具栏、

图 5-151　SCH Library 面板

模式工具栏及 IEEE 符号工具栏进行简要介绍。

(1) 原理图符号绘制工具栏

单击"应用工具"工具栏中的"实用工具" 按钮，则会弹出相应的原理图符号绘制工具栏，如图 5-152 所示，其中各个按钮的功能与"放置"菜单中的各项命令具有对应关系。其中各个工具功能如下：

：用于绘制直线。

：用于绘制贝塞尔曲线。

：用于绘制弧线。

：用于绘制多边形。

：用于添加说明文字。

：用于放置超链接。

：用于放置文本框。

：用于在当前库文件中添加一个元件。

：用于在当前元件中添加一个元件子功能单元。

：用于绘制矩形。

：用于绘制圆角矩形。

：用于绘制椭圆形。

图 5-152　原理图符号绘制工具

:用于插入图片。

:用于放置管脚。

(2)模式工具栏。模式工具栏用来控制当前元件的显示模式,如图 5-153 所示。

模式▾:单击该按钮可以为当前选择一种模式,系统默认为 Normal。

:单击该按钮可以为当前元件添加一种显示模式。

:单击该按钮可以删除元件当前的显示模式。

:单击该按钮可以切换到前一种显示模式。

:单击该按钮可以切换到后一种显示模式。

图 5-153 模式工具栏

(3)IEEE 符号工具栏。单击实用工具中的图标,则会弹出相应的 IEEE 符号工具栏。图 5-154 所示是符合 IEEE 标准的一些图形符号。同样,该工具栏中的各个符号与"放置"→"IEEE 符号"级联菜单中的各项命令具有对应关系。

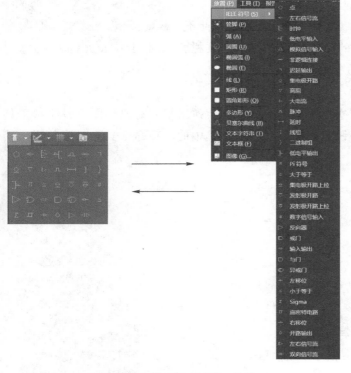

图 5-154 "IEEE 符号"工具栏

图 5-155 原理图库"Properties"面板

2. 设置库编辑器工作区参数

在原理图库文件的编辑环境中,打开如图 5 – 155 所示的"Properties"面板,可以根据需要设置相应的参数。该面板与原理图编辑环境中的"Properties"面板的内容相似,可以参考原理图编辑环境中的"Properties"面板进行设置,这里只介绍其中个别选项的含义。

- Visible Grid:用于设置显示可见栅格的大小。
- Snap Grid:用于设置显示捕捉栅格的大小。
- Sheet Border:用于设量边界是否显示及显示颜色。
- Sheet Color:用于设量图中管脚与元件的颜色及是否显示。

另外,选择"工具"→"原理图优选项"菜单命令,则弹出如图 5 – 156 所示的对话框,可以对其他的一些有关选项进行设置,设置方法与原理图编辑环境中完全相同。

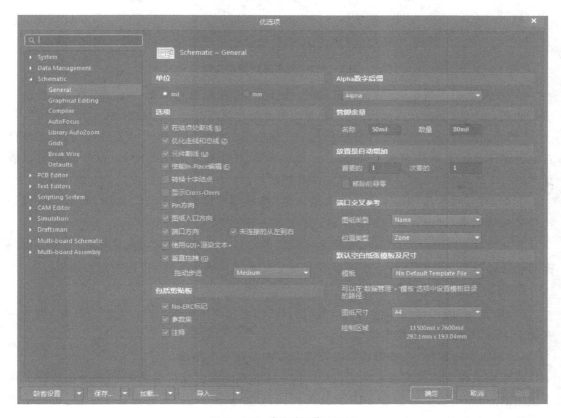

图 5 – 156 "优选项"对话框

3. 绘制库元件

下面以绘制微控制器芯片 80C52(DIP 封装)为例,详细介绍原理图符号的绘制过程。

1)新建原理图库文件

(1)选择"文件"→"新的"→"库"→"原理图库"菜单命令,启动原理图库文件编辑器,如图 5 – 157 所示,并创建新的原理图库文件,命名为"NewLib. SchLib"。

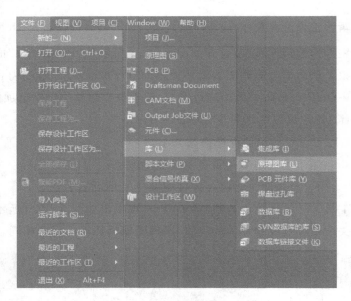

图 5 - 157　创建原理图库文件

（2）在界面右下角单击 Panels 按钮，弹出快捷菜单，选择"Properties"命令，打开"Properties"面板，并自动固定在右侧边界上，在弹出的面板中进行工作区参数设置。

（3）为新建的原理图库文件符号命名。在创建了一个新的原理图库文件的同时，系统已自动为该库添加了默认名为 Component_1 的原理图符号，打开 SCH Library 面板可以看到。通过下面两种方法，可以为该库文件重新命名。

①单击"应用工具"工具栏中的"实用工具"按钮　下拉菜单中的　按钮，则弹出原理图符号名称对话框，可以在该对话框中输入自己要绘制的库文件名称。

②在"SCH Library"面板上，直接单击原理图符号名称栏下面的 添加 按钮，也会弹出同样的原理图符号名称对话框。在这里输入 80C52（DIP），单击 确定 按钮关闭对话框。

2）绘制元器件外形

（1）单击"应用工具"工具栏中的"实用工具"　下拉菜单中的"放置填充"　按钮，则光标变成十字形，并附有一个矩形符号。

（2）两次单击鼠标，在编辑窗口的第四象限内绘制一个矩形。

矩形用来作为原理图符号外形，其大小应根据要绘制的元件管脚数的多少来决定。由于使用的 80C52 采用 40 管脚 DIP 封装形式，因此应画成长方形，并画得大一些，以便于管脚的放置。管脚放置完毕后，可以再调整为合适的尺寸。

3）放置管脚

（1）单击"应用工具"工具栏中的"实用工具"　下拉菜单中的　按钮，则光标变成十字形，并附有一个管脚符号。

（2）移动该管脚到矩形边框处，单击鼠标左键完成放置。放置管脚时，一定要保证具有电气特性的一端（带有"×"号的一端）朝外，这可以通过在放置管脚时按空格键旋转来实现。放置好的管脚如图 5 - 158 所示。

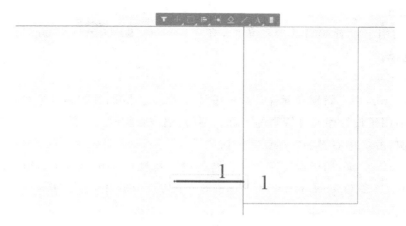

图 5－158　放置元件的管脚

（3）在放置管脚时按下 Tab 键，或者双击已放置的管脚，系统弹出如图 5－159 所示的元件管脚属性面板，在该面板中可以完成管脚的各项属性设置。"Properties"面板中各项属性含义如下。

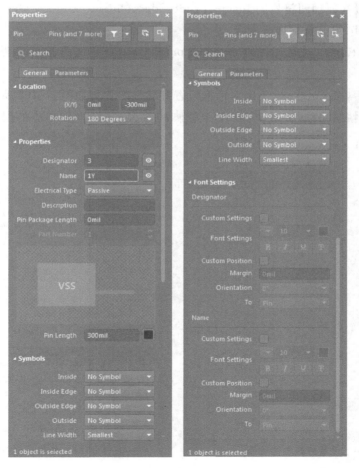

图 5－159　管脚属性设置

①Location。

Rotation：用于设置端口放置的角度，有 0 Degrees、90 Degrees、180 Degrees、270 Degrees 四种选择。

②Properties。

• Designator：用于设置库元件管脚的编号，应该与实际的管脚编号相对应。

• Name：用于设置库元件管脚的名称。例如，把该管脚设定为第 9 管脚，第 9 管脚是元件的复位管脚，并选中右侧的"可见" ⊙ 按钮。

• Electrical Type：用于设置库元件管脚的电气特性，有 Input、I/O、Output、Open Collector、Passive、HiZ、Open Emitter 和 Power 8 个选项。在这里，选择"Passive"选项，表示不设置电气特性。

• Description：用于填写库元件管脚的特性描述。

• Pin Package Length：用于填写库元件管脚封装长度。

• Pin Length：用于填写库元件管脚的长度。

③Symbols。根据管脚的功能及电气特性为该管脚设置不同的 IEEE 符号，作为读图时的参考。可放置在原理图符号的 Inside、Inside Edge、Outside Edge 或 Outside 等不同位置，设置 Line Width，没有任何电气意义。

④Font Settings。进行元件的"Designator"和"Name"字体的通用设置与通用位置参数设置。

设置完毕后，按 Enter 键，关闭对话框设置好属性的管脚如图 5-160 所示。按照同样的操作，或者使用粘贴功能，完成其余 31 个管脚的放置，并设置好相应的属性，如图 5-161 所示。

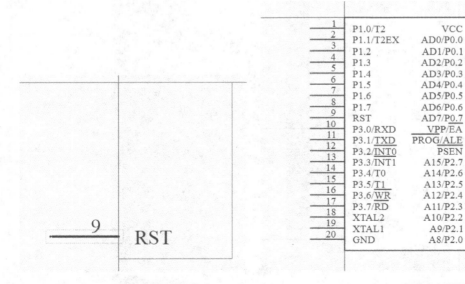

图 5-160　设置好属性的管脚　　　　图 5-161　放置全部管脚

4)编辑元件属性

双击 SCH Library 面板原理图符号名称栏中的库元件名称 80C52(DIP),系统弹出如图 5-162 所示的元件属性面板。

图 5-162　库元件属性设置

在该面板中可以对所创建的库元件进行特性描述,以及其他属性参数设置,主要设置如下几项。

(1)Properties。

• Design Item ID:库元件名称。

• Designator:库元件标号,即把该元件放置到原理图文件中时系统最初默认显示的元件标号。这里设置为"U?",单击右侧的"可见"按钮,放置该元件时序号"U?"会显示在原理图上。

• Comment:用于说明库元件型号。这里设置为 80C52,单击右侧的"可见"按钮,放置该元件时 80C52 会显示在原理图上。

• Description:用于描述库元件功能。

• Type:库元件符号类型,可以选择设置。这里采用系统默认设置"Standard"。

(2)Links。库元件在系统中的标识符,这里输入 80C52。

（3）Footprint。单击"Add"按钮，可以为该库元件添加 PCB 封装模型。

（4）Models。单击"Add"按钮，可以为该库元件添加 PCB 封装模型之外的模型，如信号完整性模型、仿真模型、PCB 3D 模型等。

（5）Graphical。用于设置图形中线的颜色、填充颜色和管脚颜色。

（6）Pins。在如图 5-163 所示的选项卡中可以对该元件所有管脚进行一次性的编辑设置。单击"锁定管脚"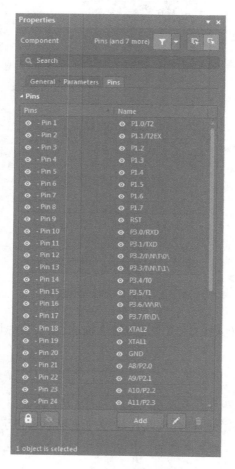按钮，使所有的管脚将和库元件成为一个整体，不能在原理图上单独移动管脚。建议用户单击该按钮，这样对电路原理图的绘制和编辑会有很大好处，以减少不必要的麻烦。

图 5-163　设置所有管脚

Show All Pins：选中该复选框后，在原理图上会显示该元件的全部管脚。

5）放置文本

（1）执行"放置"→"文本字符串"命令，或者单击原理图符号绘制工具栏中的放置文本字符串按钮，光标变成十字形，并带有一个文本字符串。

（2）移动光标到原理图符号中心位置处，此时按 Tab 键或者双击字符串，则系统会弹出"Properties"面板，在"Text"中输入文本文字。

至此，已经完整地绘制了库元件 80C52(DIP)的原理图符号，在绘制电路原理图时，只需要将该元件所在的库文件打开，即可随时取用该元件。

5.5.2 创建 PCB 元件库及封装

封装的概念及常用封装形式在前面章节中已经做了介绍，这里不再赘述，下面主要介绍如何在 PCB 库中绘制封装。

1. 进入 PCB 库文件编辑环境

1）新建一个 PCB 库文件

选择"文件"→"新的"→"库"→"PCB 元件库"菜单命令，如图 5-164 所示，即可打开 PCB 库编辑环境并新建一个空白 PCB 库文件 PcbLib1.PcbLib。

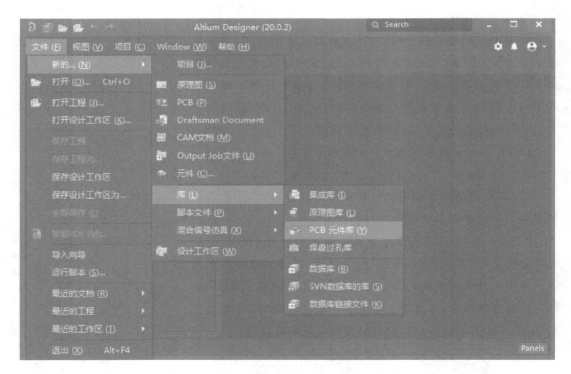

图 5-164 新建 PCB 库文件

2）保存并更改该 PCB 库文件名称

这里命名为 NewPcbLib.PcbLib，可以看到在"Projects"面板的 PCB 文件夹中出现了所需要的 PCB 库文件，随后双击该文件即可进入库文件编辑环境，如图 5-165 所示。

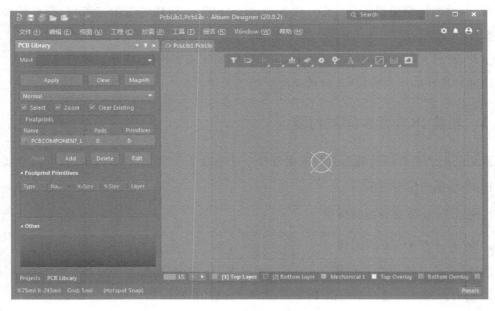

图 5 - 165　PCB 库编辑环境

PCB 库编辑器的设置和 PCB 编辑器基本相同,只是主菜单中少了"设计"和"布线"菜单命令,工具栏中也减少了相应的工具按钮。另外,在这两个编辑器中,可用的控制面板也有所不同。在 PCB 库编辑器中独有的 PCB Library 面板提供了对封装库内各元件封装编辑、管理的接口。

PCB Library 面板如图 5 - 166 所示,共分成 4 个区域:"Mask""Footprints""Footprint Primitives"和"Other"。

Mask 栏对该库文件内的所有元件封装进行查询,并根据屏蔽栏内容将符合条件的元件封装列出。

Footprints 列表列出该库文件中所有符合屏蔽栏条件的元件封装名称,并注明其"焊盘"数、"原始的"图元数等基本属性。单击元件列表内的元件封装名,在工作区内显示该封装,即可进行编辑操作,并且弹出如图 5 - 167 所示的 PCB 库封装对话框,可在对话框内修改元件封装的名称和高度等。

图 5 - 166　"PCB Library"面板

图 5 - 167　"PCB 库封装"对话框

在元件列表中单击鼠标右键,弹出快捷菜单,如图 5 - 168 所示,通过该菜单可以进行元件库的各种编辑操作。

图 5 - 168　元件列表快捷菜单

2. PCB 库编辑器环境设置

进入 PCB 库编辑器后,同样需要根据要绘制的元件封装类型对编辑器环境进行相应的设置。PCB 库编辑环境设置包括"器件库选项""板层和颜色""层叠管理"和"优先选项"。

1)器件库选项

打开"Properties"面板,如图 5 - 169 所示。在此面板中对器件库选项参数进行设置。

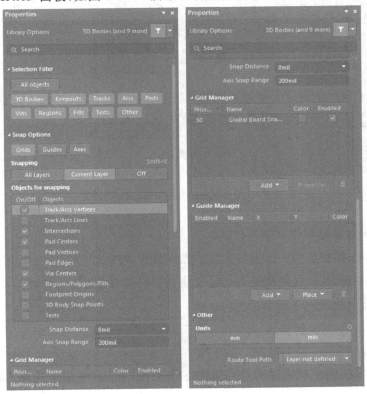

图 5 - 169　器件库选项设置

（1）Selection Filter：用于显示对象选择过滤器。单击"All objects"按钮，表示在原理图中选择对象时选中所有类别的对象，也可单独选择其中的选项，还可全部选中。

（2）Snap Options：用于捕捉设置，包括 3 个选项，"Grids""Guides"和"Axes"。激活捕捉功能可以精确定位对象的放置，精确地绘制图形。

（3）Snapping：用于设置捕捉对象。对于捕捉对象所在层有 3 个选项："All Layers""Current Layer"和"Off"。

（4）Grid Manager：设置图纸中显示的栅格颜色与是否显示。单击"Properties"按钮，弹出"Cartesian Grid Editor"对话框，用于设置添加的栅格类型中栅格的线型、间隔等参数，如图 5 - 170 所示。

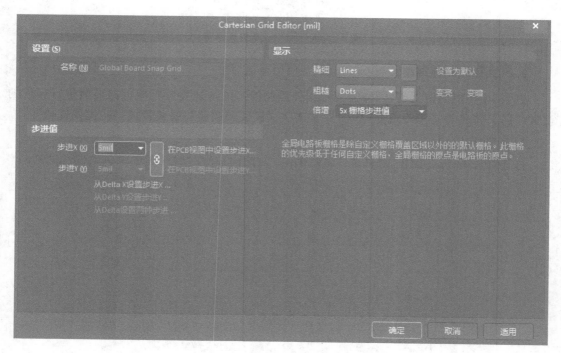

图 5 - 170　"Cartesian Grid Editor"设置

图纸中常用的栅格包括下面 3 种。

①Snap Grid：捕获栅格。该栅格决定了光标捕获的格点间距，X 与 Y 的值可以不同。

②Electrical Grid：电气捕获栅格。电气捕获栅格的数值应小于"Snap Grid"的数值，只有这样才能较好地完成电气捕获功能。

③Visible Grid：可视栅格。

（5）Guide Manager：用于设置 PCB 图纸的 X、Y 坐标和长、宽。

（6）Units：用于设置 PCB 的单位。在"Route Tool Path"选项中选择布线所在层，如图 5 - 171所示。

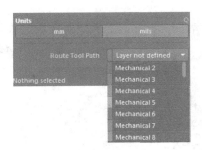

图 5 - 171　选择布线层

2）板层和颜色

选择"工具"→"优先选项"菜单命令，或者在工作区单击鼠标右键，在弹出的快捷菜单中选择"优选项"命令，即可打开"优选项"对话框，选择"Layer Colors"选项，如图 5 - 172 所示。

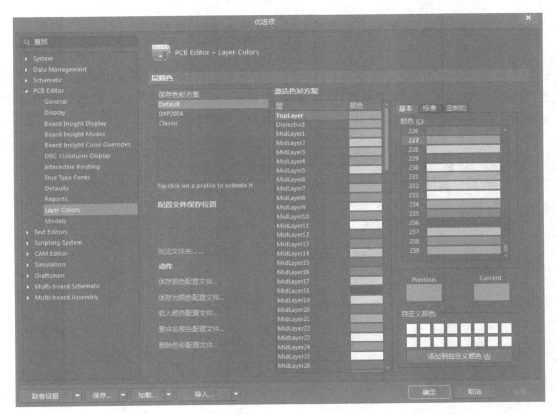

图 5 - 172　"Layer Colors"设置

3）层叠管理

选择"工具"→"层叠管理器"菜单命令，即可打开后缀名为". PcbLib［Stackup］"的文件，如图 5 - 173 所示。

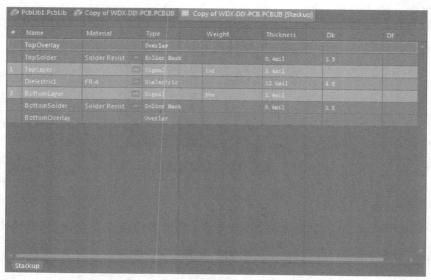

图 5 - 173　后缀名为".PcbLib[Stackup]"的文件

4）优选项

选择"工具"→"优选项"菜单命令，或者在工作区单击鼠标右键，在弹出的快捷菜单中选择"选项"→"优选项"命令，即可打开"优选项"对话框，如图 5 - 174 所示。设置完毕后单击 确定 按钮，退出对话框。至此，PCB 库编辑环境设置完毕。

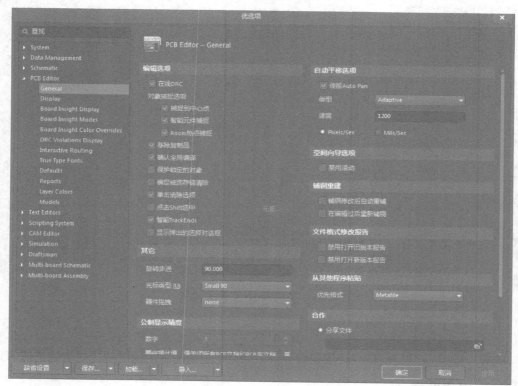

图 5 - 174　优选项设置

3. 手工创建 PCB 元件封装

下面详细介绍如何手工制作 PCB 库元件。

1) 创建新的空元件文档

打开 PCB 元件库 NewPcbLib.PcbLib,选择"工具"→"新的空元件"菜单命令,这时在 PCB Library 操作界面的元件框内会出现一个新的"PCBCOMPONENT_1"空文件。双击"PCBCOM-PONENT_1",在弹出的命名对话框中将元件名称修改为"New-NPN",如图 5 - 175 所示。

图 5 - 175　重新命名元件

2) 编辑工作环境设置

单击右下角的 Panels 按钮,在弹出的快捷菜单中选择"Properties"命令,打开其面板,如图 5 - 176 所示。

图 5 - 176　Properties 面板

3）工作区颜色设置

颜色设置由使用者自己把握，这里不再详细叙述。

4）优选项设置

选择"工具"→"优选项"菜单命令，或者在工作区单击鼠标右键，在弹出的快捷菜单中选择"优选项"命令，即可打开"优选项"对话框，如图 5-177 所示。各项使用默认设置即可。

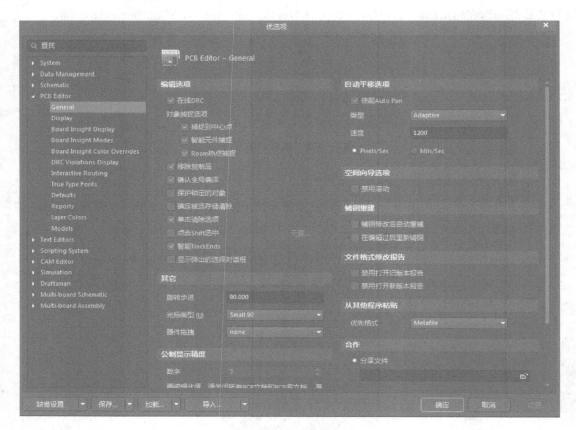

图 5-177 优选项设置

单击 确定 按钮，退出对话框。

5）放置焊盘

在 Top Layer 选择"放置"→"焊盘"菜单命令，鼠标指针上将悬浮一个十字光标和一个焊盘，移动鼠标单击左键可确定焊盘的位置。按照同样的方法放置其他的焊盘。

6）编辑焊盘属性

双击焊盘即可进入设置焊盘属性面板，如图 5-178 所示。

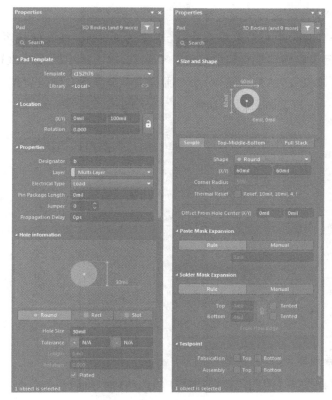

图 5 - 178　焊盘属性设置

这里"Designator"编辑框中的管脚名称分别为 b、c、e，三个焊盘的坐标分别为$b(0,100)$，$c(-100,0)$，$e(100,0)$，设置完成后如图 5 - 179 所示。

放置焊盘完毕后，需要绘制元件的轮廓线。元件轮廓线指出了该元件封装在电路板上占据的空间大小，形状和大小取决于实际元件的形状和大小，通常需要测量实际的元件。

7）绘制一段直线

单击工作区窗口下方选项卡中的"Top Overlay"，将活动层设置为顶层丝印层。选择"放置"→"线条"菜单命令，光标变为十字形，单击鼠标确定直线的起点，移动鼠标就可以拉出一条直线，拉到合适位置后，单击鼠标确定直线终点。单击鼠标右键或者按 Esc 键结束直线绘制，结果如图 5 - 180 所示。

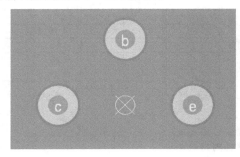

图 5 - 179　放置 3 个焊盘

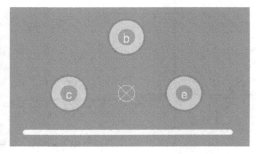

图 5 - 180　绘制一条直线

8）绘制一条弧线

选择"放置"→"圆弧（中心）"菜单命令，光标变为十字形，将光标移至坐标原点，单击确定弧线的圆心，然后将鼠标移至直线的任意一个端点，单击确定圆弧的直径。再在直线两个端点两次单击确定该弧线，结果如图 5-181 所示。单击鼠标右键或者按 Esc 键结束绘制弧线。到此，完成了一个 PCB 库元件的绘制。

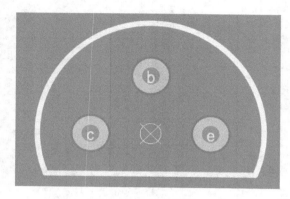

图 5-181　绘制弧线

4. 用 PCB 向导创建 PCB 元件规则封装

很多时候会采用向导来创建元件封装。PCB 元件向导通过一系列对话框来让使用者输入参数，最后根据这些参数自动创建一个封装。在 PCB 元件库编辑器的"工具"下拉菜单中选择"IPC Compliant Footprint Wizard"命令，根据元器件的数据手册填入封装参数，可以快速、准确地创建一个元器件封装。下面以如图 5-182 所示元器件封装为例，介绍具体操作步骤。

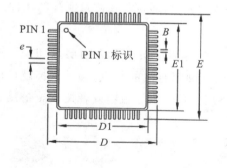

通用尺寸
（单位： mm）

符号	最小值	正常值	最大值	备注
A	—	—	1.20	
$A1$	0.05	—	0.15	
$A2$	0.95	1.0	1.05	
D	15.75	16.00	16.25	
$D1$	13.90	14.00	14.10	
E	15.75	16.00	16.25	
$E1$	13.90	14.00	14.10	
B	0.30	—	0.45	
C	0.09	—	0.20	
L	0.45	—	0.75	
e	0.80（典型值）			

图 5-182　元器件封装数据

（1）在 PCB 元件库编辑器界面下，选择"工具"→"IPC Compliant Footprint Wizard"菜单命令，系统弹出 PCB 元件库向导对话框，如图 5-183 所示。

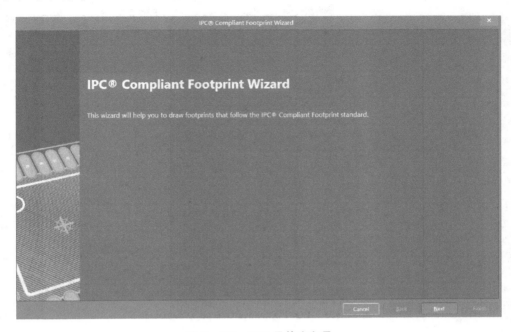

图 5-183　PCB 元件库向导

（2）单击 Next 按钮，进入元件封装模式选择界面，如图 5-184 所示。在模式列表中列出了各种封装模式。这里根据封装选择 PQFP，这是一种芯片的封装模式。

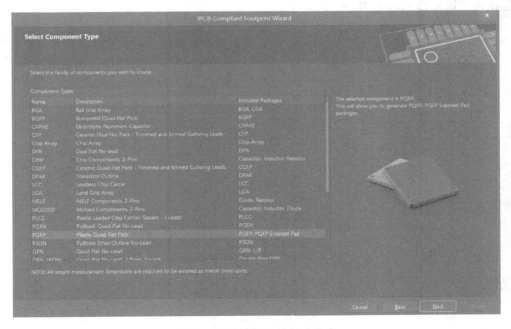

图 5-184　选择元件封装模式

（3）单击 Next 按钮，进入"PQFP Package Overall Dimensions"，设置芯片的外形尺寸，依次填入芯片外形的长、宽和高数据，如图 5-185 所示。1 脚的位置在图形的左上角。

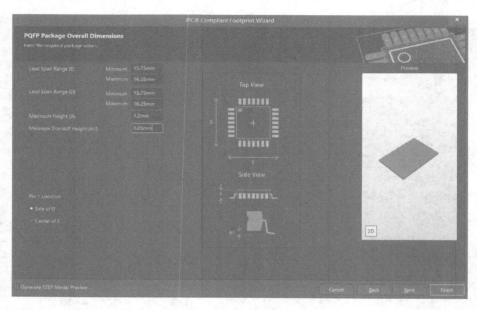

图 5-185　PQFP Package Overall Dimensions

（4）单击 Next 按钮，进入"PQFP Package Pin Dimensions"，设置芯片的引脚尺寸，如芯片的引脚数目、长度、宽度及间距等，如图 5-186 所示。界面左下角的"Generate STEP Model Preview"询问是否创建一个实物模型，使用者可以根据需要确定是否勾选。右侧的预览模型可以进行 2D、3D 切换。

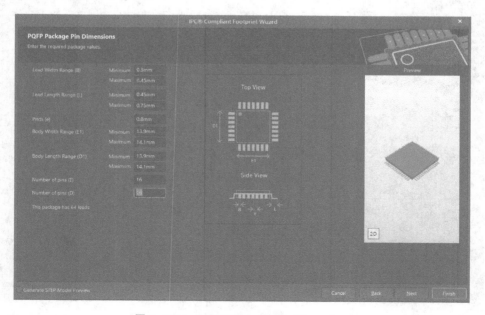

图 5-186　PQFP Package Pin Dimensions

(5)单击 Next 按钮,进入"PQFP Package Thermal Pad Dimensions",设置加热焊盘尺寸,该设置不是必需的,可根据芯片数据手册所给定的参数确定是否需要进行设置,如不需要,则可以不勾选直接跳过,如图 5 – 187 所示。

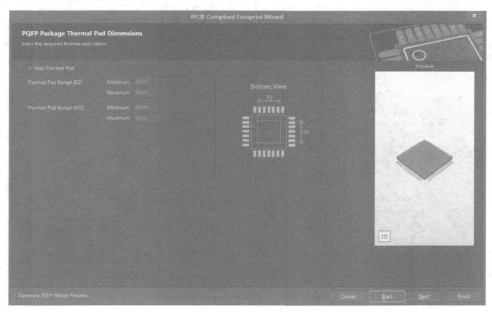

图 5 – 187　PQFP Package Thermal Pad Dimensions

(6)单击 Next 按钮,进入"PQFP Package Heel Spacing",设置芯片的根部间距,这里是个计算值,一般用默认值即可,如图 5 – 188 所示。

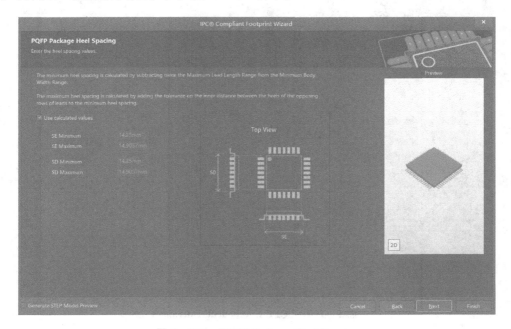

图 5 – 188　PQFP Package Heel Spacing

（7）单击 Next 按钮，进入"PQFP Solder Fillets"，这里也采用默认值，布线密度选择"Level B-Medium density"即可，如图 5 - 189 所示。

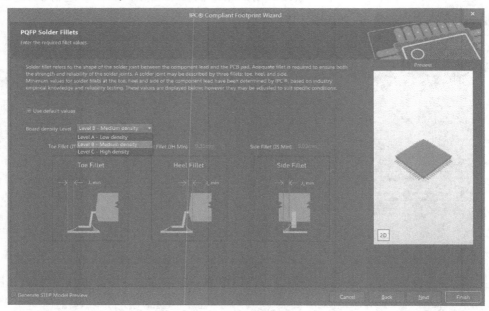

图 5 - 189　PQFP Solder Fillets

（8）单击 Next 按钮，进入"PQFP Component Tolerances"，这里依然采用默认值，勾选对话框左下角的"Generate STEP Model Preview"，可以看到预览模型发生了变化，如图 5 - 190 所示。

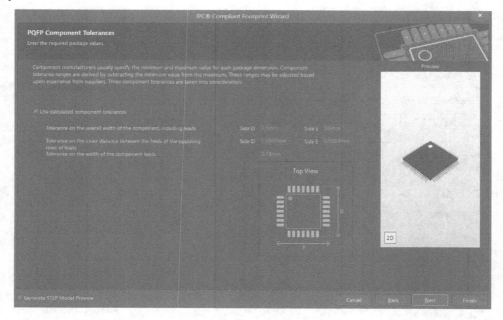

图 5 - 190　PQFP Component Tolerances

（9）单击 Next 按钮，进入"PQFP IPC Tolerances"，采用默认值，如图 5 - 191 所示。

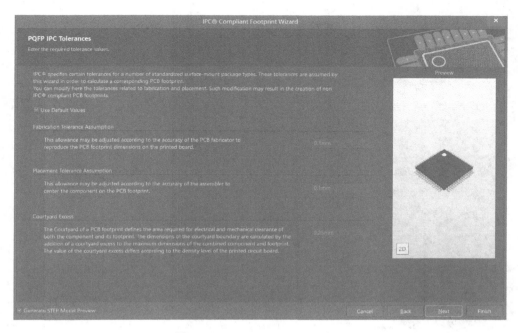

图 5 - 191　PQFP IPC Tolerances

（10）单击 Next 按钮，进入"PQFP Footprint Dimensions"，这里可以将焊盘的形状选择为椭圆形或者长方形，如图 5 - 192 所示。

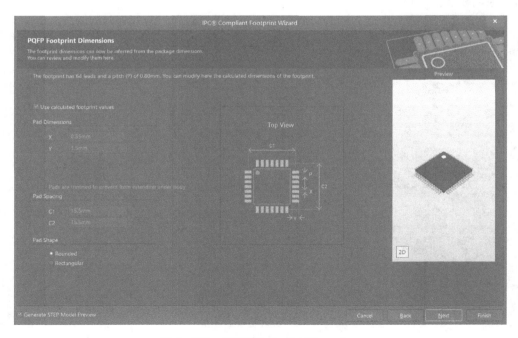

图 5 - 192　PQFP Footprint Dimensions

（11）单击 Next 按钮，进入"PQFP Silkscreen Dimensions"，采用默认值，如图 5 - 193 所示。

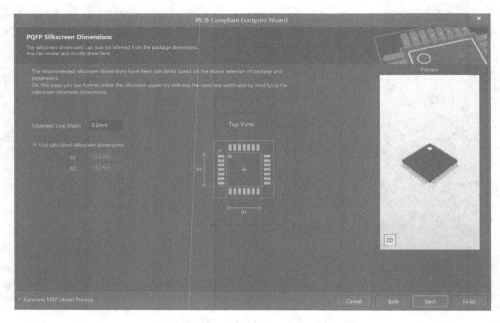

图 5 - 193　PQFP Silkscreen Dimensions

（12）单击 Next 按钮，进入"PQFP Courtyard，Assembly and Component Body Information"，采用默认值，如图 5 - 194 所示。

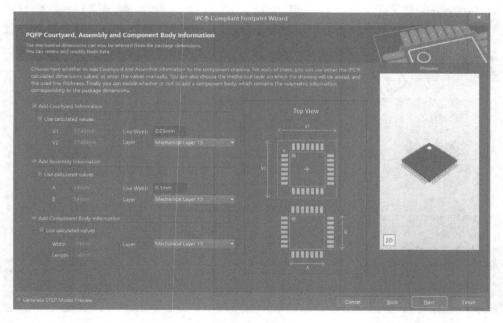

图 5 - 194　PQFP Courtyard，Assembly and Component Body Information

（13）单击 Next 按钮，进入"PQFP Footprint Description"，这一步可以给绘制的封装命名，可以采用默认名称，也可以由使用者自己命名。在这里采用默认名称，如图 5 - 195 所示。

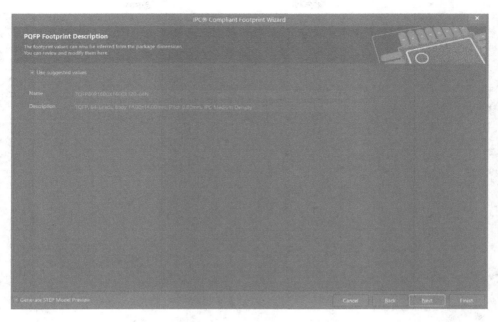

图 5 - 195　PQFP Footprint Description

（14）单击 Next 按钮，进入"Footprint Destination"，这一步是选择将封装存放在哪个 PCB 库，可以放在已经存在的 PCB 库，也可以放在当前的 PCB 库，或者创建新的 PCB 库，如图 5 - 196 所示。

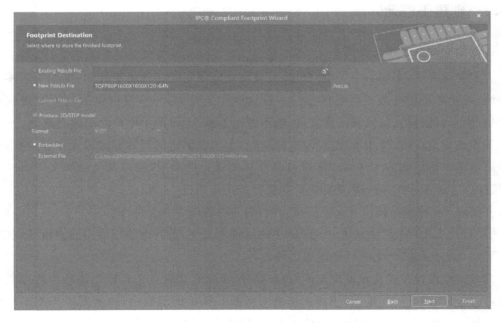

图 5 - 196　Footprint Destination

（15）单击 Next 按钮，提示向导创建的封装已经完成。单击 Finish 按钮，退出封装向导。至此，利用向导制作的封装就完成了，在工作区内显示出封装图形，如图 5-197 所示。

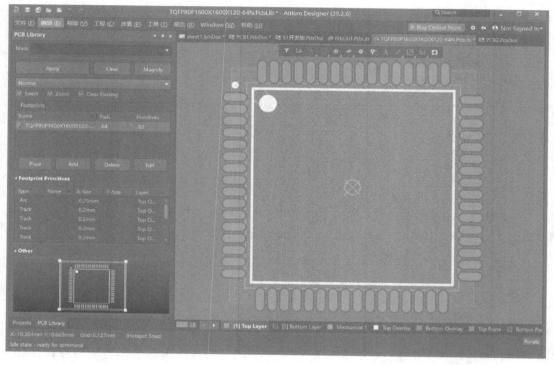

图 5-197　使用 PCB 封装向导制作的封装

5.5.3　创建工程元件库

1. 创建原理图工程元件库

大多数情况下，在同一个工程的电路原理图中所用到的元件由于性能、类型等诸多因素的不同，可能来自于很多不同的库文件。在这些库文件中，有系统提供的若干个集成库文件，也有用户自己建立的原理图库文件，既不便于管理，也不便于用户之间的交流。

基于这一点，可以使用原理图库文件编辑器为工程创建独有的原理图元件库，把本工程电路原理图中所用到的元件原理图符号都汇总到该元件库中，脱离其他的库文件而独立存在，这样就为该工程的统一管理提供了方便。

下面以"51 最小系统. PrjPcb"工程为例，创建原理图工程元件库。

（1）打开工程"51 最小系统. PrjPcb"中的原理图文件，进入电路原理图的编辑环境中，这里打开"51 最小系统. SchDoc"原理图文件。

（2）选择"设计"→"生成原理图库"菜单命令，系统自动在本工程中生成相应的原理图库文件，并弹出如图 5-198 所示的提示信息对话框。在该提示框中，告诉用户当前工程的原理图工程元件库"51 最小系统. SCHLIB"已经创建完成，共添加了 52 个库元件。

图 5 – 198　创建原理图工程元件库的提示框

(3)单击 OK 按钮确认关闭对话框,系统自动切换到原理图库文件编辑环境中,如图 5 – 199所示。

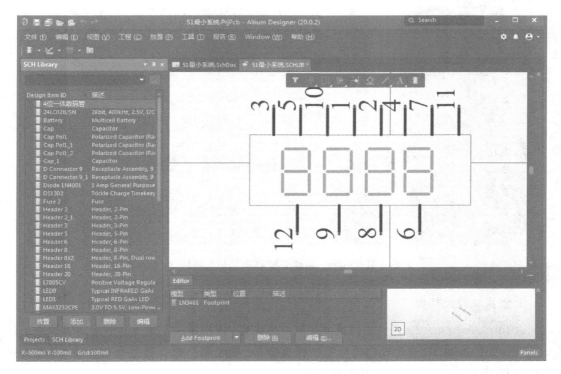

图 5 – 199　创建原理图工程元件库

(4)打开 SCH Library 面板,在 SCH Library 面板的原理图符号名称栏中列出了所创建的原理图工程文件库中的全部库元件,涵盖了本工程电路原图中所有用到的元件。如果选择了其中一个,则在原理图符号的管脚栏中会相应显示出该库元件的全部管脚信息,而在模型栏中会显示出该库元件的其他模型。

2. 创建工程 PCB 元件封装库

同原理图库一样,在一个 PCB 工程中,设计文件用到的元件封装往往来自不同的库文件。为了方便设计文件的交流和管理,在设计结束的时候可以将该工程中用到的所有元件集中起来,生成基于该工程的 PCB 元件库文件。

创建工程的 PCB 元件库操作方法也很简单,首先打开已经完成的 PCB 设计文件,进入

PCB 编辑器，选择"设计"→"生成 PCB 库"菜单命令，系统会自动生成与该设计文件同名的 PCB 库文件，同时新生成的 PCB 库文件会自动打开并设置为当前文件，在 PCB Library 面板中可以看到其元件列表。以"51 最小系统.PrjPcb"中文件名为"51 开发板.PcbDoc"的 PCB 文件为例，创建 PCB 元件封装库，文件名称为"51 开发板.PcbLib"，如图 5 - 200 所示。

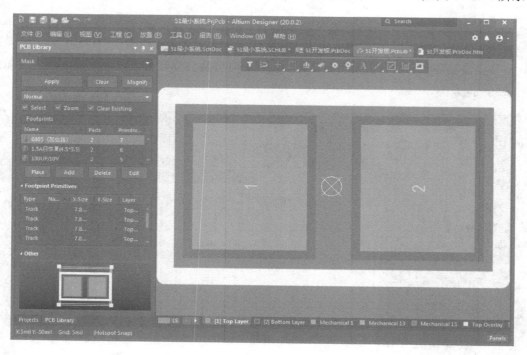

图 5 - 200   创建工程 PCB 元件封装库

3. 创建集成元件库

Altium Designer 20 提供了集成库形式的库文件，将原理图库和与其对应的模型库文件（如 PCB 元件封装库、SPICE 和信号完整性模型等）集成到一起。通过集成库文件，极大地方便使用者在设计过程中的各种操作。

下面介绍创建一个集成元件库的步骤。

（1）选择"文件"→"新的"→"库"→"集成库"菜单命令，如图 5 - 201 所示。系统建立一个新的集成库文件包工程，并保存为 New_IntLib.LibPkg。该库文件包工程中目前还没有添加文件，需要在该工程中加入原理图库文件和 PCB 元件封装库文件。

（2）在 Projects 面板的 New_IntLib.LibPkg 的右键快捷菜单中选择"添加已有的文件到工程"命令，系统弹出"打开文件"对话框。选择路径到前述的文件夹下，打开"51 最小系统.SchLib"。用同样的方法再将"51 开发板.PcbLib"加入到工程中。

（3）选择"工程"→"Compile Integrated Library New_IntLib.LibPkg"菜单命令，编译该集成库文件。编译后的集成库文件"New_IntLib.IntLib"将自动加载到当前库文件中，在元件库面板中可以看到，如图 5 - 202 所示。

图 5 - 201　创建集成元件库文件

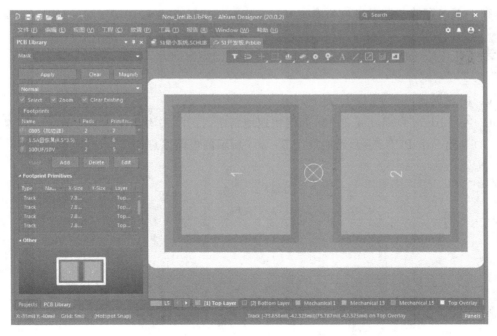

图 5 - 202　生成集成库并加入到当前库中

(4)打开"Messages"面板,会看到一些错误和警告的提示,如图 5 - 203 所示。这表明还有部分原理图文件没有找到匹配的元件封装或信号完整性等模型文件。根据错误提示信息,还需要进行修改。

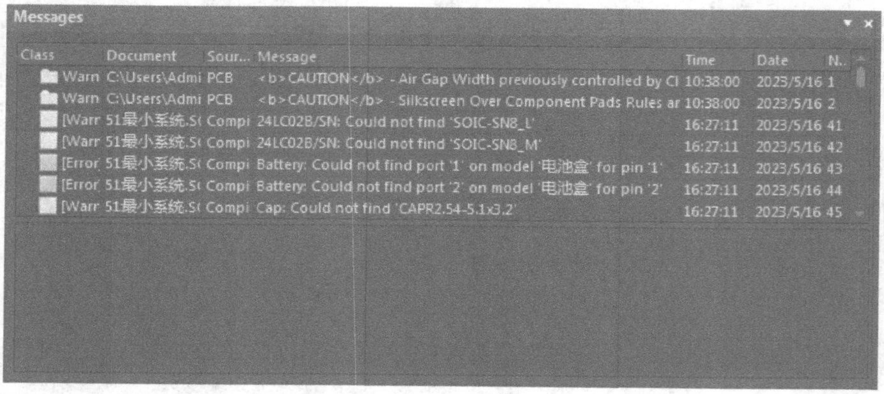

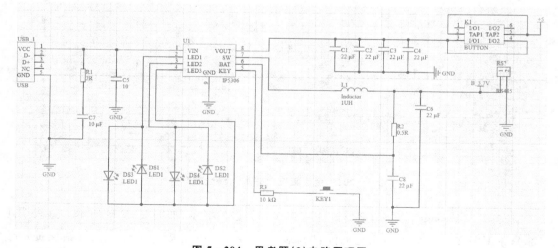

图 5 - 203 "Messages"信息栏

（5）修改完毕后，选择"工程"→"Recompile Integrated Library New_IntLib. LibPkg"菜单命令，对集成库文件再次编译，以检查是否还有错误信息。

（6）不断重复上述操作，直至编译无误，这个集成库文件就制作完成了。

Altium Designer 20 是一款功能强大的电子设计自动化软件，在这里仅对它的使用进行了一些简单的、基本的介绍，由于篇幅限制，其他的功能与使用方法这里不再详细说明，大家可以在本书内容的基础上自行拓展学习。

思考题

（1）简述创建一个 PCB 工程的步骤。

（2）在 Altium Designer 20 中，如何快速地新建、打开、关闭文件？

（3）创建一个 PCB 工程，绘制如图 5 - 204 所示的电路原理图。

图 5 - 204　思考题(3)电路原理图

(4)在 Altium Designer 20 中,如何调整 PCB 元件的放置?

(5)绘制图 5－205 所示的元器件 ADS1255(Pin20)的原理图符号和封装。

PIN ASSIGNMENTS

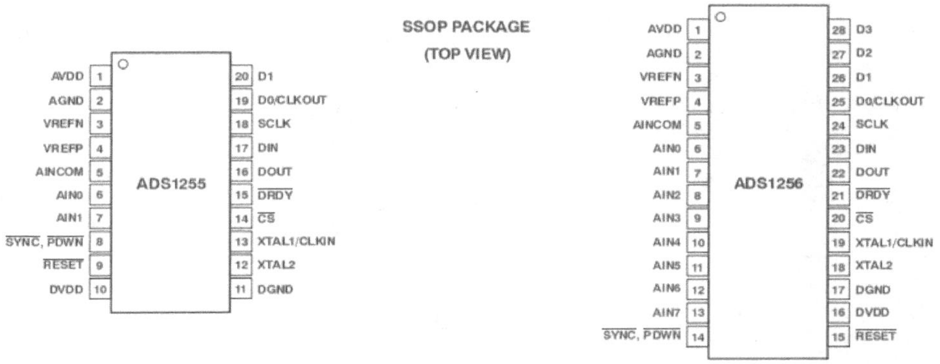

SSOP PACKAGE

(TOP VIEW)

Terminal Functions

NAME	TERMINAL NO. ADS1255	TERMINAL NO. ADS1256	ANALOG/DIGITAL INPUT/OUTPUT	DESCRIPTION
AVDD	1	1	Analog	Analog power supply
AGND	2	2	Analog	Analog ground
VREFN	3	3	Analog input	Negative reference input
VREFP	4	4	Analog input	Positive reference input
AINCOM	5	5	Analog input	Analog input common
AIN0	6	6	Analog input	Analog input 0
AIN1	7	7	Analog input	Analog input 1
AIN2	—	8	Analog input	Analog input 2
AIN3	—	9	Analog input	Analog input 3
AIN4	—	10	Analog input	Analog input 4
AIN5	—	11	Analog input	Analog input 5
AIN6	—	12	Analog input	Analog input 6
AIN7	—	13	Analog input	Analog input 7
$\overline{SYNC}/\overline{PDWN}$	8	14	Digital input[1][2]; active low	Synchronization / power down input
$\overline{RESET}$	9	15	Digital input[1][2]; active low	Reset input
DVDD	10	16	Digital	Digital power supply
DGND	11	17	Digital	Digital ground
XTAL2	12	18	Digital[3]	Crystal oscillator connection
XTAL1/CLKIN	13	19	Digital/Digital input[2]	Crystal oscillator connection / external clock input
$\overline{CS}$	14	20	Digital input[1][2]; active low	Chip select
$\overline{DRDY}$	15	21	Digital output: active low	Data ready output
DOUT	16	22	Digital output	Serial data output
DIN	17	23	Digital input[1][2]	Serial data input
SCLK	18	24	Digital input[1][2]	Serial clock input
D0/CLKOUT	19	25	Digital IO[4]	Digital I/O 0 / clock output
D1	20	26	Digital IO[4]	Digital I/O 1
D2	—	27	Digital IO[4]	Digital I/O 2
D3	—	28	Digital IO[4]	Digital I/O 3

[1] Schmitt-Trigger digital input.
[2] 5V tolerant digital input.
[3] Leave disconnected if external clock input is applied to XTAL1/CLKIN.
[4] Schmitt-Trigger digital input when the digital I/O is configured as an input.

(a)引脚信息

图 5－205　ADS1255(Pin20)引脚信息及封装数据

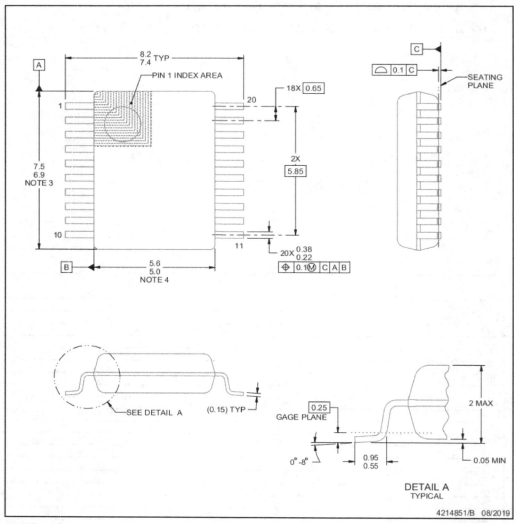

NOTES:

1. All linear dimensions are in millimeters. Any dimensions in parenthesis are for reference only. Dimensioning and tolerancing per ASME Y14.5M.
2. This drawing is subject to change without notice.
3. This dimension does not include mold flash, protrusions, or gate burrs. Mold flash, protrusions, or gate burrs shall not exceed 0.15 mm per side.
4. This dimension does not include interlead flash. Interlead flash shall not exceed 0.25 mm per side.
5. Reference JEDEC registration MO-150.

(b) 封装数据

续图 5 – 205　ADS1255(Pin20)引脚信息及封装数据

参考文献

[1]马进,卫永琴,赵洪亮.电子工艺与实训教程[M].北京:北京航空航天大学出版社,2023.

[2]罗辑.电子工艺实习教程[M].2版.重庆:重庆大学出版社,2020.

[3]曹白杨,梁万雷,杨虹蓁,等.现代电子产品工艺[M].北京:电子工业出版社,2012.

[4]张文典.SMT实用表面组装技术[M].3版.北京:电子工业出版社,2010.

[5]李小斌,王瑾.电子工艺实习教程[M].武汉:华中科技大学出版社,2018.

[6]樊融融.现代电子装联焊接技术基础及其应用[M].北京:电子工业出版社,2015.

[7]贾冬义,李娜.新编单片机原理及应用[M].哈尔滨:哈尔滨工业大学出版社,2018.

[8]郭天祥.51单片机C语言教程:入门、提高、开发、拓展全攻略[M].北京:电子工业出版社,2012.

[9]胡仁喜,孟培.详解Altium Designer 20电路设计[M].6版.北京:电子工业出版社,2020.

[10]李瑞,孟培,胡仁喜.Altium Designer 20从入门到精通[M].北京:机械工业出版社,2021

[11]苏立军,闫聪聪.Altium Designer 20电路设计与仿真[M].北京:机械工业出版社,2020.